全国中等职业学校机械类专业通用教材
全国技工院校机械类专业通用教材（中级技能层级）

极限配合与技术测量基础

（第 五 版）

人力资源社会保障部教材办公室组织编写

中国劳动社会保障出版社

简　介

本书主要内容包括：极限与配合、技术测量的基本知识与常用计量器具、几何公差、表面结构要求、螺纹的公差与检测等。

本书由宋文革主编，王东锋、刘尚武、高悦、汪伟龙、何峻永、白云、徐昊、马红斌、孙喜兵参加编写，韦森主审。

图书在版编目(CIP)数据

极限配合与技术测量基础/人力资源社会保障部教材办公室组织编写. -- 5版. -- 北京：中国劳动社会保障出版社，2018

全国中等职业学校机械类专业通用教材　全国技工院校机械类专业通用教材：中级技能层级

ISBN 978-7-5167-3543-5

Ⅰ.①极…　Ⅱ.①人…　Ⅲ.①公差-配合-中等专业学校-教材②技术测量-中等专业学校-教材　Ⅳ.①TG801

中国版本图书馆 CIP 数据核字(2018)第 177191 号

中国劳动社会保障出版社出版发行

（北京市惠新东街1号　邮政编码：100029）

*

北京市白帆印务有限公司印刷装订　　新华书店经销

787 毫米×1092 毫米　16 开本　11.25 印张　265 千字

2018 年 8 月第 5 版　　2025 年 1 月第 15 次印刷

定价：19.80 元

营销中心电话：400-606-6496

出版社网址：http://www.class.com.cn

http://jg.class.com.cn

前　言

为了更好地适应全国技工院校机械类专业的教学要求，全面提升教学质量，人力资源社会保障部教材办公室组织有关学校的一线教师和行业、企业专家，在充分调研企业生产和学校教学情况、广泛听取教师对教材使用反馈意见的基础上，对全国技工院校机械类专业通用教材进行了修订和补充开发。本次修订（新编）的教材包括：《机械制图（第七版）》《机械基础（第六版）》《机械制造工艺基础（第七版）》《金属材料与热处理（第七版）》《极限配合与技术测量基础（第五版）》《电工学（第六版）》《工程力学（第六版）》《数控加工基础（第四版）》《计算机制图——AutoCAD 2018》《计算机制图——CAXA 电子图板 2018》等。

本次教材修订（新编）工作的重点主要体现在以下两个方面：

第一，根据教学实践和科学技术的发展，合理更新教材内容。

根据机械类专业毕业生所从事岗位的实际需要和教学实际情况的变化，合理确定学生应具备的能力与知识结构，对部分教材内容及其深度、难度做了适当调整；根据相关专业领域的最新发展，在教材中充实新知识、新技术、新设备、新材料等方面的内容，体现教材的先进性；采用最新国家技术标准，使教材更加科学和规范。

第二，引入“互联网+”技术，进一步做好教学服务工作。

在《机械制图（第七版）》《机械基础（第六版）》教材中使用了增强现实（AR）技术。学生在移动终端上安装 App，扫描教材中带有 AR 图标的页面，可以对呈现的立体模型进行缩放、旋转、剖切等操作，以及观察模型的运动和拆分动画，便于更直观、细致地探究机构的内部结构和工作原理，还可以浏览相关视频、图片、文本等拓展资料。在其他教材中使用了二维码技术，针对教材中的教学重点和难点制作了动画、视频、微课等多媒体资源，学生使用移动终端扫描二维码即可在线观看相应内容。

本套教材配有习题册、教学参考书、多媒体电子课件和在线题库组卷系统，可以通过技工教育网（http：//jg. class. com. cn）下载电子课件等教学资源和使用在线题库组卷系统。

本次教材的修订（新编）工作得到了河北、辽宁、江苏、山东、广东、广西、陕西等省、自治区人力资源社会保障厅及有关学校的大力支持，在此我们表示诚挚的谢意。

人力资源社会保障部教材办公室

2018 年 7 月

目　录

绪　论

一、互换性概述

1. 互换性的概念

互换性指某一产品、过程或服务能用来代替另一产品、过程或服务并满足同样要求的能力。互换性是现代化生产的一个重要技术原则，它普遍应用于机电设备的生产中。例如，如图 0—1 所示，一批螺纹标记为 M10－6H 的螺母，如果都能与 M10－6 g 的螺栓自由旋合，并且满足设计的连接可靠性要求，则这批螺母就具有互换性；又如车床上的主轴轴承，磨损到一定程度后会影响车床的使用，在这种情况下换上一个相同代号的新轴承，车床就能恢复原来的精度而达到满足使用性能的要求，这里轴承作为一个部件而具有互换性。

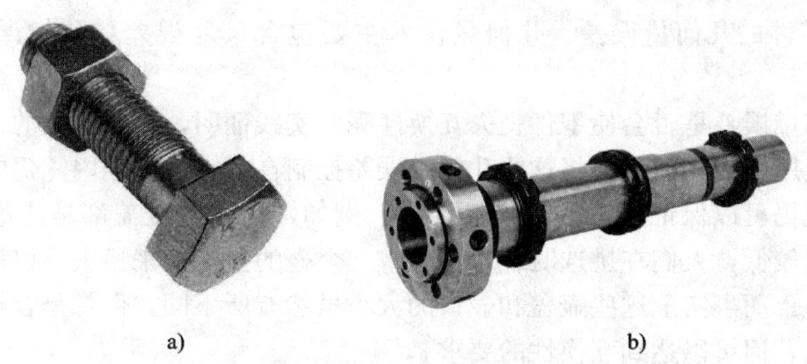

a)　　b)

图 0—1　互换性实例

a）具有互换性的螺母　b）具有互换性的主轴轴承

在日常生活中，互换性的例子也有很多。如自行车的内、外胎破了，换上同规格的新胎，更换后仍可满足使用要求；又如电池没电了，换上一个同型号的新电池，电器就能恢复正常使用。

互换性原则广泛用于机械制造中的产品设计、零件加工、产品装配、机器的使用和维修等各个方面。

在产品设计方面，采用具有互换性的标准件和通用件，可以使设计工作简化，缩短设计周期，并便于应用计算机辅助设计。

在加工和装配方面，当零件具有互换性时，可以分散加工、集中装配（见图 0—2），这样有利于组织跨地域的专业化厂际协作生产；有利于使用现代化的工艺装备，提高设备的利用率；有利于采用自动生产线等先进的生产方式；有利于减轻劳动强度，缩短装配周期。

图 0—2　汽车装配生产线：零件分散加工，整车集中装配

在使用和维修方面，互换性有其不可取代的优势。当机器的零（部）件突然损坏时，可迅速用相同规格的零（部）件更换，既缩短了维修时间，又能保证维修质量，从而提高机器的利用率并延长机器的使用寿命。

零（部）件的互换性既包括几何参数（如尺寸、形状等）的互换，也包括力学性能（如硬度、强度等）的互换。本课程仅论述几何参数的互换性。

2. 几何量误差、公差和测量

要保证零件具有互换性，就必须保证零件的几何参数的准确性（即加工精度）。零件在加工过程中，由于机床精度、计量器具精度、操作工人技术水平及生产环境等诸多因素的影响，其加工后得到的几何参数会不可避免地偏离设计时的理想要求而产生误差，这种误差称为零件的几何量误差。几何量误差主要包含尺寸误差、几何误差和表面微观形状误差等。

零件的几何量误差是否会使零件丧失互换性呢？实践证明，虽然零件的几何量误差可能影响到零件的使用性能，但只要将这些几何量误差控制在一定的范围内，仍能满足使用功能要求，也就是说仍可以保证零件的互换性要求。例如，铝壶及壶盖都是通过压力加工成形的，其加工精度较低，人们在挑选时，常常会将几个壶的盖子换来换去，以便选择自己认为松紧适当的壶盖。而事实上这些壶盖和壶口的大小虽然有所不同，但都是合格的，虽然有一定的几何量误差，但可以达到互换性的要求。

为了控制误差，提出了公差的概念。几何量公差就是零件几何参数允许的变动量，它包括尺寸公差和几何公差等。只有将零件的误差控制在相应的公差内，才能保证互换性的实现。

既然要用几何量公差来控制几何量误差的大小，就必须合理地确定几何量公差的大小。在现代化生产中，一种产品的制造往往涉及许多企业和部门，为了适应各个企业和部门之间在技术上相互协调的要求，必须有一个统一的公差标准，以保证互换性生产的实现。

本课程所讲述的极限与配合标准、几何公差标准、表面结构要求等是我国制定的重要技术基础标准，是保证互换性的基础。

要保证互换性在生产实践中的实现，除制定和贯彻技术标准外，还必须有相应的技术测量措施。如测量结果显示零件的几何量误差控制在规定的几何量公差范围内，则此零件就合格，能满足互换性的要求；如测量结果显示几何量误差超过几何量公差范围，则此零件就不合格，达不到互换的目的。因此，对零件的测量是保证互换性生产的重要手段。

另外，通过测量的结果，人们可以分析不合格零件产生的原因，以及时采取必要的工艺措施，提高加工精度，减少不合格产品，提高合格率，从而降低生产成本并提高生产效率。

综上所述，要保证互换性就必须制定相应的公差标准；要知道零件是否合格，就必须具有相应的技术测量措施和检测规定。

二、本课程的性质和任务

本课程通过比较全面地叙述机械加工中有关尺寸公差、几何公差、表面结构要求、螺纹的公差与检测等方面的基础知识，为专业课学习和生产实习打下必要的基础。

本课程主要知识点及对其要求见表 0—1。

表 0—1　　本课程主要知识点及对其要求

要求	了解	熟悉或理解	掌握
知识点	1. 国家标准中有关极限与配合等方面的基本术语及其定义 2. 有关测量的基本知识 3. 几何公差的基本内容 4. 尺寸公差与几何公差的关系 5. 表面粗糙度的评定标准及基本检测方法 6. 普通螺纹公差的特点	1. 极限与配合标准的基本规定 2. 常用计量器具的读数原理 3. 几何公差代号的含义 4. 螺纹标记的组成及其含义	1. 极限与配合方面的基本计算方法及代号的识读和标注 2. 常用计量器具的使用方法 3. 几何公差代号的识读及标注方法 4. 表面结构代号的识读及标注方法

在学习本课程时，应具备一定的机械制图知识及初步的生产实践知识。本课程除在理论知识上具有一定的难度外，还有很强的实践性，因而必须将本课程的学习与专业课程的学习、生产实习结合起来，利用实习中所获得的知识来促进本课程的学习，同时将本课程中所学的知识运用于专业课程的学习和生产实习中去，通过实践，进一步加深理解和掌握本课程的内容。

习题

1. 什么是互换性？
2. 简述互换性的意义。
3. 几何量公差与几何量误差有何不同？
4. 为什么说对零件的测量是保证互换性的重要手段？
5. 用日常生活中的实例说明互换性的意义。

第一章　极限与配合

1. 理解孔和轴的概念。
2. 掌握公称尺寸、实际尺寸、极限尺寸的概念及其关系。
3. 掌握尺寸偏差、公差的概念及其与极限尺寸的关系。
4. 掌握标准公差数值表和基本偏差数值表的查表方法。
5. 理解尺寸公差带代号。
6. 掌握极限偏差数值表的查表方法。

实际零件的尺寸总是具有一定的偏差，为保证零件的使用就必须对尺寸的变动范围加以限制，这样才能保证相互配合的零件满足功能要求。本章简要介绍与尺寸有关的极限与配合的基本知识。

§1—1　基本术语及其定义

一、孔和轴

一般情况下，孔和轴是指圆柱形的内、外表面，而在极限与配合的相关标准中，孔和轴的定义更为广泛。

孔通常指工件各种形状的内表面，包括圆柱形内表面和其他由单一尺寸形成的非圆柱形包容面（尺寸之间无材料）。其特性：加工过程中，越加工尺寸越大。

轴通常指工件各种形状的外表面，包括圆柱形外表面和其他由单一尺寸形成的非圆柱形被包容面（尺寸之间有材料）。其特性：加工过程中，越加工尺寸越小。

其中包容与被包容是就零件的装配关系而言的，即在零件装配后形成包容与被包容的关系，包容面统称为孔，被包容面统称为轴。如图 1—1a 所示为由圆柱形的内、外表面所形成的孔和轴，装配后形成包容与被包容的关系；如图 1—1b 所示为槽的两侧面与键的两侧面装配后形成包容与被包容的关系，因此，槽的两侧面为孔，键的两侧面为轴。

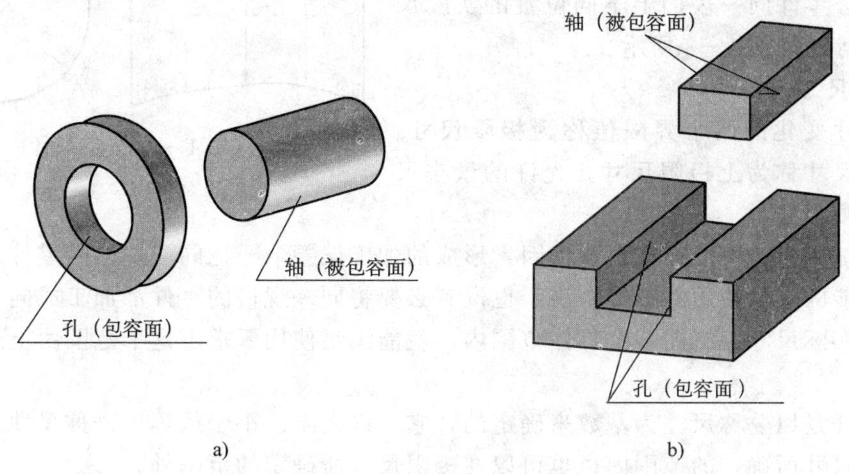

图 1—1 孔与轴

二、尺寸的术语及其定义

1. 尺寸

尺寸是用特定长度单位和角度单位表示的数值。它可在技术图样上用图线、符号和技术要求表示出来。长度包括直径、半径、宽度、深度、高度和中心距等。尺寸由数值和特定单位两部分组成，如 30 mm（毫米）、60 μm（微米）等。机械制图国家标准中规定，在机械图样上的尺寸通常以 mm 为单位，如以此为单位时，可省略单位的标注，仅标注数值。采用其他单位时，则必须在数值后注写单位。

2. 公称尺寸（*D*，*d*）

公称尺寸由设计给定，设计时可根据零件的使用要求，通过计算、试验或类比的方法，经过标准化后确定。如图 1—2 所示，ϕ10 mm 为轴直径的公称尺寸，35 mm 为其长度的公称尺寸；ϕ20 mm 为孔直径的公称尺寸。

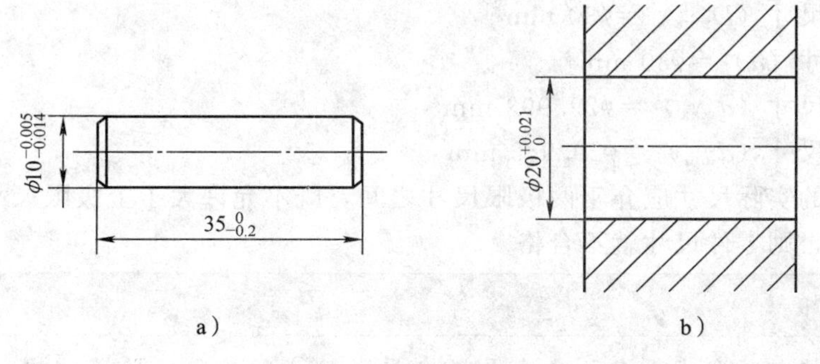

图 1—2 公称尺寸

a) 轴 b) 孔

国家标准规定：大写字母表示孔的有关代号，小写字母表示轴的有关代号。孔的公称尺寸用“*D*”表示，轴的公称尺寸用“*d*”表示。

3. 实际尺寸（D_a，d_a）

通过测量获得的尺寸称为实际尺寸。由于存在加工误差，零件同一表面上不同位置的实际尺寸不一定相等，如图 1—3 所示。

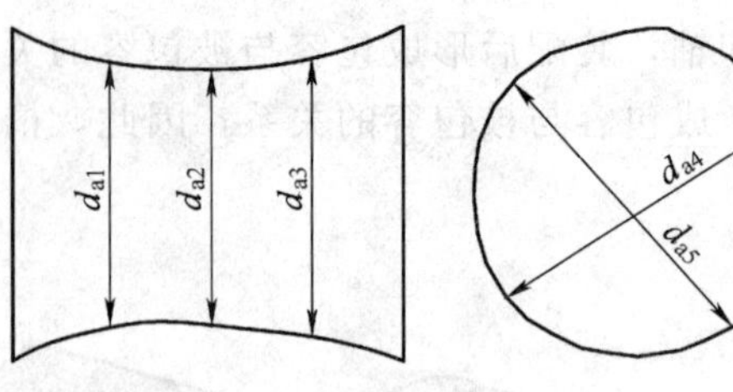

图 1—3 实际尺寸

4. 极限尺寸

允许尺寸变化的两个界限值称为**极限尺寸**。允许的最大尺寸称为**上极限尺寸**，允许的最小尺寸称为**下极限尺寸**。

在机械加工中，由于存在由各种因素形成的加工误差，要把同一规格的零件加工成同一尺寸是不可能的。从使用的角度来讲，也没有必要将同一规格的零件都加工成同一尺寸，只需将零件的实际尺寸控制在一个具体范围内，就能满足使用要求。这个范围由上述两个极限尺寸确定。

极限尺寸是以公称尺寸为基数来确定的，它可以大于、小于或等于公称尺寸。公称尺寸可以在极限尺寸所确定的范围内，也可以在极限尺寸所确定的范围外。

例如，如图 1—4 所示的极限尺寸。

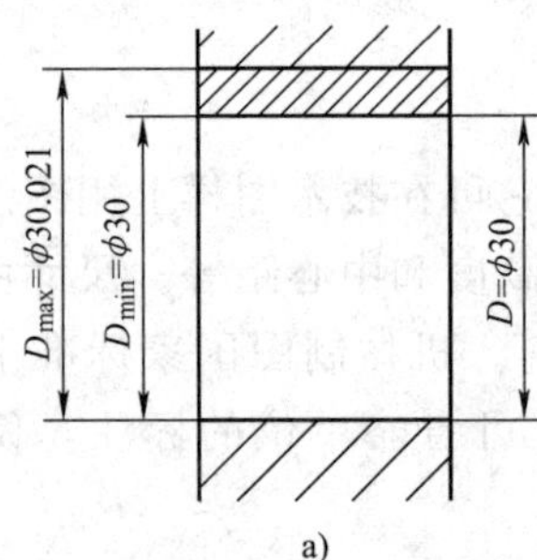

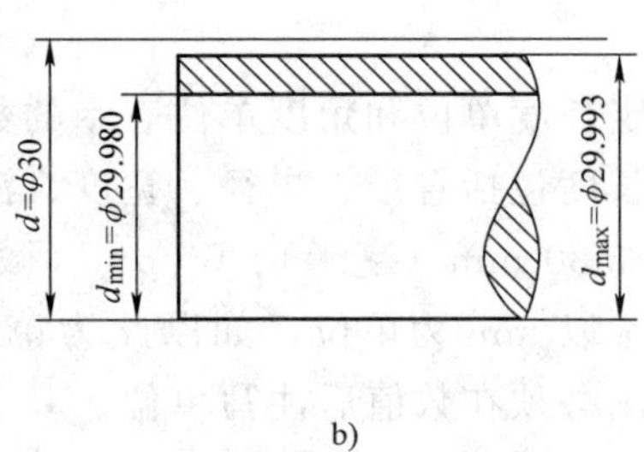

图 1—4 极限尺寸

其中：

孔的公称尺寸（D）＝ϕ30 mm

孔的上极限尺寸（D_{max}）＝ϕ30.021 mm

孔的下极限尺寸（D_{min}）＝ϕ30 mm

轴的公称尺寸（d）＝ϕ30 mm

轴的上极限尺寸（d_{max}）＝ϕ29.993 mm

轴的下极限尺寸（d_{min}）＝ϕ29.980 mm

零件加工后的实际尺寸应介于两极限尺寸之间，既不允许大于上极限尺寸，也不允许小于下极限尺寸，否则零件尺寸就不合格。

特别提示：

零件尺寸合格与否取决于实际尺寸是否在极限尺寸所确定的范围之内，而与公称尺寸无直接关系。

如图 1—4b 所示，若轴加工后的实际尺寸刚好等于公称尺寸 ϕ30 mm，由于 ϕ30 mm 大于轴的上极限尺寸 ϕ29.993 mm，因此其尺寸并不合格。

三、偏差与公差的术语及其定义

1. 偏差

某一尺寸，如实际尺寸、极限尺寸等减其公称尺寸所得的代数差称为**偏差**。

特别提示：

偏差为代数差，偏差可以为正值、负值或零值。在使用时一定要注意偏差值的正负号，不能遗漏。

偏差有以下几种：

(1) 极限偏差

极限尺寸减其公称尺寸所得的代数差称为**极限偏差**。由于极限尺寸有上极限尺寸和下极限尺寸之分，对应的极限偏差也分为上极限偏差和下极限偏差，如图 1—5 所示。

上极限尺寸减其公称尺寸所得的代数差称为**上极限偏差**。孔的上极限偏差用 ES 表示，轴的上极限偏差用 es 表示。用公式表示为

$$\begin{aligned} ES &= D_{max} - D \\ es &= d_{max} - d \end{aligned} \qquad (1—1)$$

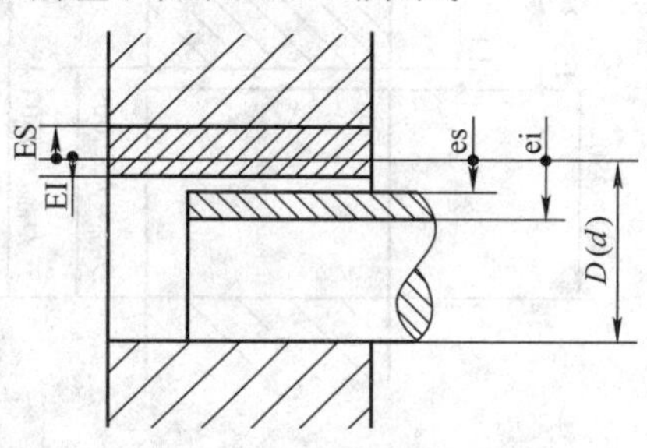

图 1—5　极限偏差

下极限尺寸减其公称尺寸所得的代数差称为**下极限偏差**。孔的下极限偏差用 EI 表示，轴的下极限偏差用 ei 表示。用公式表示为

$$\begin{aligned} EI &= D_{min} - D \\ ei &= d_{min} - d \end{aligned} \qquad (1—2)$$

国家标准规定：在图样和技术文件上标注极限偏差数值时，上极限偏差标在公称尺寸的右上角，下极限偏差标在公称尺寸的右下角。特别要注意的是，当偏差为零值时，必须在相应的位置上标注“0”，如图 1—2 中的 $\phi10_{-0.014}^{-0.005}$、$35_{-0.2}^{\ 0}$、$\phi20_{\ 0}^{+0.021}$。

特别提示：

极限偏差标注的高度：极限偏差数字比基本尺寸的数字小一号。

极限偏差标注的位置：上偏差应注在基本尺寸数字的右上方，下偏差注在基本尺寸数字的右下方，并且下偏差的数字必须与基本尺寸数字注在同一底线上。

在标注极限偏差时，上、下偏差的小数点必须对齐，小数点后有效数字右端的“0”一般不予注出；如果为了使上、下偏差值的小数点后的位数相同，可以用“0”补齐。

当极限偏差中的某一偏差（上偏差或下偏差）为“0”时，用数字“0”标出，这个“0”为个位数，应与另一偏差（下偏差或上偏差）小数点前的个位数对齐，但“0”前不加符号，“0”后不加小数点。

当公差带相对于基本尺寸对称地配置，即上、下偏差的绝对值相同时，极限偏差数字可以只注写一次，并应在极限偏差数字与基本尺寸之间注出符号“±”，且两者数字高度相同。

(2) 实际偏差

实际尺寸减其公称尺寸所得的代数差称为**实际偏差**。合格零件的实际偏差应在规定的

上、下极限偏差之间。

例 1—1 如图 1—6 所示，某孔直径的公称尺寸为 $\phi 50$ mm，上极限尺寸为 $\phi 50.048$ mm，下极限尺寸为 $\phi 50.009$ mm，求孔的上、下极限偏差。

解：

由式（1—1）、式（1—2）得

孔的上极限偏差　　$ES=D_{max}-D=50.048-50=+0.048$ mm

孔的下极限偏差　　$EI=D_{min}-D=50.009-50=+0.009$ mm

例 1—2 如图 1—7 所示，计算轴 $\phi 60_{-0.012}^{+0.018}$ mm 的极限尺寸，若该轴加工后测得的实际尺寸为 $\phi 60.012$ mm，判断该零件尺寸是否合格。

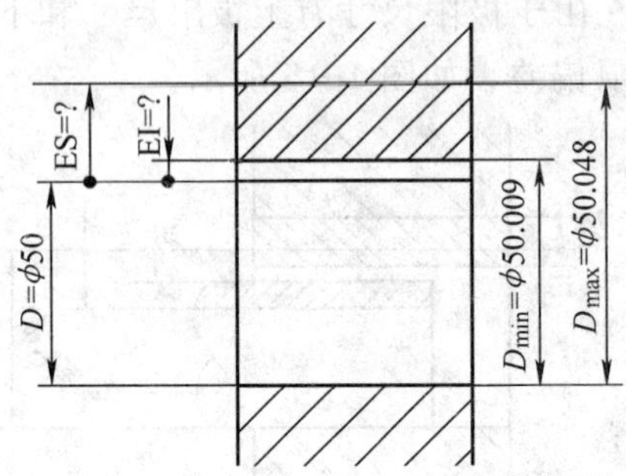

图 1—6　孔的极限偏差计算示例

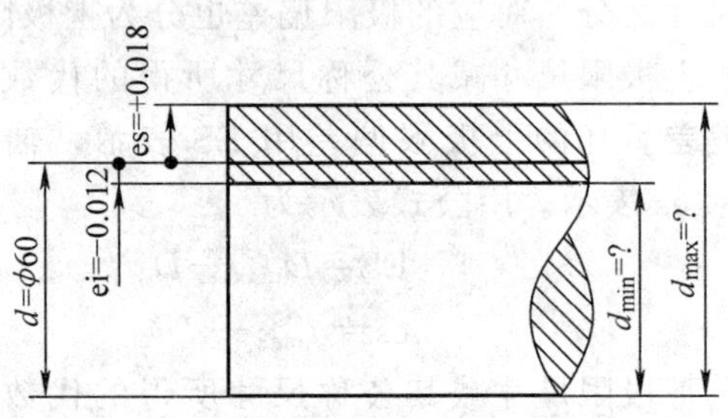

图 1—7　轴的极限尺寸计算示例

解：

由式（1—1）、式（1—2）得

轴的上极限尺寸　$d_{max}=d+es=60+(+0.018)=60.018$ mm

轴的下极限尺寸　$d_{min}=d+ei=60+(-0.012)=59.988$ mm

方法一： 由于 $\phi 59.988\text{ mm}<\phi 60.012\text{ mm}<\phi 60.018$ mm

即零件的实际尺寸介于上、下极限尺寸之间，因此该零件尺寸合格。

方法二： 轴的实际偏差 $=d_a-d=60.012-60=+0.012$ mm

由于 $-0.012\text{ mm}<+0.012\text{ mm}<+0.018$ mm

即轴的实际偏差介于上、下极限偏差之间，因此该零件尺寸合格。

特别提示：

判断零件尺寸合格的方法有两种：零件的实际尺寸应在规定的上、下极限尺寸之间，或零件的实际偏差应在规定的上、下极限偏差之间。

2. 尺寸公差（*T*）

尺寸公差是指允许尺寸的变动量，简称公差。

公差是设计人员根据零件使用时的精度要求并考虑加工时的经济性，而对尺寸变动量给出的允许值。公差的数值等于上极限尺寸与下极限尺寸之差的绝对值，也等于上极限偏差与下极限偏差之差的绝对值。其表达式为

孔的公差 $T_h = |D_{max} - D_{min}|$

轴的公差 $T_s = |d_{max} - d_{min}|$ (1—3)

由式（1—1）、式（1—2）可推导出

$$T_h = |ES - EI|$$
$$T_s = |es - ei| \quad (1—4)$$

特别提示：

公差以绝对值定义，没有正负的含义。因此，在公差值的前面不应出现“＋”号或“－”号。

另外，由于加工误差不可避免，所以公差不能取零值。

从加工的角度看，公称尺寸相同的零件，公差值越大，加工就越容易；反之，加工就越困难。

例 1—3 如图 1—8 所示，求孔 $\phi20^{+0.10}_{+0.02}$ mm 的尺寸公差。

解：

由式（1—4）得

孔的公差 $T_h = |ES - EI| = |0.10 - 0.02| = 0.08$ mm

也可利用极限尺寸计算公差，由式（1—1）、式（1—2）得

$$D_{max} = D + ES = 20 + 0.10 = 20.10 \text{ mm}$$
$$D_{min} = D + EI = 20 + 0.02 = 20.02 \text{ mm}$$

由式（1—3）得

$$T_h = |D_{max} - D_{min}| = |20.10 - 20.02| = 0.08 \text{ mm}$$

例 1—4 如图 1—9 所示，轴的公称尺寸为 $\phi40$ mm，上极限尺寸为 $\phi39.991$ mm，尺寸公差为 0.025 mm，求其下极限尺寸、上极限偏差和下极限偏差。

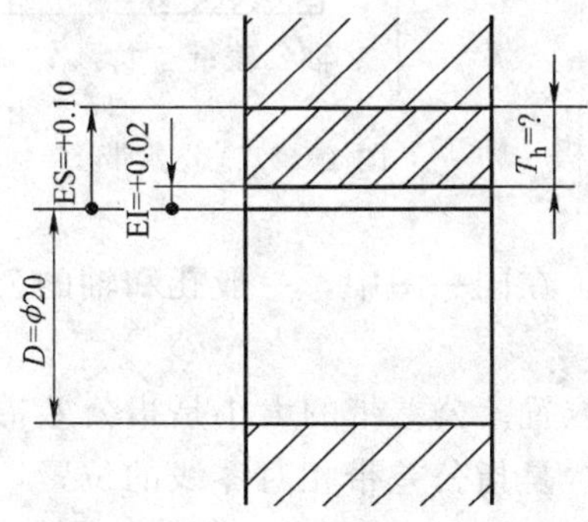

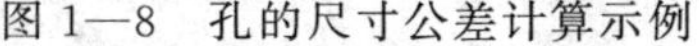

图 1—8 孔的尺寸公差计算示例

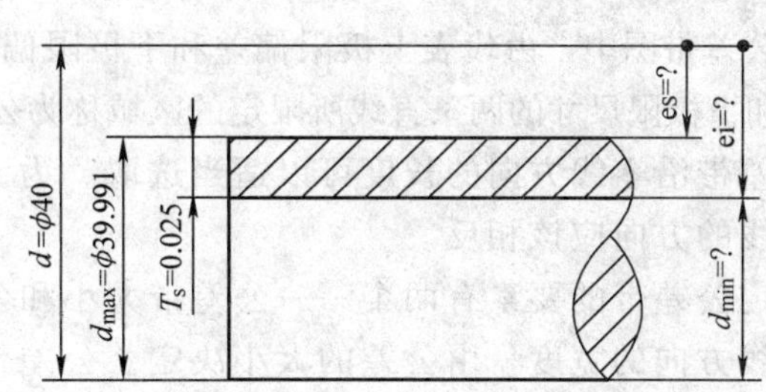

图 1—9 轴的极限尺寸、极限偏差与公差计算示例

解：

由式（1—3）得

$$d_{min} = d_{max} - T_s = 39.991 - 0.025 = 39.966 \text{ mm}$$

由式（1—1）得

$$es = d_{max} - d = 39.991 - 40 = -0.009 \text{ mm}$$

由式（1—2）得

$$ei = d_{min} - d = 39.966 - 40 = -0.034 \text{ mm}$$

3. 零线与公差带

为了说明尺寸、偏差和公差之间的关系，一般采用极限与配合示意图，如图 1—10 所示。这种示意图是把极限偏差和公差部分放大而不放大尺寸画出来的。从图中可直观地看出公称尺寸、极限尺寸、极限偏差和公差之间的关系。

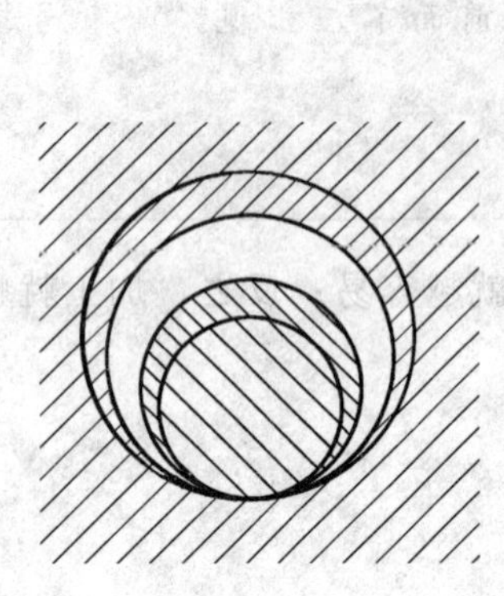

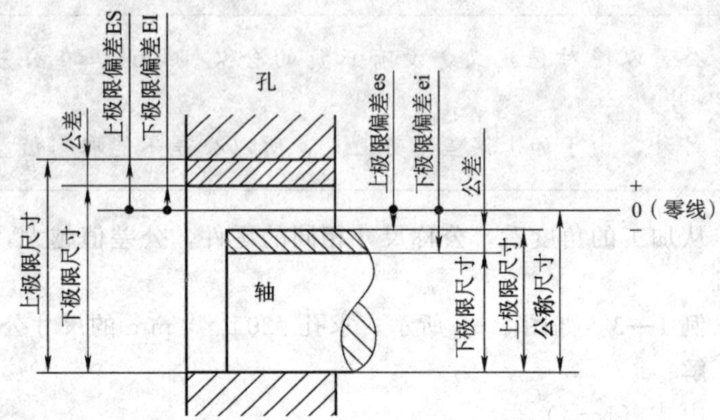

图 1—10　极限与配合示意图

为了简化，在实际应用中常不画出孔和轴的全形，只要按规定将有关公差部分放大画出即可，这种图也称公差带图，如图 1—11 所示。

（1）零线

在公差带图中，表示公称尺寸的一条直线称为**零线**。

以零线为基准确定偏差。习惯上，零线沿水平方向绘制，在其左端标上“0”和“+”“−”号，在其左下方画上带单向箭头的尺寸线，并标上公称尺寸。正偏差位于零线上方，负偏差位于零线下方，零偏差与零线重合。

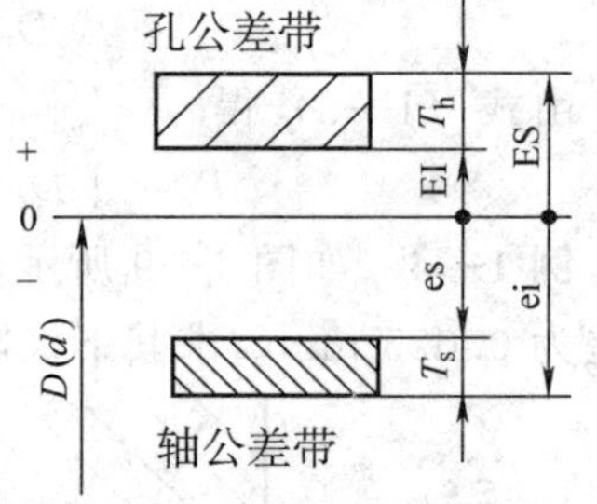

图 1—11　公差带图

（2）公差带

在公差带图中，由代表上极限偏差和下极限偏差或上极限尺寸和下极限尺寸的两条直线所限定的区域称为**公差带**。

公差带沿零线方向的长度可以适当选取。为了区别，在同一图中，一般孔和轴的公差带的剖面线的方向应该相反。

确定公差带的要素有两个——公差带大小和公差带位置。公差带的大小是指公差带沿垂直于零线方向的宽度，由公差的大小决定。公差带的位置是指公差带相对零线的位置，由靠近零线的那个极限偏差决定。

例 1—5　绘出孔 $\phi25^{+0.021}_{0}$ mm 和轴 $\phi25^{-0.020}_{-0.033}$ mm 的公差带图。

解：

1）作出零线：沿水平方向画一条直线，并标上“0”和“+”“−”号，然后作单向尺寸线并标注出公称尺寸 $\phi25$ mm。

2）作上、下极限偏差线。

①根据偏差值大小选定一个适当的作图比例（一般选500：1，偏差值较小时可选取

1 000∶1），如本题采用放大比例 500∶1，则图面上0.5 mm代表 1 μm。

②画孔的上、下极限偏差线：孔的上极限偏差为+0.021 mm，在零线上方 10.5 mm 处画出上极限偏差线；下极限偏差为零，故下极限偏差线与零线重合。

③画轴的上、下极限偏差线：轴的上极限偏差为−0.020 mm，在零线下方 10 mm 处画出上极限偏差线；下极限偏差为−0.033 mm，在零线下方 16.5 mm 处画出下极限偏差线。

3）在孔、轴的上、下极限偏差线左右两侧分别画垂直于偏差线的线段，将孔、轴公差带封闭成矩形，矩形两条垂直线之间的距离没有具体规定，可酌情而定。然后在孔、轴公差带内分别画出剖面线，并在相应的部位分别标注孔、轴的上、下极限偏差数值。

本题结果如图 1—12 所示。

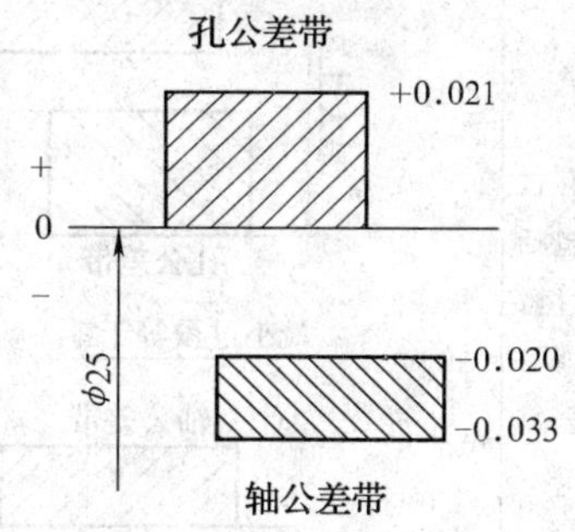

孔公差带
+0.021
+
0
−
φ25
−0.020
−0.033
轴公差带

图 1—12　绘制尺寸公差带图（间隙配合）

四、配合的术语及其定义

1. 配合

公称尺寸相同、相互结合的孔和轴公差带之间的关系称为**配合**。

相互配合的孔和轴的公称尺寸应该是相同的。孔、轴公差带之间的不同关系决定了孔、轴结合的松紧程度，也就是决定了孔、轴的配合性质。

2. 间隙与过盈

孔的尺寸减去相配合的轴的尺寸为正时是间隙，一般用 X 表示，其数值前应标“+”号；孔的尺寸减去相配合的轴的尺寸为负时是过盈，一般用 Y 表示，其数值前应标“−”号。

3. 配合的类型

根据形成间隙或过盈的情况，配合分为三类，即间隙配合、过盈配合和过渡配合，见表 1—1。

表 1—1　　配合的类型

类型	定义	图示	位置关系	说明
间隙配合	具有间隙（包括最小间隙等于零）的配合	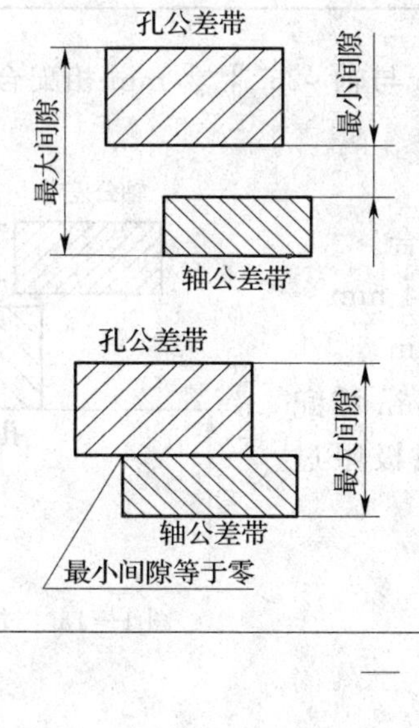 孔公差带、最小间隙、最大间隙、轴公差带；孔公差带、最大间隙、轴公差带、最小间隙等于零	间隙配合时，孔的公差带在轴的公差带之上	因为孔、轴的实际尺寸允许在其公差带内变动，所以其配合的间隙也是变动的。当孔为上极限尺寸而与其相配的轴为下极限尺寸时，配合处于最松状态，此时的间隙称为最大间隙，用 X_{max} 表示，X_{max} = ES−ei。当孔为下极限尺寸而与其相配的轴为上极限尺寸时，配合处于最紧状态，此时的间隙称为最小间隙，用 X_{min} 表示，X_{min} = EI−es。最大间隙与最小间隙统称为极限间隙，它们表示间隙配合中允许间隙变动的两个界限值。孔、轴装配后的实际间隙在最大间隙和最小间隙之间。间隙配合中，当孔的下极限尺寸等于轴的上极限尺寸时，最小间隙等于零，称为零间隙

续表

类型	定义	图示	位置关系	说明
过盈配合	具有过盈（包括最小过盈等于零）的配合	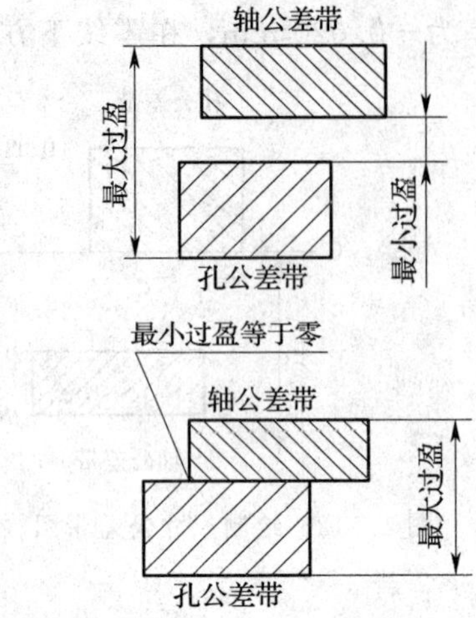 轴公差带 最大过盈 最小过盈 孔公差带 最小过盈等于零 轴公差带 最大过盈 孔公差带	过盈配合时，孔的公差带在轴的公差带之下	因为孔、轴的实际尺寸允许在其公差带内变动，所以其配合的过盈也是变动的。当孔为下极限尺寸而与其相配的轴为上极限尺寸时，配合处于最紧状态，此时的过盈为最大过盈，用 $Y_{\max}$ 表示，$Y_{\max}=EI-es$。当孔为上极限尺寸而与其相配的轴为下极限尺寸时，配合处于最松状态，此时的过盈称为最小过盈，用 $Y_{\min}$ 表示，$Y_{\min}=ES-ei$。最大过盈和最小过盈统称为极限过盈，它们表示过盈配合中允许过盈变动的两个界限值。孔、轴装配后的实际过盈在最小过盈和最大过盈之间。过盈配合中，当孔的上极限尺寸等于轴的下极限尺寸时，最小过盈等于零，称为零过盈
过渡配合	可能具有间隙或过盈的配合	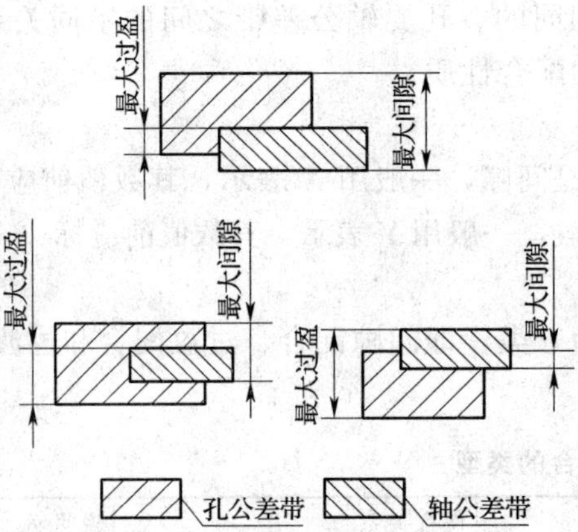 最大过盈 最大间隙 最大过盈 最大间隙 最大过盈 最大间隙 孔公差带 轴公差带	过渡配合时，孔的公差带与轴的公差带相互交叠	孔、轴的实际尺寸允许在其公差带内变动。当孔的尺寸大于轴的尺寸时，具有间隙。当孔为上极限尺寸，而轴为下极限尺寸时，配合处于最松状态，此时的间隙为最大间隙。当孔的尺寸小于轴的尺寸时，具有过盈。当孔为下极限尺寸，而轴为上极限尺寸时，配合处于最紧状态，此时的过盈为最大过盈。过渡配合中也可能出现孔的尺寸减轴的尺寸为零的情况，这个零值可称为零间隙，也可称为零过盈，但它不能代表过渡配合的性质特征，代表过渡配合松紧程度的特征值是最大间隙和最大过盈

例 1—6 如图 1—12 所示，孔 $\phi25^{+0.021}_{0}$ mm 与轴 $\phi25^{-0.020}_{-0.033}$ mm 相配合，试判断配合类型，若为间隙配合，试计算其极限间隙。

解：

由图 1—12 可以看出，该组孔和轴为间隙配合。

$$X_{\max}=ES-ei=+0.021-(-0.033)=+0.054\ \text{mm}$$

$$X_{\min}=EI-es=0-(-0.020)=+0.020\ \text{mm}$$

例 1—7 孔 $\phi32^{+0.025}_{0}$ mm 和轴 $\phi32^{+0.042}_{+0.026}$ mm 相配合，试判断其配合类型，并计算其极限间隙或极限过盈。

解：

作孔、轴公差带图，如图 1—13 所示。

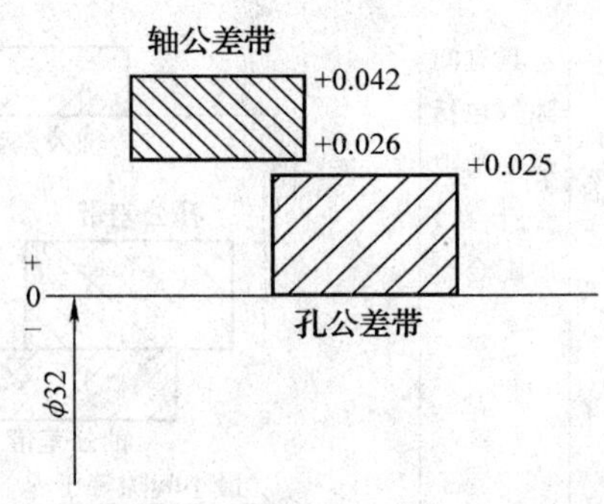

图 1—13 过盈配合示例

由图可知，该组孔和轴为过盈配合。

$Y_{max}=EI-es=0-(+0.042)=-0.042$ mm

$Y_{min}=ES-ei=+0.025-(+0.026)=-0.001$ mm

例 1—8 孔 $\phi50^{+0.025}_{0}$ mm 和轴 $\phi50^{+0.018}_{+0.002}$ mm 相配合，试判断其配合类型，并计算其极限间隙或极限过盈。

解：

作孔、轴公差带图，如图 1—14 所示。

由图可知，该组孔和轴为过渡配合。

$X_{max}=ES-ei=+0.025-(+0.002)=+0.023$ mm

$Y_{max}=EI-es=0-(+0.018)=-0.018$ mm

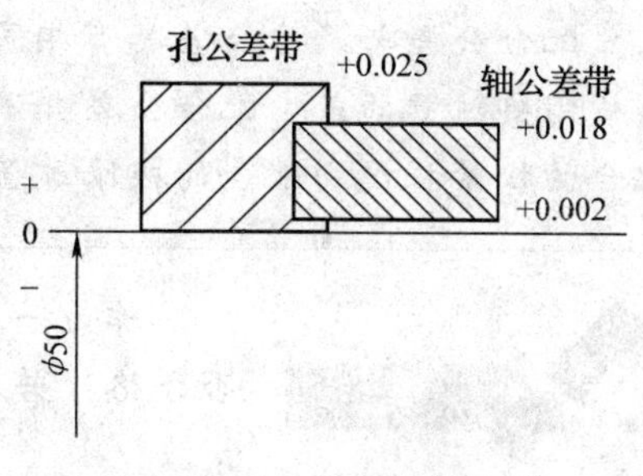

图 1—14　过渡配合示例

特别提示：

每一类配合都有两个特征值，这两个特征值分别反映该配合的最松和最紧程度。如下所示：

		间隙配合	过渡配合	过盈配合
特征值	最松 最紧	$X_{max}=ES-ei$ $X_{min}=EI-es$	$X_{max}=ES-ei$ $Y_{max}=EI-es$	$Y_{min}=ES-ei$ $Y_{max}=EI-es$
孔、轴公差带相互位置		孔在轴之上	孔、轴交叠	孔在轴之下

配合的类型可以根据孔、轴公差带间的相互位置来判别，也可以根据孔、轴的极限偏差来判别。由三种配合的孔、轴公差带位置可以看出：

当 EI≥es 时，为间隙配合。

当 ES≤ei 时，为过盈配合。

当以上两式都不成立时，为过渡配合。

4. 配合公差（T_f）

配合公差是允许间隙或过盈的变动量，用 T_f 表示。

配合公差越大，则配合后的松紧差别程度越大，即配合的一致性差，配合的精度低。反之，配合后的松紧差别程度越小，即配合的一致性好，配合的精度高。

对于间隙配合，配合公差等于最大间隙与最小间隙之差；对于过盈配合，配合公差等于最小过盈与最大过盈之差；对于过渡配合，配合公差等于最大间隙与最大过盈之差。

$$\left.\begin{array}{ll}\text{间隙配合} & T_f=|X_{max}-X_{min}| \\ \text{过盈配合} & T_f=|Y_{min}-Y_{max}| \\ \text{过渡配合} & T_f=|X_{max}-Y_{max}|\end{array}\right\} T_f=T_h+T_s \qquad (1—5)$$

配合公差等于组成配合的孔和轴的公差之和。配合精度的高低是由相配合的孔和轴的精度决定的。配合精度要求越高，孔和轴的精度要求也越高，加工成本越高。反之，孔和轴的精度要求越低，加工成本越低。

特别提示：

配合公差与尺寸公差具有相同的特性，同样以绝对值定义，没有正负，也不可能为零。

需要注意的是，配合公差并不反映配合的松紧程度，它反映的是配合的松紧变化程度。配合的松紧程度由配合的极限过盈或极限间隙值决定。

作为一名技术工人，你在加工产品时，应怎样确定所加工产品是否合格？若不合格应如何处理？

§1—2 极限与配合标准的基本规定

一、标准公差

国家标准《极限与配合》中所规定的任一公差称为**标准公差**。

标准公差数值见表1—2。从表中可以看出，标准公差的数值与两个因素有关，即标准公差等级和公称尺寸分段。

表1—2 **标准公差数值**

公称尺寸(mm)		标准公差等级																	
		IT1	IT2	IT3	IT4	IT5	IT6	IT7	IT8	IT9	IT10	IT11	IT12	IT13	IT14	IT15	IT16	IT17	IT18
大于	至	μm											mm						
—	3	0.8	1.2	2	3	4	6	10	14	25	40	60	0.1	0.14	0.25	0.4	0.6	1	1.4
3	6	1	1.5	2.5	4	5	8	12	18	30	48	75	0.12	0.18	0.3	0.48	0.75	1.2	1.8
6	10	1	1.5	2.5	4	6	9	15	22	36	58	90	0.15	0.22	0.36	0.58	0.9	1.5	2.2
10	18	1.2	2	3	5	8	11	18	27	43	70	110	0.18	0.27	0.43	0.7	1.1	1.8	2.7
18	30	1.5	2.5	4	6	9	13	21	33	52	84	130	0.21	0.33	0.52	0.84	1.3	2.1	3.3
30	50	1.5	2.5	4	7	11	16	25	39	62	100	160	0.25	0.39	0.62	1	1.6	2.5	3.9
50	80	2	3	5	8	13	19	30	46	74	120	190	0.3	0.46	0.74	1.2	1.9	3	4.6
80	120	2.5	4	6	10	15	22	35	54	87	140	220	0.35	0.54	0.87	1.4	2.2	3.5	5.4
120	180	3.5	5	8	12	18	25	40	63	100	160	250	0.4	0.63	1	1.6	2.5	4	6.3
180	250	4.5	7	10	14	20	29	46	72	115	185	290	0.46	0.72	1.15	1.85	2.9	4.6	7.2
250	315	6	8	12	16	23	32	52	81	130	210	320	0.52	0.81	1.3	2.1	3.2	5.2	8.1

续表

公称尺寸 (mm)		标准公差等级																	
		IT1	IT2	IT3	IT4	IT5	IT6	IT7	IT8	IT9	IT10	IT11	IT12	IT13	IT14	IT15	IT16	IT17	IT18
大于	至	μm											mm						
315	400	7	9	13	18	25	36	57	89	140	230	360	0.75	0.89	1.4	2.3	3.6	5.7	8.9
400	500	8	10	15	20	27	40	63	97	155	250	400	0.63	0.97	1.55	2.5	4	6.3	9.7
500	630	9	11	16	22	32	44	70	110	175	280	440	0.7	1.1	1.75	2.8	4.4	7	11
630	800	10	13	18	25	36	50	80	125	200	320	500	0.8	1.25	2	3.2	5	8	12.5
800	1 000	11	15	21	28	40	56	90	140	230	360	560	0.9	1.4	2.3	3.6	5.6	9	14
1 000	1 250	13	18	24	33	47	66	105	165	260	420	660	1.05	1.65	2.6	4.2	6.6	10.5	16.5
1 250	1 600	15	21	29	39	55	78	125	195	310	500	780	1.25	1.95	3.1	5	7.8	12.5	19.5
1 600	2 000	18	25	35	46	65	92	150	230	370	600	920	1.5	2.3	3.7	6	9.2	15	23
2 000	2 500	22	30	41	55	78	110	175	280	440	700	1 100	1.75	2.8	4.4	7	11	17.5	28
2 500	3 150	26	36	50	68	96	135	210	330	540	860	1 350	2.1	3.3	5.4	8.6	13.5	21	33

注：1. 公称尺寸大于 500 mm 的 IT1～IT5 的标准公差数值为试行。
2. 公称尺寸小于 1 mm 时，无 IT14～IT18。
3. IT01 和 IT0 在工业上很少用到，因此本表中未列出。

1. 标准公差等级

确定尺寸精确程度的等级称为**公差等级**。

各种机器零件和零件上不同部位的作用不同，要求尺寸的精确程度就不同。有的尺寸要求必须制造得很精确，有的尺寸则不必那么精确。为了满足生产的需要，国家标准设置了 20 个公差等级，即 IT01、IT0、IT1、IT2、IT3、…、IT18。“IT”表示标准公差，其后的阿拉伯数字表示公差等级。IT01 精度最高，其余精度依次降低，IT18 精度最低。其关系如下：

高 ←—— 公差等级 —— 低

小 —— IT01 IT0 IT1 IT2 IT3 … IT18 ——→ 大

同一公称尺寸的标准公差值

特别提示：

公差等级是划分尺寸精确程度高低的标志。虽然在同一公差等级中，不同公称尺寸对应不同的标准公差值，但这些尺寸被认为具有同等的精确程度。例如公称尺寸 20 mm 的 IT6 数值为 0.013 mm，公称尺寸 400 mm 的 IT6 数值为 0.036 mm，二者虽然标准公差值相差很大，但不能因此认为前者比后者精确，它们具有同样的精确程度。

公差等级越高，零件的精度越高，使用性能也越好，但加工难度大，生产成本高；公差等级越低，零件的精度越低，使用性能降低，但加工难度减小，生产成本降低。因而要同时考虑零件的使用要求和加工经济性能这两个因素，合理确定公差等级。

2. 公称尺寸分段

在相同的加工精度条件下（相同的加工设备及加工技术等），加工误差随着公称尺寸的增大而增大。因此从理论上讲，同一公差等级的标准公差数值也应随公称尺寸的增大而增大。

在实际生产中使用的公称尺寸是很多的，如果每一个公称尺寸都对应一个公差值，就会形成一个庞大的公差数值表，不利于实现标准化，给实际生产带来困难。因此，国家标准对公称尺寸进行了分段。尺寸分段后，同一尺寸段内所有的公称尺寸，在相同公差等级的情况下，具有相同的公差值。如公称尺寸 40 mm 和 50 mm 都在“大于 30 mm 至 50 mm”尺寸段，两尺寸的 IT7 数值均为 0.025 mm。

二、基本偏差

1. 基本偏差及其代号

(1) 基本偏差

国家标准《极限与配合》中所规定的，用以确定公差带相对于零线位置的上极限偏差或下极限偏差，称为**基本偏差**。

基本偏差一般为靠近零线的那个偏差，如图 1—15 所示。当公差带在零线上方时，其基本偏差为下极限偏差，因为下极限偏差靠近零线；当公差带在零线下方时，其基本偏差为上极限偏差，因为上极限偏差靠近零线。当公差带的某一偏差为零时，此偏差自然就是基本偏差。有的公差带相对于零线是完全对称的，则基本偏差可为上极限偏差，也可为下极限偏差。例如 ϕ（40±0.019）mm 的基本偏差可为上极限偏差＋0.019 mm，也可为下极限偏差－0.019 mm。

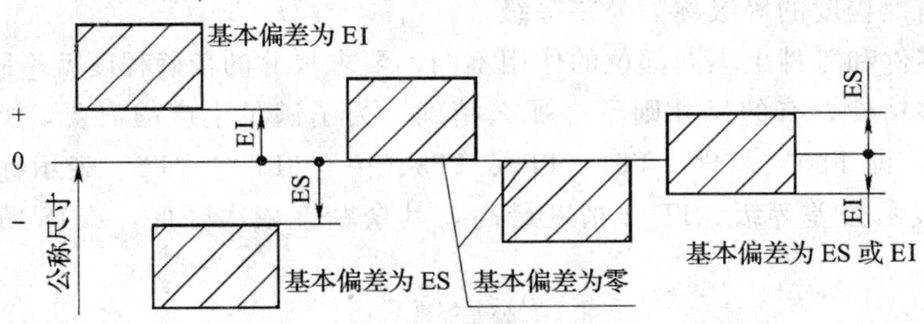

图 1—15　基本偏差

特别提示：

虽然基本偏差既可是上极限偏差，也可是下极限偏差，但对一个尺寸公差带只能规定其中一个为基本偏差。

(2) 基本偏差代号

基本偏差代号用拉丁字母表示，大写字母表示孔的基本偏差，小写字母表示轴的基本偏差。为了不与其他代号混淆，在 26 个字母中去掉了 I、L、O、Q、W（i、l、o、q、w）5 个字母，又增加了 7 个双写字母 CD、EF、FG、JS、ZA、ZB、ZC（cd、ef、fg、js、za、zb、zc）。这样，孔和轴各有 28 个基本偏差代号，见表 1—3。

表 1—3　　　　　　　　　　　　　　孔和轴的基本偏差代号

孔	A	B	C	D	E	F	G	H	J	K	M	N	P	R	S	T	U	V	X	Y	Z		
			CD		EF	FG		JS													ZA	ZB	ZC
轴	a	b	c	d	e	f	g	h	j	k	m	n	p	r	s	t	u	v	x	y	z		
			cd		ef	fg		js													za	zb	zc

2. 基本偏差系列图及其特征

图 1—16 所示为基本偏差系列图，它表示公称尺寸相同的 28 种孔、轴的基本偏差相对零线的位置关系。此图只表示公差带位置，不表示公差带大小。所以，图中公差带只画了靠近零线的一端，另一端是开口的，开口端的极限偏差由标准公差确定。

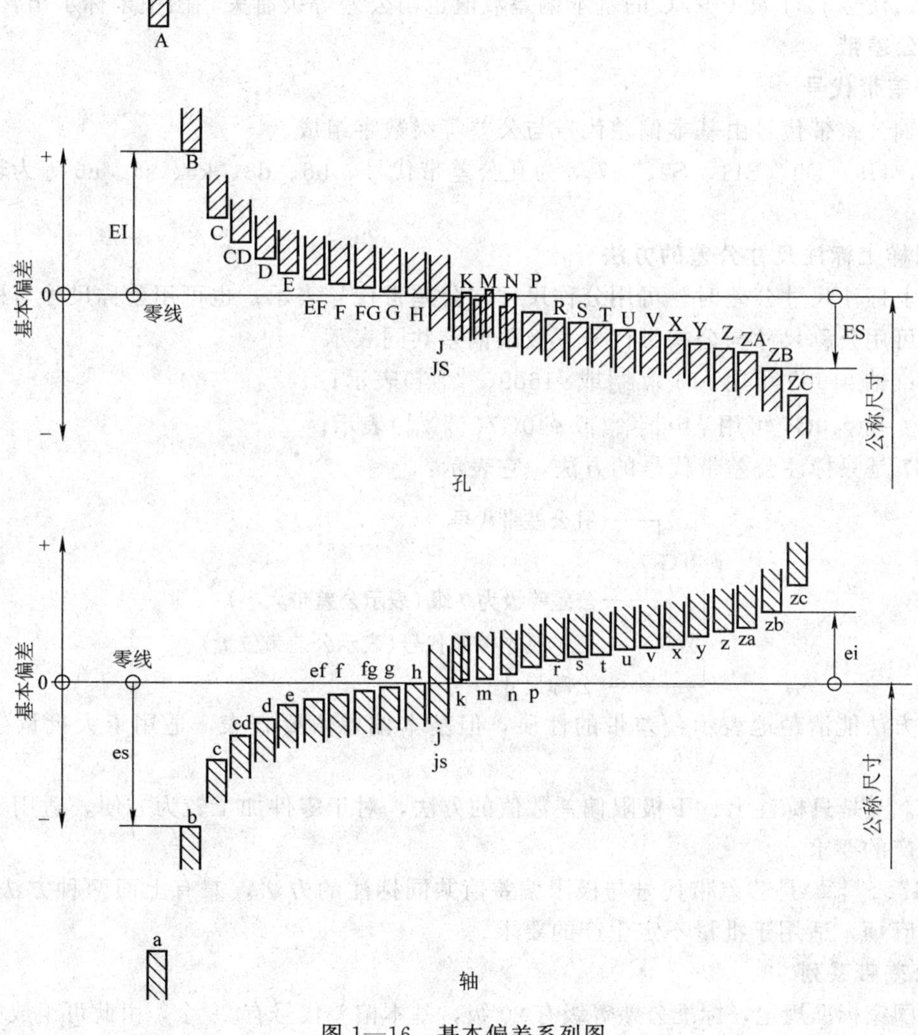

图 1—16　基本偏差系列图

从基本偏差系列图可以看出：

(1) 孔和轴同字母的基本偏差相对零线基本呈对称分布。轴的基本偏差从 a～h 为上极限偏差 es，h 的上极限偏差为零，其余均为负值，它们的绝对值依次减小。轴的基本偏差从

j 至 zc 为下极限偏差 ei，除 j 和 k 的部分外（当代号为 k 且 IT≤3 或 IT＞7 时，基本偏差为零）都为正值，其绝对值依次增大。孔的基本偏差从 A～H 为下极限偏差 EI，从J～ZC为上极限偏差 ES，其正负号情况与轴的基本偏差正负号情况相反。

（2）基本偏差代号为 JS 和 js 的公差带，在各公差等级中完全对称于零线，按国家标准对基本偏差的定义，其基本偏差可为上极限偏差（数值为＋IT/2），也可为下极限偏差（数值为－IT/2）。统一起见，在基本偏差数值表中将 js 划归为上极限偏差，将 JS 划归为下极限偏差。

（3）代号为 k、K 和 N 的基本偏差的数值随公差等级的不同而分为两种情况（K、k 可为正值或零值，N 可为负值或零值），而代号为 M 的基本偏差数值随公差等级不同则有三种不同的情况（正值、负值或零值）。

另外，代号 j、J 及 P～ZC 的基本偏差数值也与公差等级有关，图中未标示出。

三、公差带

1. 公差带代号

孔、轴公差带代号由基本偏差代号与公差等级数字组成。

例如，H9、D9、B11、S7、T7 等为孔公差带代号，h6、d8、k6、s6、u6 等为轴公差带代号。

2. 图样上标注尺寸公差的方法

图样上标注尺寸公差时，可用公称尺寸与公差带代号表示；也可用公称尺寸与极限偏差表示；还可用公称尺寸与公差带代号、极限偏差共同表示。

例如：轴 $\phi16d9$ 可用 $\phi16^{-0.050}_{-0.093}$ 或 $\phi16d9(^{-0.050}_{-0.093})$ 表示；

孔 $\phi40G7$ 可用 $\phi40^{+0.034}_{+0.009}$ 或 $\phi40G7(^{+0.034}_{+0.009})$ 表示。

$\phi40G7$ 是只标注公差带代号的方法，它表示：

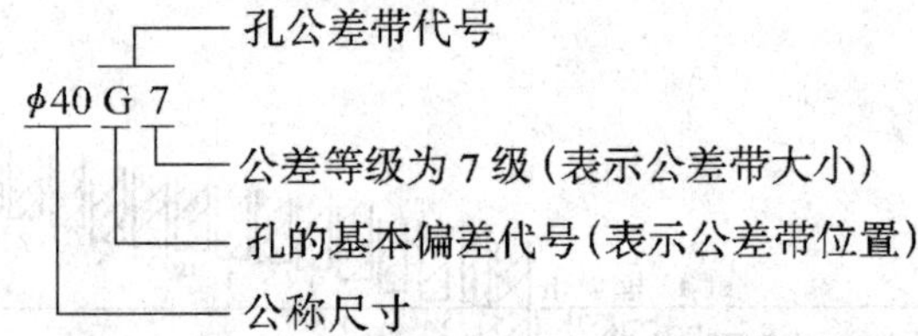

这种方法能清楚地表示公差带的性质，但基本偏差值要查表，适用于大批量生产的要求。

$\phi40^{+0.034}_{+0.009}$ 是只标注上、下极限偏差数值的方法，对于零件加工较为方便，适用于单件或小批量生产的要求。

$\phi40G7(^{+0.034}_{+0.009})$ 是公差带代号与极限偏差值共同标注的方法，兼有上面两种方法的优点，但标注较麻烦，适用于批量不定生产的要求。

3. 公差带系列

根据国家标准规定，标准公差等级有 20 级，基本偏差代号有 28 个，由此可组成很多种公差带。孔有 20×27＋3＝543 种（这里的“＋3”代表增加 J6、J7、J8 三种），轴有 20×27＋4＝544 种（这里的“＋4”代表增加 j5、j6、j7、j8 四种），孔和轴公差带又能组成更大数量的配合。但在生产实践中，若使用数量这么多的公差带，既发挥不了标准化应有的作用，也不利于生产。国家标准在满足我国现实需要和考虑生产发展的前提下，为了尽可能减少零件、定值刀具、定值量具、工艺装备的品种和规格，对孔和轴所选用的公差带做了必要的限制。

国家标准对公称尺寸至 500 mm 的孔、轴规定了优先、常用和一般用途三类公差带。轴的一般用途公差带有 116 种，如图 1—17 所示。其中又规定了 59 种常用公差带，见图中线框框住的公差带。在常用公差带中又规定了 13 种优先公差带，见图中圆圈框住的公差带。同样，对孔公差带规定了 105 种一般用途公差带、44 种常用公差带和 13 种优先公差带，如图 1—18 所示。

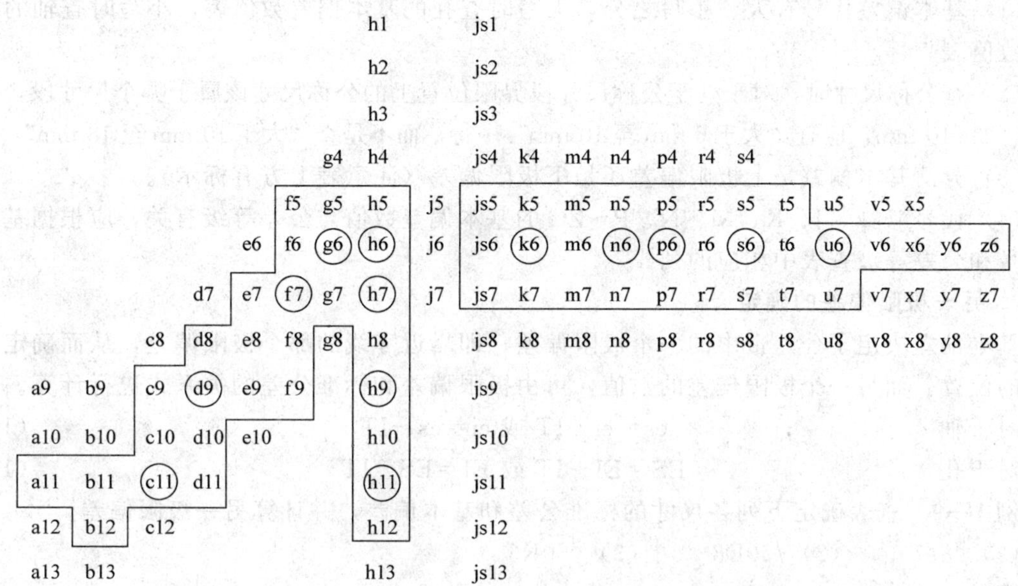

图 1—17　公称尺寸至 500 mm 的一般、常用和优先轴公差带

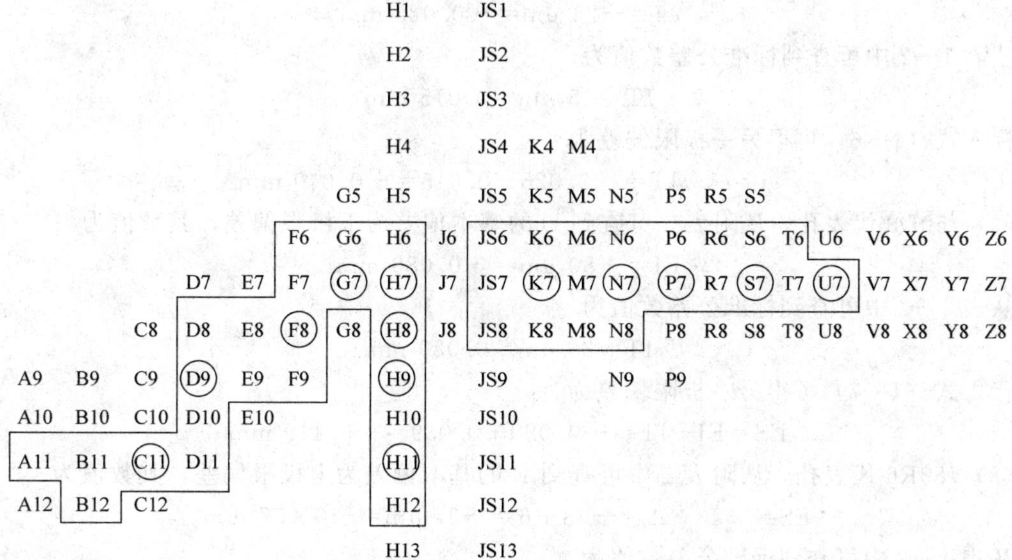

图 1—18　公称尺寸至 500 mm 的一般、常用和优先孔公差带

在实际应用中，选择各类公差带的顺序：首先选择优先公差带，其次选择常用公差带，最后选择一般公差带。

四、孔、轴极限偏差数值的确定

1. 基本偏差的数值

如前所述，基本偏差确定公差带的位置，国家标准对孔和轴各规定了28种基本偏差，国家标准中列出了轴的基本偏差数值表（见附表一）和孔的基本偏差数值表（见附表二）。

查表时应注意以下几点：

(1) 基本偏差代号有大、小写之分，大写时查孔的基本偏差数值表，小写时查轴的基本偏差数值表。

(2) 查公称尺寸时，对于处于公称尺寸段界限位置上的公称尺寸该属于哪个尺寸段，不要弄错。如ϕ10 mm，应查“大于6 mm至10 mm”一行，而不是查“大于10 mm至18 mm”一行。

(3) 分清基本偏差是上极限偏差还是下极限偏差（注意表上方有标示）。

(4) 代号j、k、J、K、M、N、P～ZC的基本偏差数值与公差等级有关，应根据基本偏差代号和公差等级查表中相应的列。

2. 另一极限偏差的确定

基本偏差决定了公差带中的一个极限偏差，即靠近零线的那个极限偏差，从而确定了公差带的位置，而另一个极限偏差的数值，可由极限偏差和标准公差的关系式进行计算。

对于轴　　$es=ei+IT$ 或 $ei=es-IT$　　(1—6)

对于孔　　$ES=EI+IT$ 或 $EI=ES-IT$　　(1—7)

例1—9　查表确定下列各尺寸的标准公差和基本偏差，并计算另一极限偏差。

(1) ϕ8e7　(2) ϕ50D8　(3) ϕ80R6

解：

(1) ϕ8e7代表轴，从附表一可查到e的基本偏差为上极限偏差，其数值为

$$es=-25\ \mu m=-0.025\ mm$$

从表1—2中可查到标准公差数值为

$$IT=15\ \mu m=0.015\ mm$$

代入式(1—6)可得另一极限偏差为

$$ei=es-IT=-0.025-0.015=-0.040\ mm$$

(2) ϕ50D8代表孔，从附表二可查到D的基本偏差为下极限偏差，其数值为

$$EI=+80\ \mu m=+0.080\ mm$$

从表1—2中可查到标准公差数值为

$$IT=39\ \mu m=0.039\ mm$$

代入式(1—7)可得另一极限偏差为

$$ES=EI+IT=+0.080+0.039=+0.119\ mm$$

(3) ϕ80R6代表孔，从附表二中可查到R的基本偏差为上极限偏差，其数值为

$$ES=-43+\Delta=-43+6=-37\ \mu m=-0.037\ mm$$

从表1—2中可查到标准公差数值为

$$IT=19\ \mu m=0.019\ mm$$

代入式(1—7)可得另一极限偏差为

$$EI=ES-IT=-0.037-0.019=-0.056\ mm$$

3. 极限偏差表

上述计算方法在实际使用中较为麻烦，所以《极限与配合》国家标准中列出了轴的极限偏差表（见附表三）和孔的极限偏差表（见附表四）。利用查表的方法，能很快地确定孔和轴的两个极限偏差数值。

查表时仍由公称尺寸查行，由基本偏差代号和公差等级查列，行与列相交处的框格有上下两个偏差数值，上方的为上极限偏差，下方的为下极限偏差。

例 1—10 已知孔 $\phi25H8$ 与轴 $\phi25f7$ 相配合，查表确定孔和轴的极限偏差，并计算极限尺寸和公差，画出公差带图。判定配合类型，并求配合的极限间隙或极限过盈及配合公差。

解：

从附表四查到孔 $\phi25H8$ 的极限偏差为$^{+33}_{0}$ μm，即孔尺寸为 $\phi25^{+0.033}_{0}$ mm。

$$D_{max}=D+ES=25+0.033=25.033 \text{ mm}$$

$$D_{min}=D+EI=25+0=25 \text{ mm}$$

$$T_h=|ES-EI|=|0.033-0|=0.033 \text{ mm}$$

从附表三查到轴 $\phi25f7$ 的极限偏差为$^{-20}_{-41}$ μm，即轴的尺寸为 $\phi25^{-0.020}_{-0.041}$ mm。

$$d_{max}=d+es=25+(-0.020)=24.980 \text{ mm}$$

$$d_{min}=d+ei=25+(-0.041)=24.959 \text{ mm}$$

$$T_s=|es-ei|=|-0.020-(-0.041)|=0.021 \text{ mm}$$

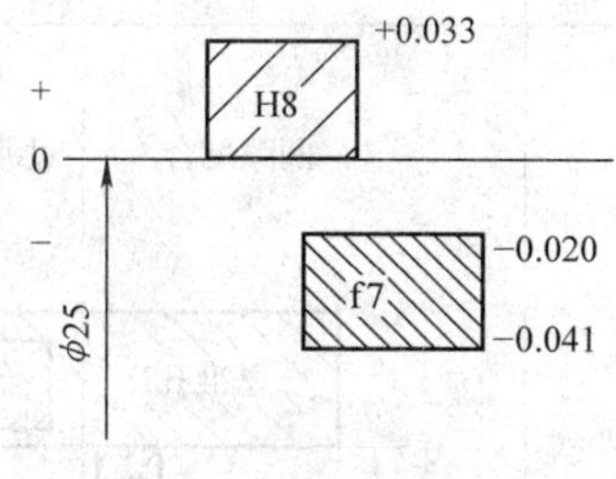

图 1—19 孔 $\phi25H8$ 和轴 $\phi25f7$ 的公差带图

孔和轴的公差带图如图 1—19 所示，可以看出，孔的公差带在轴的公差带之上，此配合为间隙配合。

$$X_{max}=ES-ei=+0.033-(-0.041)=+0.074 \text{ mm}$$

$$X_{min}=EI-es=0-(-0.020)=+0.020 \text{ mm}$$

$$T_f=|X_{max}-X_{min}|=|0.074-0.020|=0.054 \text{ mm}$$

或 $T_f=T_h+T_s=0.033+0.021=0.054$ mm

例 1—11 已知孔 $\phi60R6$ 与轴 $\phi60h5$ 相配合，查表确定孔和轴的极限偏差，并计算极限尺寸和公差，画出公差带图。判定配合类型，并求配合的极限间隙或极限过盈及配合公差。

解：

从附表四查到孔 $\phi60R6$ 的极限偏差为$^{-35}_{-54}$ μm，即孔尺寸为 $\phi60^{-0.035}_{-0.054}$ mm。

$$D_{max}=D+ES=60+(-0.035)=59.965 \text{ mm}$$

$$D_{min}=D+EI=60+(-0.054)=59.946 \text{ mm}$$

$$T_h=|ES-EI|=|-0.035-(-0.054)|=0.019 \text{ mm}$$

从附表三查到轴 $\phi60h5$ 的极限偏差为$^{0}_{-13}$ μm，即轴的尺寸为 $\phi60^{0}_{-0.013}$ mm。

$$d_{max}=d+es=60+0=60 \text{ mm}$$

$$d_{min}=d+ei=60+(-0.013)=59.987 \text{ mm}$$

$$T_s=|es-ei|=|0-(-0.013)|=0.013 \text{ mm}$$

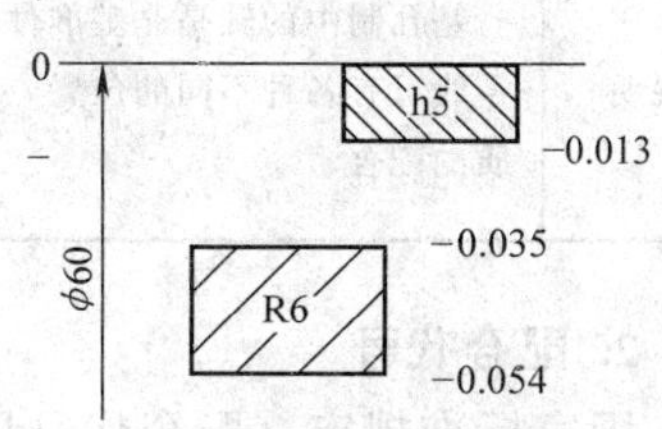

图 1—20 孔 $\phi60R6$ 和轴 $\phi60h5$ 的公差带图

孔和轴的公差带图如图 1—20 所示，可以看出，轴的公差带在孔的公差带之上，此配合为过盈配合。

$$Y_{max}=EI-es=-0.054-0=-0.054\ \text{mm}$$

$$Y_{min}=ES-ei=-0.035-(-0.013)=-0.022\ \text{mm}$$

$$T_f=|Y_{min}-Y_{max}|=|-0.022-(-0.054)|=0.032\ \text{mm}$$

或 $$T_f=T_h+T_s=0.019+0.013=0.032\ \text{mm}$$

五、配合

1. 配合制

配合的性质由相配合的孔、轴公差带的相对位置决定，因而改变孔和（或）轴的公差带位置，就可以得到不同性质的配合。从理论上讲，任何一种孔的公差带和任何一种轴的公差带都可以形成一种配合。但为了便于应用，国家标准对孔与轴公差带之间的相互关系规定了两种基准制，即基孔制和基轴制，见表 1—4。

表 1—4　　配合制的两种基准制

类型	基孔制	基轴制
定义	基本偏差为一定的孔的公差带，与不同基本偏差的轴的公差带形成各种配合的制度称为基孔制	基本偏差为一定的轴的公差带，与不同基本偏差的孔的公差带形成各种配合的制度称为基轴制
图示	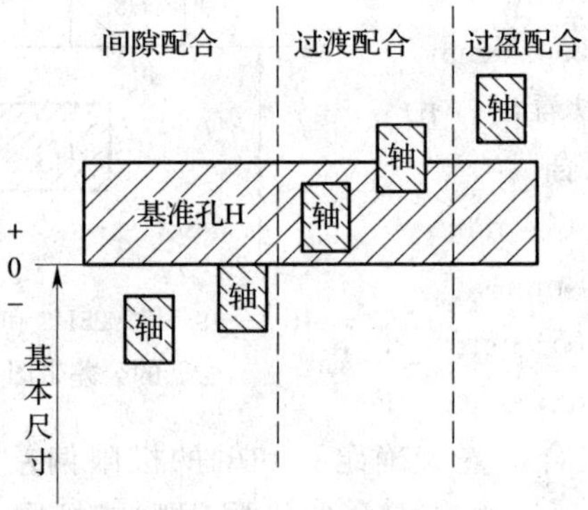 间隙配合　过渡配合　过盈配合 基准孔H　轴　轴　轴　轴　轴 +　0　−　基本尺寸	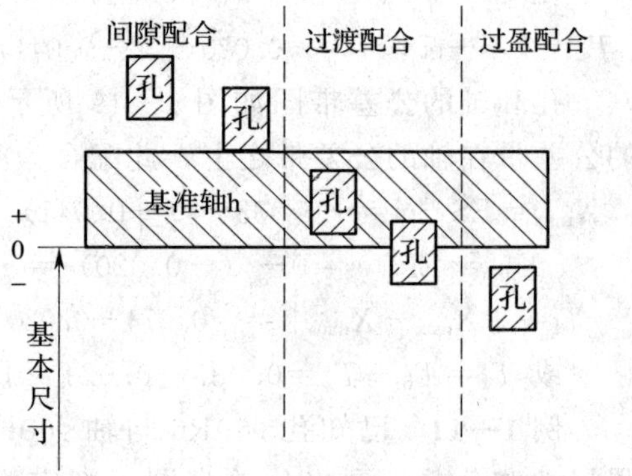 间隙配合　过渡配合　过盈配合 基准轴h　孔　孔　孔　孔　孔 +　0　−　基本尺寸
意义	基孔制中的孔是配合的基准件，称为基准孔。基准孔的基本偏差代号为“H”，它的基本偏差为下极限偏差，其数值为零，上极限偏差为正值，其公差带位于零线上方并紧邻零线	基轴制中的轴是配合的基准件，称为基准轴。基准轴的基本偏差代号为“h”，它的基本偏差为上极限偏差，其数值为零，下极限偏差为负值，其公差带位于零线下方并紧邻零线
说明	基孔制中的轴是非基准件，由于轴的公差带相对零线可有各种不同的位置，因而可形成各种不同性质的配合	基轴制中的孔是非基准件，由于孔的公差带相对零线可有各种不同的位置，因而可形成各种不同性质的配合

2. 配合代号

国家标准规定：配合代号用孔、轴公差带代号的组合表示，写成分数形式，分子为孔的公差带代号，分母为轴的公差带代号，如 H8/f7 或 $\frac{H8}{f7}$。在图样上标注时，配合代号标注在公称尺寸之后，如 $\phi50H8/f7$ 或 $\phi50\ \frac{H8}{f7}$，其含义：公称尺寸为 $\phi50$ mm，孔的公差带代号为 H8，轴的公差带代号为 f7，为基孔制间隙配合。

3. 常用和优先配合

从理论上讲，任意一孔公差带和任意一轴公差带都能组成配合，因而 543 种孔公差带和 544 种轴公差带可组成近 30 万种配合。即使是常用孔、轴公差带任意组合也可形成两千多种配合，这么庞大的配合数目远远超出了实际生产的需求。为此，国家标准根据我国的生产实际需求，参照国际标准，对配合数目进行了限制。国家标准在公称尺寸至 500 mm 范围内，对基孔制规定了 59 种常用配合，对基轴制规定了 47 种常用配合。这些配合分别由轴、孔的常用公差带和基准孔、基准轴的公差带组合而成。在常用配合中又对基孔制、基轴制各规定了 13 种优先配合，优先配合分别由轴、孔的优先公差带与基准孔和基准轴的公差带组合而成。基孔制、基轴制的优先和常用配合分别见表 1—5 和表 1—6。

表 1—5　　基孔制的优先和常用配合

基准孔	轴																				
	a	b	c	d	e	f	g	h	js	k	m	n	p	r	s	t	u	v	x	y	z
	间隙配合								过渡配合			过盈配合									
H6						$\frac{H6}{f5}$	$\frac{H6}{g5}$	$\frac{H6}{h5}$	$\frac{H6}{js5}$	$\frac{H6}{k5}$	$\frac{H6}{m5}$	$\frac{H6}{n5}$	$\frac{H6}{p5}$	$\frac{H6}{r5}$	$\frac{H6}{s5}$	$\frac{H6}{t5}$					
H7						$\frac{H7}{f6}$	◤$\frac{H7}{g6}$	◤$\frac{H7}{h6}$	$\frac{H7}{js6}$	◤$\frac{H7}{k6}$	$\frac{H7}{m6}$	◤$\frac{H7}{n6}$	◤$\frac{H7}{p6}$	$\frac{H7}{r6}$	◤$\frac{H7}{s6}$	$\frac{H7}{t6}$	◤$\frac{H7}{u6}$	$\frac{H7}{v6}$	$\frac{H7}{x6}$	$\frac{H7}{y6}$	$\frac{H7}{z6}$
H8					$\frac{H8}{e7}$	◤$\frac{H8}{f7}$	$\frac{H8}{g7}$	◤$\frac{H8}{h7}$	$\frac{H8}{js7}$	$\frac{H8}{k7}$	$\frac{H8}{m7}$	$\frac{H8}{n7}$	$\frac{H8}{p7}$	$\frac{H8}{r7}$	$\frac{H8}{s7}$	$\frac{H8}{t7}$	$\frac{H8}{u7}$				
				$\frac{H8}{d8}$	$\frac{H8}{e8}$	$\frac{H8}{f8}$		$\frac{H8}{h8}$													
H9			$\frac{H9}{c9}$	◤$\frac{H9}{d9}$	$\frac{H9}{e9}$	$\frac{H9}{f9}$		◤$\frac{H9}{h9}$													
H10			$\frac{H10}{c10}$	$\frac{H10}{d10}$				$\frac{H10}{h10}$													
H11	$\frac{H11}{a11}$	$\frac{H11}{b11}$	◤$\frac{H11}{c11}$	$\frac{H11}{d11}$				◤$\frac{H11}{h11}$													
H12		$\frac{H12}{b12}$						$\frac{H12}{h12}$													

注：1. $\frac{H6}{n5}$、$\frac{H7}{p6}$在公称尺寸小于或等于 3 mm，以及$\frac{H8}{r7}$在公称尺寸小于或等于 100 mm 时，为过渡配合。

2. 标注◤符号的配合为优先配合。

表 1—6　　基轴制的优先和常用配合

基准轴	孔																				
	A	B	C	D	E	F	G	H	JS	K	M	N	P	R	S	T	U	V	X	Y	Z
	间隙配合								过渡配合			过盈配合									
h5						F6/h5	G6/h5	H6/h5	JS6/h5	K6/h5	M6/h5	N6/h5	P6/h5	R6/h5	S6/h5	T6/h5					
h6						F7/h6	◤G7/h6	◤H7/h6	JS7/h6	◤K7/h6	M7/h6	◤N7/h6	◤P7/h6	R7/h6	◤S7/h6	T7/h6	◤U7/h6				
h7					E8/h7	◤F8/h7		◤H8/h7	JS8/h7	K8/h7	M8/h7	N8/h7									
h8				D8/h8	E8/h8	F8/h8		H8/h8													
h9				◤D9/h9	E9/h9	F9/h9		◤H9/h9													
h10				D10/h10				H10/h10													
h11	A11/h11	B11/h11	◤C11/h11	D11/h11				◤H11/h11													
h12		B12/h12						H12/h12													

注：标注◤符号的配合为优先配合。

六、一般公差——线性尺寸的未注公差

设计时，对机器零件上各部位提出的尺寸、形状和位置等精度要求，取决于它们的使用功能要求。零件上的某些部位在使用功能上无特殊要求时，则可给出一般公差。

1. 线性尺寸的一般公差概念

线性尺寸的**一般公差**是在车间普通工艺条件下，机床设备一般加工能力可保证的公差。在正常维护和操作情况下，它代表经济加工精度。

国家标准规定：采用一般公差时，在图样上不单独注出公差，而是在图样上、技术文件或技术标准中做出总的说明。

采用一般公差时，在正常的生产条件下，尺寸一般可以不进行检验，而由工艺保证。如冲压件的一般公差由模具保证，短轴端面对轴线的垂直度由机床的精度保证。

零件图样上采用一般公差后，可带来以下好处：一般零件上的多数尺寸属于一般公差，不予注出，这样可简化制图，使图样清晰易读。图样上突出了标有公差要求的部位，以便在加工和检测时引起重视，还可简化零件上某些部位的检测。

2. 线性尺寸的一般公差标准

(1) 适用范围

线性尺寸的一般公差标准既适用于金属切削加工的尺寸，也适用于一般冲压加工的尺寸，非金属材料和其他工艺方法加工的尺寸也可参照采用。国家标准规定线性尺寸的一般公差适用于非配合尺寸。

(2) 公差等级与数值

线性尺寸的一般公差规定了四个等级，即 f（精密级）、m（中等级）、c（粗糙级）和

v（最粗级）。一般公差线性尺寸的极限偏差数值见表1—7，倒圆半径与倒角高度尺寸的极限偏差数值见表1—8。

表1—7　一般公差线性尺寸的极限偏差数值　mm

公差等级	尺寸分段							
	0.5～3	>3～6	>6～30	>30～120	>120～400	>400～1 000	>1 000～2 000	>2 000～4 000
f（精密级）	±0.05	±0.05	±0.1	±0.15	±0.2	±0.3	±0.5	—
m（中等级）	±0.1	±0.1	±0.2	±0.3	±0.5	±0.8	±1.2	±2
c（粗糙级）	±0.2	±0.3	±0.5	±0.8	±1.2	±2	±3	±4
v（最粗级）	—	±0.5	±1	±1.5	±2.5	±4	±6	±8

表1—8　一般公差倒圆半径与倒角高度尺寸的极限偏差数值　mm

公差等级	尺寸分段			
	0.5～3	>3～6	>6～30	>30
f（精密级） m（中等级）	±0.2	±0.5	±1	±2
c（粗糙级） v（最粗级）	±0.4	±1	±2	±4

3. 线性尺寸的一般公差的表示方法

在图样上、技术文件或技术标准中，线性尺寸的一般公差用标准号和公差等级符号表示。例如，当一般公差选用中等级时，可在零件图样上（标题栏上方）标明：未注公差尺寸按GB/T 1804—m。

七、温度条件

一个零件在某一温度条件下测量合格，而在另一温度条件下测量可能不合格，特别是高精度零件出现这种情况的可能性更大。所以《极限与配合》标准中规定：尺寸的基准温度为20℃。这一规定的含义：图样上和标准中规定的极限与配合是在20℃时给定的，因此测量结果应以工件和测量器具的温度在20℃时为准。

§1—3　公差带与配合的选用

在机械制造中，合理地选用公差带与配合是非常重要的，它对提高产品的性能、质量，以及降低制造成本都有重大的作用。公差带与配合的选择就是公差等级、配合制和配合种类的选择。在实际工作中，三者是有机联系的，因而往往是同时进行的。下面分别予以介绍。

一、公差等级的选用

公差等级的选择原则：在满足使用要求的条件下，尽量选取低的公差等级。

公差等级的选用，一般情况下采用类比的方法，即参考经过实践证明是合理的典型产品的公差等级，结合待定零件的配合、工艺和结构等特点，经分析对比后确定公差等级。用类比法选择公差等级时，应掌握各公差等级的应用范围，以便类比选择时有所依据。

表 1—9 列出了公差等级的大体应用范围，表 1—10 列出了公差等级的主要应用实例，表 1—11 列出了各种加工方法所能达到的公差等级。

表 1—9　　公差等级的大体应用范围

应用	公差等级 IT																		
	01	0	1	2	3	4	5	6	7	8	9	10	11	12	13	14	15	16	17	18
量块	—	—	—																	
量规			—	—	—	—	—	—	—											
特别精密的配合				—	—	—	—													
一般配合							—	—	—	—	—	—	—	—	—					
非配合尺寸														—	—	—	—	—	—	—
原材料尺寸										—	—	—	—	—	—	—				

表 1—10　　公差等级的主要应用实例

公差等级	主要应用实例
IT01～IT1	一般用于精密标准量块。IT1 也用于检验 IT6 和 IT7 轴用量规的校对量规
IT2～IT7	用于检验 IT5～IT16 工件的量规的尺寸公差
IT3～IT5（孔为 IT6）	用于精度要求很高的重要配合。例如机床主轴与精密滚动轴承的配合、发动机活塞销与连杆孔和活塞孔的配合 配合公差很小，对加工要求很高，应用较少
IT6（孔为 IT7）	用于机床、发动机和仪表中的重要配合。例如机床传动机构中的齿轮与轴的配合，轴与轴承的配合，发动机中活塞与气缸、曲轴与轴承、气阀杆与导套的配合等 配合公差较小，一般精密加工能够实现，在精密机械中应用广泛
IT7、IT8	用于机床和发动机中不太重要的配合，也用于重型机械、农业机械、纺织机械、机车车辆等的重要配合。例如，机床上操纵杆的支承配合、发动机中活塞环与活塞环槽的配合、农业机械中齿轮与轴的配合等 配合公差中等，加工易于实现，在一般机械中应用广泛
IT9、IT10	用于一般要求或长度精度要求较高的配合。某些非配合尺寸的特殊要求，例如飞机机身的外壳尺寸，由于质量限制，要求达到 IT9 或 IT10
IT11、IT12	多用于各种没有严格要求、只要求便于连接的配合。例如螺栓和螺孔、铆钉和孔等的配合
IT12～IT18	用于非配合尺寸和粗加工的工序尺寸。例如手柄的直径、壳体的外形和壁厚尺寸、端面之间的距离等

表 1—11　　各种加工方法所能达到的公差等级

加工方法	公差等级 IT																	
	01	0	1	2	3	4	5	6	7	8	9	10	11	12	13	14	15	16
研磨	—	—	—	—	—	—	—											
珩						—	—	—	—									
圆磨						—	—	—	—	—								
平磨						—	—	—	—	—								
金刚石车							—	—	—									
金刚石镗							—	—	—									
拉削							—	—	—	—								
铰孔								—	—	—	—	—						
车									—	—	—	—	—					
镗									—	—	—	—	—					
铣										—	—	—	—					
刨、插												—	—					
钻孔												—	—	—	—			
滚压、挤压												—	—					
冲压												—	—	—	—	—		
压铸													—	—	—	—		
粉末冶金成形								—	—	—								
粉末冶金烧结									—	—	—	—						
砂型铸造、气割																		—
锻造																—		

二、配合的选用

1. 配合制的选用

配合制的选用原则如下：

（1）一般情况下，应优先选用基孔制。因为中、小尺寸段的孔精加工一般采用铰刀、拉刀等定尺寸刀具，检验也多采用塞规等定尺寸量具，而轴的精加工不存在这类问题。所以采用基孔制可大大减少定尺寸刀具和量具的品种和规格，有利于刀具和量具的生产和储备，从而降低成本。

在有些情况下可采用基轴制。例如采用冷拔圆棒料制作精度要求不高的轴，由于这种棒料外圆的尺寸、形状相当准确，表面光洁，因而外圆不需加工就能满足配合要求，这时采用基轴制在技术上、经济上都是合理的。

（2）与标准件配合时，配合制的选择通常依标准件而定。例如滚动轴承内圈与轴的配合采用基孔制，而滚动轴承外圈与孔的配合采用基轴制，如图 1—21 所示。

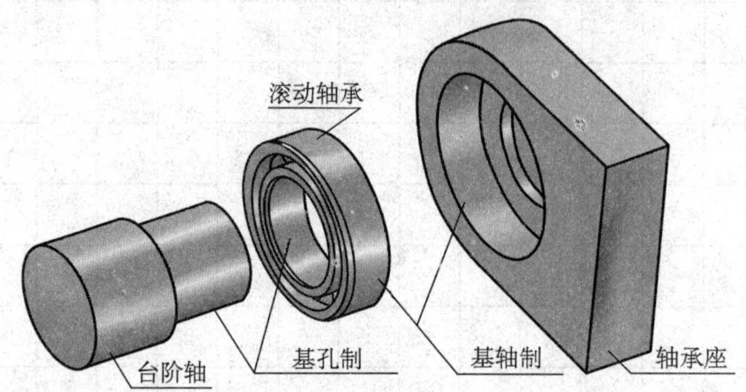

图 1—21　与滚动轴承配合的基准制的选择

2. 配合种类的选用

一般情况下采用类比法选择配合种类，即与经过生产和使用验证后的某种配合进行比较，然后确定其配合种类。

采用类比法选择配合时，首先应了解该配合部位在机器中的作用、使用要求及工作条件，还应掌握国家标准中各种基本偏差的特点，了解各种常用和优先配合的特征及应用场合，熟悉一些典型的配合实例。

采用类比法选用配合种类的步骤如下：

（1）首先根据使用要求，确定配合的类别，即确定是间隙配合、过盈配合还是过渡配合。表 1—12 提供了配合类别选择的基本原则。

表 1—12　　配合类别选择的基本原则

<table>
<tr><td rowspan="4">无相对运动</td><td rowspan="3">要传递转矩</td><td rowspan="2">要精确同轴</td><td>永久结合</td><td>过盈配合</td></tr>
<tr><td>可拆结合</td><td>过渡配合或基本偏差为 H（h）① 的间隙配合加紧固件②</td></tr>
<tr><td colspan="2">无须精确同轴</td><td>间隙配合加紧固件②</td></tr>
<tr><td colspan="3">不传递转矩</td><td>过渡配合或小过盈配合</td></tr>
<tr><td rowspan="2">有相对运动</td><td colspan="3">只有移动</td><td>基本偏差为 H（h）①、G（g）① 的间隙配合</td></tr>
<tr><td colspan="3">转动或转动和移动复合运动</td><td>基本偏差为 A～F（a～f）① 的间隙配合</td></tr>
</table>

注：①指非基准件的基本偏差代号。
②紧固件指键，销钉和螺钉等。

（2）确定了类别后，再进一步类比确定选用哪一种配合。表 1—13、表 1—14 和表 1—15 分别给出了尺寸至 500 mm 的三种配合中的常用和优先配合的特征及应用场合，根据这些表进行类比后可初步确定选用哪一种配合。

（3）当实际工作条件与典型配合的应用场合有所不同时，应对配合的松紧做适当的调整，最后确定选用哪种配合。

表 1—13 **尺寸至 500 mm 常用和优先间隙配合的特征及应用场合**

配合种类 \ 基本偏差 基准件		a	A	b	B	c	C	d	D	e	E	f	F	g	G	h	H
		轴或孔															
H6	h5											H6/f5	F6/h5	H6/g5	G6/h5		H6/h5
H7	h6											H7/f6	F7/h6	◤H7/g6	◤G7/h6		◤H7/h6
H8	h7									H8/e7	E8/h7	◤H8/f7	◤F8/h7	H8/g7			◤H8/h7
	h8							H8/d8	D8/h8	H8/e8	E8/h8	H8/f8	F8/h8				H8/h8
H9	h9					H9/c9		◤H9/d9	◤D9/h9	H9/e9	E9/h9	H9/f9	F9/h9				◤H9/h9
H10	h10					H10/c10		H10/d10	D10/h10								H10/h10
H11	h11	H11/a11	A11/h11	H11/b11	B11/h11	◤H11/c11	◤C11/h11	H11/d11	D11/h11								◤H11/h11
H12	h12			H12/b12	B12/h12												

摩擦类型	紊流液体摩擦		层流液体摩擦			半液体摩擦
配合间隙	特大	很大	较大	适中	较小	很小，极端情况为零
应用场合	适用于高温或工作时要求大间隙的配合，一般很少应用	适用于缓慢、松弛的动配合，工作条件较差（如农业机械）、受力变形或为了便于装配而需要大间隙的配合，以及高温时有相对运动的配合	适用于高速、重载或大直径的滑动轴承。由于间隙较大，也可用于大跨距或多支点支承的配合	适用于一般转速的转动配合。当温度影响不大时，广泛地应用在普通润滑油（或润滑脂）润滑的支承处	适用于不回转的精密滑动配合或缓慢间歇回转的精密配合	适用于不同精度要求的一般定位配合或缓慢移动和摆动配合

注：标注◤符号的配合为优先配合。

表 1—14　　尺寸至 500 mm 常用和优先过渡配合的特征及应用场合

基准件（配合种类＼基本偏差）		轴或孔									
		js	JS	k	K	m	M	n	N	p	r
H6	h5	$\frac{H6}{js5}$	$\frac{JS6}{h5}$	$\frac{H6}{k5}$	$\frac{K6}{h5}$	$\frac{H6}{m5}$	$\frac{M6}{h5}$	$\frac{H6}{n5}$			
H7	h6	$\frac{H7}{js6}$	$\frac{JS7}{h6}$	◤ $\frac{H7}{k6}$	◤ $\frac{K7}{h6}$	$\frac{H7}{m6}$	$\frac{M7}{h6}$	◤ $\frac{H7}{n6}$	◤ $\frac{N7}{h6}$	◤ $\frac{H7}{p6}$	
H8	h7	$\frac{H8}{js7}$	$\frac{JS8}{h7}$	$\frac{H8}{k7}$	$\frac{K8}{h7}$	$\frac{H8}{m7}$	$\frac{M8}{h7}$	$\frac{H8}{n7}$	$\frac{N8}{h7}$	$\frac{H8}{p7}$	$\frac{H8}{r7}$
出现过盈概率		低——→高									
应用场合		适用于易于装拆的定位配合或加紧固件可传递一定静载荷的配合		适用于稍有振动的定位配合。加紧固件可传递一定的载荷。装拆方便		适用于定位精度较高且能抗振的定位配合。加键能传递较大的载荷。一般可用木制锤子装配，但在最大过盈时要求有相当大的压入力		适用于精确定位或紧密组件的配合。加键能传递大转矩或冲击载荷。由于拆卸较困难，一般大修时才拆卸		适用于加键后能传递很大转矩，并能抗振动及冲击的配合。因拆卸困难，故用于装配后不再拆卸的场合	

注：1. $\frac{H6}{n5}$和$\frac{H7}{p6}$当公称尺寸大于 3 mm 时，$\frac{H8}{r7}$当公称尺寸大于 100 mm 时，为过盈配合。

2. 标注◤符号的配合为优先配合。

表 1—15　　尺寸至 500 mm 常用和优先过盈配合的特征及应用场合

基准件（配合种类＼基本偏差）		轴或孔																			
		n	N	p	P	r	R	s	S	t	T	u	U	v	V	x	X	y	Y	z	Z
H6	h5	$\frac{H6}{n5}$	$\frac{N6}{h5}$	$\frac{H6}{p5}$	$\frac{P6}{h5}$	$\frac{H6}{r5}$	$\frac{R6}{h5}$	$\frac{H6}{s5}$	$\frac{S6}{h5}$	$\frac{H6}{t5}$	$\frac{T6}{h5}$										
H7	h6			◤ $\frac{H7}{p6}$	◤ $\frac{P7}{h6}$	$\frac{H7}{r6}$	$\frac{R7}{h6}$	◤ $\frac{H7}{s6}$	◤ $\frac{S7}{h6}$	$\frac{H7}{t6}$	$\frac{T7}{h6}$	◤ $\frac{H7}{u6}$	◤ $\frac{U7}{h6}$	$\frac{H7}{v6}$		$\frac{H7}{x6}$		$\frac{H7}{y6}$		$\frac{H7}{z6}$	
H8	h7					$\frac{H8}{r7}$		$\frac{H8}{s7}$		$\frac{H8}{t7}$		$\frac{H8}{u7}$									
配合类型	轻型					中型				重型				特重型							
装配方法	用锤子或压力机					用压力机、热胀孔或冷缩轴法				用热胀孔或冷缩轴法				用热胀孔或冷缩轴法							
应用场合	适用于精确的定位配合。上列多数配合不能靠过盈产生的紧固性传递载荷，要传递转矩或轴向力时，须加紧固件					在传递较小转矩或轴向力时不需加紧固件，若承受较大载荷或动载荷时，应加紧固件				不加紧固件能承受和传递很大的动载荷和转矩，但材料的许用应力要大				能承受和传递很大的动载荷和转矩，目前使用的经验和资料还很少，须经试验后才可应用							

注：1. $\frac{H6}{n5}$和$\frac{H7}{p6}$当公称尺寸小于或等于 3 mm 时，$\frac{H8}{r7}$当公称尺寸小于或等于 100 mm 时，为过渡配合。

2. 标注◤符号的配合为优先配合。

习题

1. 什么是孔？什么是轴？

2. 公称尺寸是如何确定的？

3. 什么是极限尺寸？极限尺寸的作用是什么？

4. 什么是偏差？什么是极限偏差？极限偏差是如何分类的？各用什么代号表示？

5. 下列尺寸标注是否正确？如错误请改正。

(1) $\phi20^{+0.015}_{+0.021}$　　(2) $\phi30^{+0.033}_{0}$　　(3) $\phi35^{-0.025}_{0}$

(4) $\phi50^{-0.041}_{-0.025}$　　(5) $\phi70^{+0.046}$　　(6) $\phi45^{+0.042}_{+0.017}$

(7) $\phi25^{-0.052}$　　(8) $\phi25^{-0.008}_{+0.013}$　　(9) $\phi50^{+0.009}_{+0.048}$

6. 计算下表中空格处的数值，并按规定填写在表中（单位：mm）。

公称尺寸	上极限尺寸	下极限尺寸	上极限偏差	下极限偏差	公差	尺寸标注
孔 $\phi12$	12.050	12.032				
孔 $\phi30$		29.959			0.021	
轴 $\phi80$			−0.010	−0.056		
孔 $\phi50$				−0.034	0.039	
轴 $\phi60$			+0.072		0.019	
孔 $\phi40$						$\phi40^{+0.014}_{-0.011}$
轴 $\phi70$	69.970				0.074	

7. 计算下列孔和轴的极限尺寸和尺寸公差，并分别绘出尺寸公差带图。

(1) 孔 $\phi50^{+0.030}_{0}$　　(2) 轴 $\phi45^{-0.050}_{-0.089}$

(3) 孔 $\phi125^{+0.041}_{-0.022}$　　(4) 轴 $\phi80^{+0.105}_{+0.059}$

8. 判断下列各组配合的类别，并计算配合的极限间隙或极限过盈及配合公差。

(1) 孔为 $\phi60^{+0.030}_{0}$，轴为 $\phi60^{-0.010}_{-0.029}$。

(2) 孔为 $\phi70^{+0.030}_{0}$，轴为 $\phi70^{+0.030}_{+0.010}$。

(3) 孔为 $\phi90^{+0.035}_{0}$，轴为 $\phi90^{+0.113}_{+0.091}$。

(4) 孔为 $\phi100^{+0.090}_{+0.036}$，轴为 $\phi100^{0}_{-0.054}$。

9. 解释下列标注的含义

(1) ϕ50H6/f5

(2) ϕ50H7/k6

(3) ϕ50H8/p7

(4) ϕ50F6/h5

(5) ϕ50K6/h5

(6) ϕ50T6/h5

10. 利用标准公差数值表和基本偏差数值表，确定下列各公差带代号的公差值和基本偏差值，并计算另一极限偏差数值。

（1）ϕ120D9　（2）ϕ75H8　（3）ϕ50R6　（4）ϕ60M6

（5）ϕ80f7　（6）ϕ45h5　（7）ϕ25g6　（8）ϕ30js7

11. 利用极限偏差表，确定下列公差带代号的极限偏差数值及公差值。

（1）ϕ6b12　（2）ϕ30f8　（3）ϕ20c12　（4）ϕ30js6　（5）ϕ55H1

（6）ϕ80m8　（7）ϕ30E10　（8）ϕ100N7　（9）ϕ65A12　（10）ϕ35F8

12. 已知下列各组相配合的孔和轴的公称尺寸和公差带代号，查表确定孔、轴的极限偏差值，计算孔、轴的极限尺寸和公差，并画出公差带图。判断配合的类别，并求配合的极限间隙或极限过盈及配合公差。

（1）ϕ60H8 与 ϕ60f7　（2）ϕ65H9 与 ϕ65h9

（3）ϕ40H7 与 ϕ40n6　（4）ϕ50H8 与 ϕ50t7

13. 什么是基孔制？什么是基轴制？

14. 配合代号是如何组成的？举例说明。

15. 线性尺寸的一般公差在标注上有什么特点？它主要用于什么场合？线性尺寸一般公差分为哪几个等级？

16. 公差等级选用的原则是什么？主要的选用方法是什么？

17. 配合制选用的原则有哪两条？为什么在一般情况下应优先采用基孔制？

18. 基轴制适用于哪些场合？

19. 选择公差等级时是越高越好吗？为什么？

第二章

技术测量的基本知识与常用计量器具

学习目标

1. 理解测量长度尺寸的常用计量器具，如游标卡尺、千分尺、量块等的测量原理，掌握其使用方法。

2. 理解常用的机械式量仪，如百分表、杠杆千分尺等的测量原理，掌握其使用方法。

3. 理解测量角度的常用计量器具，如万能角度尺、正弦规等的测量原理，掌握其使用方法。

4. 理解水平仪的测量原理，了解其应用。

5. 了解塞尺、直角尺、检验平尺、检验平板和偏摆仪等的应用。

6. 理解光滑极限量规的检测原理，掌握其使用方法。

§2—1 技术测量的基本知识

机械零件要实现互换性，除了要合理地规定公差外，还需要在加工过程中正确地测量和检验，只有通过测量和检验判定为合格的零件，才具有互换性。

测量就是将被测的几何量与具有计量单位的标准量进行比较的实验过程。如图 2—1 所示为用米尺测量桌面的宽度，桌面宽度就是被测的几何量，米尺的刻度体现测量单位的标准量。任何一个完整的测量过程都包括**测量对象**（长度、角度、表面质量、几何形状和相互位置等）、**计量单位**、**测量方法**（指计量器具和测量条件的综合）和**测量精度**（指测量结果与真值的符合程度）四个要素。

检验是与测量相似的一个概念，通常只确定被测几何量是否在规定的极限范围之内，从而判定零件是否合格，而不需确定量值，如图 2—2 所示。

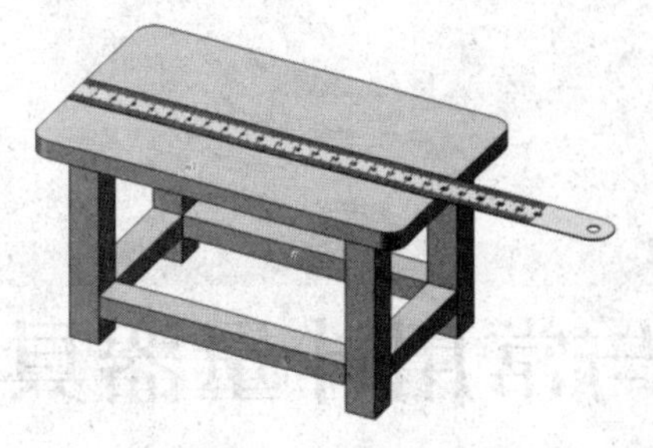

图 2—1　测量

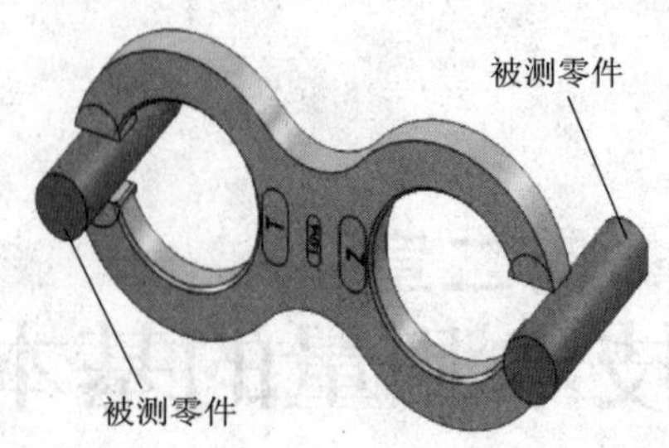

图 2—2　检验

一、计量的单位

为了保证测量的正确性，必须保证测量过程中测量单位的统一，为此我国以国际单位制为基础确定了法定计量单位。我国的法定计量单位中，长度计量单位为米（m），平面角的角度计量单位为弧度（rad）及度（°）、分（′）、秒（″）。在机械制造中，长度计量单位一般用毫米（mm），在精密测量中，长度计量单位采用微米（μm），超精密测量中采用纳米（nm）。长度计量单位的换算关系见表 2—1，角度计量单位的换算关系见表 2—2。

表 2—1　　长度计量单位的换算关系

单位名称	符号	与基本单位的关系
米	m	基本单位
毫米	mm	1 mm=10^{-3} m（0.001 m）
微米	μm	1 μm=10^{-6} m（0.000 001 m）
纳米	nm	1 nm=10^{-9} m（0.000 000 001 m）

表 2—2　　角度计量单位的换算关系

单位名称	符号	单位换算关系
度	°	基本单位 1°=（π/180）rad=0.017 453 3 rad
分	′	1°=60′
秒	″	1′=60″
弧度	rad	基本单位 1 rad=（180/π）°=57.295 779 51°
微弧度	μrad	1 μrad=10^{-6} rad

二、计量器具的分类

计量器具按结构特点可分为四大类，见表 2—3。

表 2—3　　计量器具的分类

大类及特点	小类及用途	常用计量器具示例
量具 量具是以固定形式复现量值的计量器具 量具一般结构比较简单，没有传动放大系统	标准量具 用来复现单一量值的量具	量块　直角尺

续表

大类及特点	小类及用途	常用计量器具示例
量具 量具是以固定形式复现量值的计量器具 量具一般结构比较简单，没有传动放大系统	通用量具 用来复现一定范围内的一系列不同量值的量具 按其结构特点又分为固定刻线量具、游标量具、螺旋测微量具	固定刻线量具：  钢直尺 游标量具：  游标卡尺 螺旋测微量具： 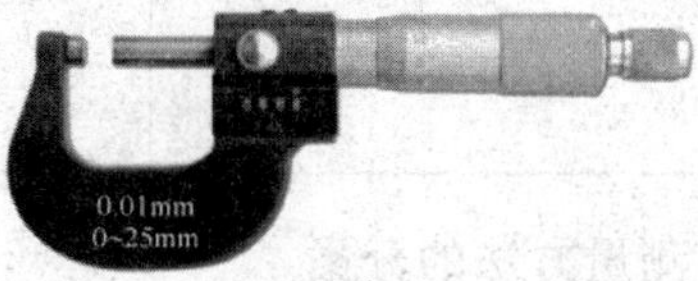 千分尺
量规 量规是指没有刻度的专用计量器具 量规用于检验零件(尺寸、形状、位置)是否合格。量规检验不能获得被测几何量的具体数值，只判断其合格性	光滑极限量规 用于检验光滑圆柱形工件的合格性	 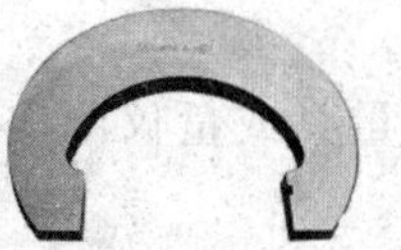 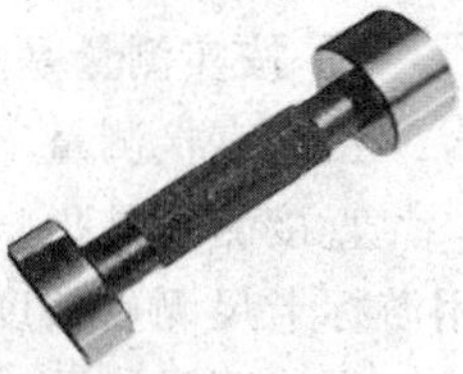 环规　卡规　塞规
	螺纹量规 用于综合检验螺纹的合格性	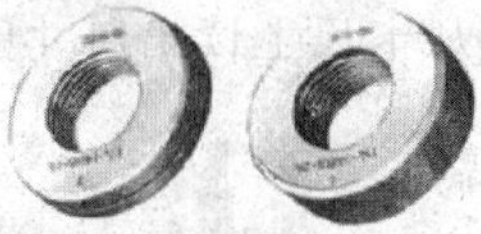 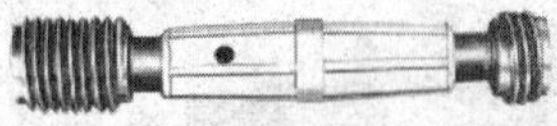 螺纹环规　螺纹塞规
	圆锥量规 用于检验圆锥的锥度及尺寸	 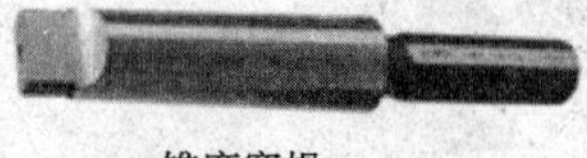 锥度套规　锥度塞规
量仪 量仪是将被测几何量值转换成可直接观察的指示值或等效信息的计量器具 量仪一般具有传动放大系统	按原始信号转换的原理不同可分为机械式量仪、光学式量仪、电动式量仪和气动式量仪四类，其中机械式量仪应用最广	机械式量仪：  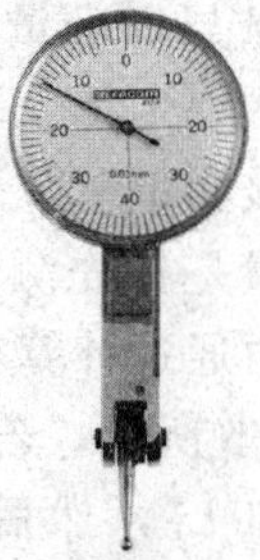 钟表式百分表　杠杆式百分表

续表

大类及特点	小类及用途	常用计量器具示例
计量装置 计量装置是指为确定被测几何量值所需的计量器具和辅助设备的总体 计量装置能测量较多的几何量和较复杂的零件，如数控检测中心		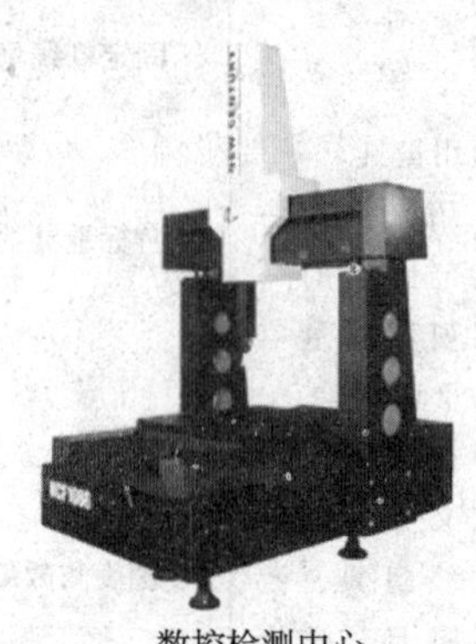 数控检测中心

三、测量方法的分类

测量方法是指进行测量时所采用的测量原理、测量器具和测量条件的总和。测量方法可以按不同的形式进行分类。

1. 按实测量是否为被测量分

（1）直接测量

直接测量是指直接用量具或量仪测出被测几何量值的方法。如图 2—3 所示直接测量为用游标卡尺测量长度尺寸。

直接测量又分为绝对测量和相对测量。

绝对测量是指从量具或量仪上直接读出被测几何量数值的方法。如图 2—4 所示绝对测量为用游标卡尺测量轴径，可直接从卡尺上读出尺寸值。

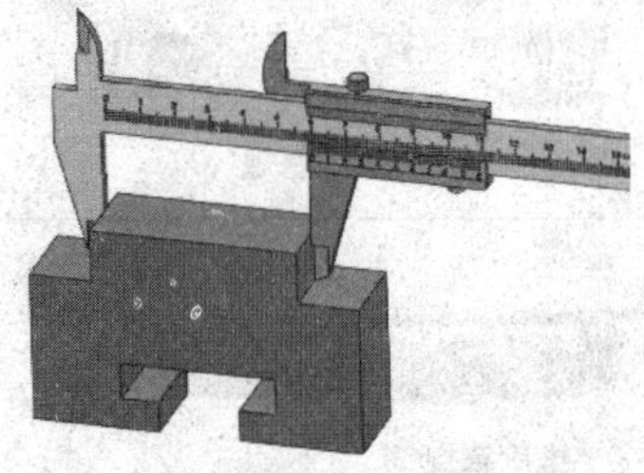

图 2—3　直接测量

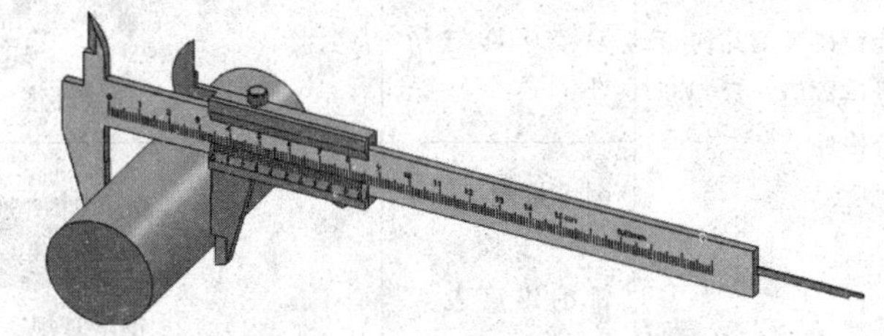

图 2—4　绝对测量

相对测量（比较测量或微差测量）是指通过读取被测几何量与标准量的偏差来确定被测几何量数值的方法。

（2）间接测量

间接测量是指先测出与被测几何量相关的其他几何参数，再通过计算获得被测几何量数值的方法。

如图 2—5 所示，若要测得两孔的中心距 L，可先测出 L_1 和 L_2，然后再计算出孔的中心距 $L=\frac{L_1+L_2}{2}$。

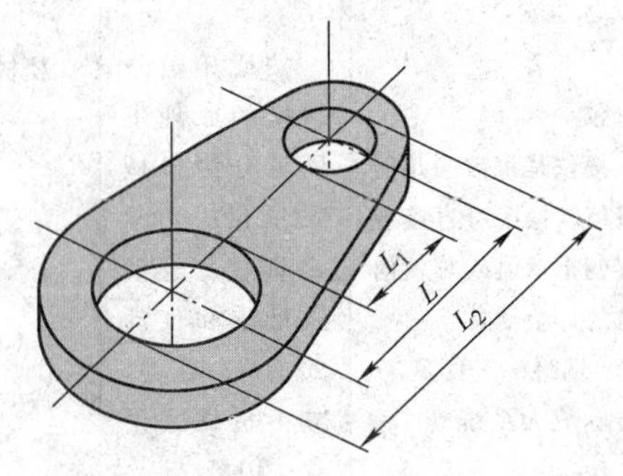

图 2—5　间接测量

2. 按同时测量被测参数的数量分

(1) 单项测量

单项测量是指在一次测量中只测量一个几何量的量值。如图 2—3 所示的测量可看作单项测量。

(2) 综合测量

综合测量是指在一次检测中可得到几个相关几何量的综合结果，以判断工件是否合格。如用螺纹量规综合检验螺纹的合格性。

判断合格性：用圆柱螺纹量规检验螺纹时，通端螺纹量规能完全旋入通过，止端螺纹量规不能旋入或部分旋入，则被检螺纹合格。

另外，测量方法还可分为接触与非接触测量、主动与被动测量、动态与静态测量等。

四、计量器具的基本计量参数

计量器具的计量参数是反映其性能和功用的指标，是选择和使用计量器具的主要依据。基本计量参数如下。

1. 刻度间距 c

刻度间距是指计量器具的标尺或刻度盘上两相邻刻线中心的距离（一般为 1～2.5 mm）。

2. 分度值 i（刻度值）

分度值是指计量器具的标尺或刻度盘上每一小格所代表的测量值。一般分度值越小，计量器具的测量精度越高。

3. 示值范围

示值范围是指计量器具的标尺或刻度盘上所指示的起始值到终了值的范围。

4. 测量范围

测量范围是指计量器具能测出的被测量的最小值到最大值的范围。

5. 示值误差

示值误差是指计量器具的指示值与被测量的真值之差。

6. 校正值（修正值）

校正值是指为了消除计量器具示值误差的影响，加到测量结果上的数值。它与示值误差大小相等，符号相反。

另外，计量器具的基本计量参数还有灵敏阈、灵敏度、示值稳定性和测量力等。

五、测量误差

任何测量过程，无论采用如何精密的测量方法，其测得值都不可能等于几何量的真值；即使测量条件相同，对同一被测几何量重复进行测量，其测得值也不会完全相同，只能与其真值近似。这种由于计量器具本身的误差和测量条件的限制而使测量结果与真值之间形成的差值称为测量误差。

测量误差产生的原因有很多，归纳起来主要有以下几种。

1. 计量器具误差

计量器具误差是由于计量器具本身在设计、制造、装配和使用调整上的不准确而引起的误差。这些误差综合表现为示值误差和示值的稳定性。

2. 方法误差

方法误差是指测量方法不完善所引起的误差，如计算公式不准确、测量方法选择不当、工件安装定位不准确引起的测量误差。

3. 环境误差

环境误差是指测量时，测量环境不符合标准状态而引起的测量误差。影响测量环境的因素有温度、湿度、气压、振动、灰尘等，其中温度对测量误差的影响最大。

4. 人员误差

人员误差是由测量人员主观因素和操作技术水平所引起的误差。例如，测量人员使用计量器具的方法不正确，对示值的分辨能力和对仪器的调节能力不强等因素引起的测量误差。

测量误差是不可避免的。在实际生产中，只要根据被测量的精度要求，合理选用计量器具、测量方法及环境，准确操作，将测量误差控制在一定范围内，就可以满足测量精度要求。

§2—2　测量长度尺寸的常用量具

一、通用量具

1. 游标量具

游标量具是一种常用量具，具有结构简单、使用方便、测量范围大等特点。常用的长度游标量具有游标卡尺、深度游标卡尺和高度游标卡尺等，它们的读数原理相同，只是在外形、结构上有所差异。

(1) 游标卡尺的结构和用途

游标卡尺的种类较多，最常用的三种游标卡尺的结构和测量指标见表 2—4。

表 2—4　常用游标卡尺　mm

种类	结构图	测量范围	分度值
三用游标卡尺（Ⅰ型）	内测量爪 紧固螺钉 尺框 尺身 游标 外测量爪	0～125 0～150	0.02 0.05

续表

种类	结构图	测量范围	分度值
双面游标 卡尺（Ⅲ型）	外测量爪 紧固螺钉 尺框 尺身 游标 内外测量爪	0～200 0～300	0.02 0.05
单面游标 卡尺（Ⅳ型）	紧固螺钉 尺框 尺身 游标 微调装置 内外测量爪	0～200 0～300	0.02 0.05
		0～500	0.02 0.05 0.10
		0～1 000	0.05 0.10

从表 2—4 中的结构图可以看出，游标卡尺的主体是一个刻有刻度的尺身，其上有固定量爪。沿着尺身可移动的部分称为尺框，尺框上有活动量爪，并装有带刻度的游标和紧固螺钉。有的游标卡尺为了调节方便还装有微调装置。在尺身上滑动尺框，可使两量爪的距离改变，以完成对不同尺寸的测量。游标卡尺通常用来测量零件的长度、厚度、内外径、槽的宽度及深度等。

（2）游标卡尺的刻线原理和读数方法

1）刻线原理。游标卡尺的读数部分由尺身与游标组成。其原理是利用尺身刻线间距和游标刻线间距之差来进行小数读数。通常尺身刻线间距 a 为 1 mm，尺身刻线（$n-1$）格的长度等于游标刻线 n 格的长度。相应的游标刻线间距 $b=\frac{(n-1)\times a}{n}$，尺身刻线间距与游标刻线间距之差 $i=a-b$ 即游标卡尺的分度值。游标卡尺的分度值有 0.10 mm、0.05 mm 和 0.02 mm 三种。

2）读数方法。用游标量具测量零件进行读数时，读数方法和步骤如下：

①根据游标零线所处位置读出尺身在游标零线前的整数部分的读数值。

②判断游标上第几根刻线与尺身上的刻线对准，游标刻线的序号乘以该游标量具的分度值即可得到小数部分的读数值。

③最后将整数部分的读数值与小数部分的读数值相加得测量结果。

下面以分度值为 0.02 mm 的游标卡尺为例说明读数方法和步骤。如图 2—6a 所示为分度值 i=0.02 mm 的游标卡尺的刻线图。尺身刻线间距 a=1 mm，游标的刻线格数为 50 格（49 mm），游标刻线间距 $b=\frac{(50-1)\times1}{50}$=0.98 mm，与尺身刻线间距之差为 1－0.98＝0.02 mm。

如图 2—6b 所示，被测尺寸的读数方法和步骤如下：

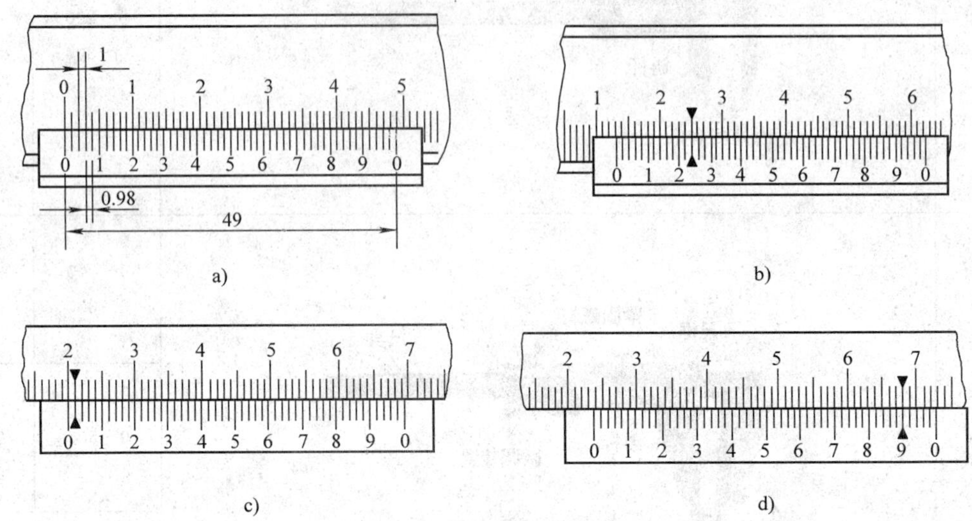

图 2—6 游标卡尺刻线原理及读数示例

①游标的零线落在尺身的 13～14 mm，因而整数部分的读数值为 13 mm。

②游标的第 12 格刻线与尺身的一条刻线对齐，因而小数部分的读数值为 0.02×12＝0.24 mm。

③最后将整数部分的读数值与小数部分的读数值相加，得到被测尺寸为 13.24 mm。

同理，如图 2—6c 所示，被测尺寸：20＋1×0.02＝20.02 mm；如图 2—4d 所示，被测尺寸：23＋45×0.02＝23.90 mm。

特别提示：

使用游标卡尺时应注意以下事项：

①测量前，将卡尺的测量面用软布擦干净，卡尺的两个量爪合拢后，应密不透光。如漏光严重，需进行修理。量爪合拢后，游标零线应与尺身零线对齐。如对不齐，就存在零位偏差，一般不能使用。有零位偏差时如要使用，需加校正值。游标在尺身上滑动要灵活自如，不能过松或过紧，不能晃动，以免产生测量误差。

②测量时，要先注意看清尺框上的分度值标记，以免读错小数值产生粗大误差（指在一定条件下，测量结果明显偏离真值时所对应的误差）。使用量爪时，应使量爪轻轻接触零件的被测表面，保持合适的测量力，量爪位置要摆正，不能歪斜；用深度尺测量工件深度时，测深杆尾端应垂直地压向工件平面，不能歪斜，图 2—7 所示。

③读数时，视线应与尺身表面垂直，避免产生视觉误差。

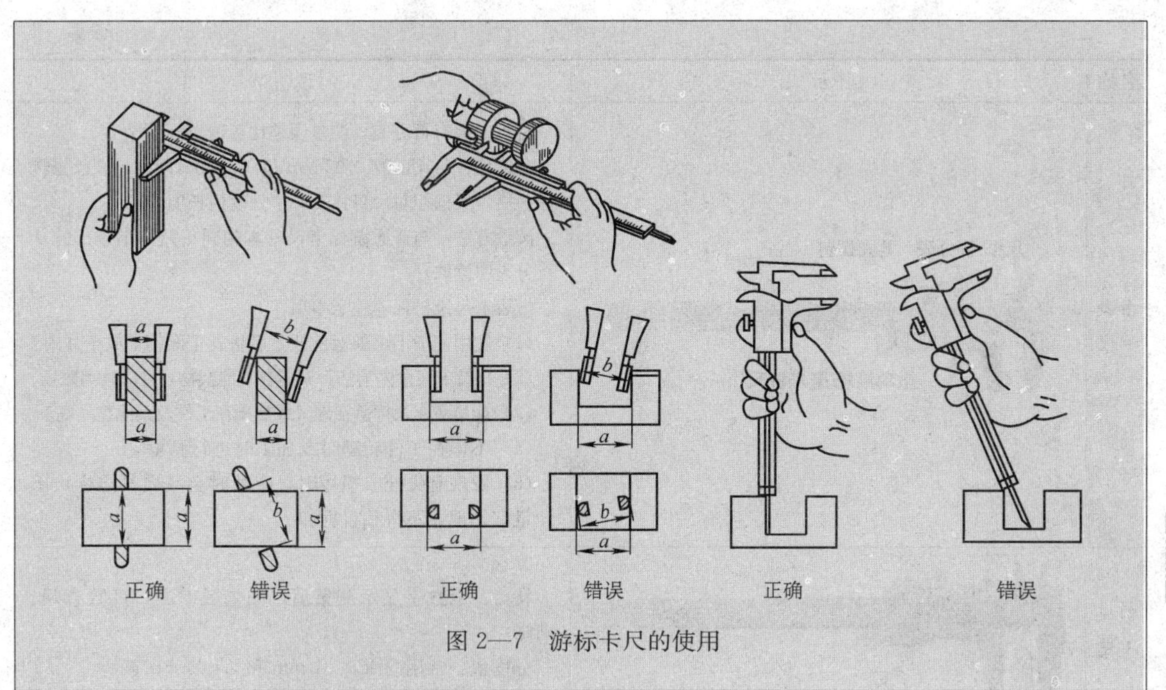

图 2—7　游标卡尺的使用

（3）其他类型的游标量具

其他类型的游标量具见表 2—5。

表 2—5　　　　**其他类型的游标量具**

名称	图示	说明
深度游标卡尺		主要用于测量孔、槽的深度和台阶的高度
高度游标卡尺		主要用于测量工件高度或进行划线

续表

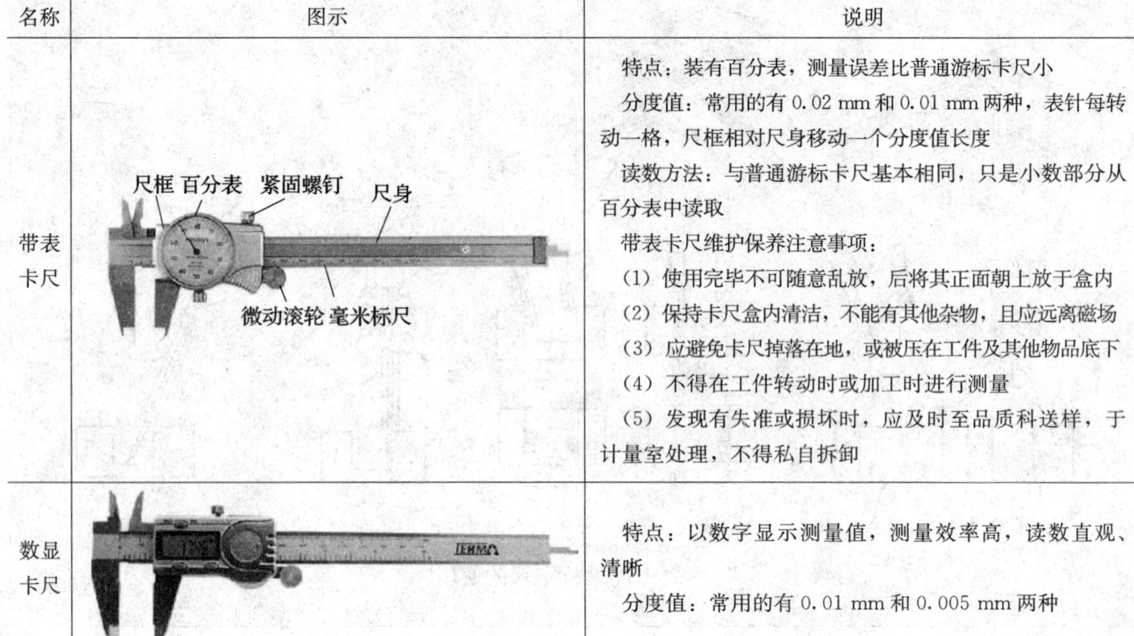

名称	图示	说明
带表卡尺		特点：装有百分表，测量误差比普通游标卡尺小 分度值：常用的有 0.02 mm 和 0.01 mm 两种，表针每转动一格，尺框相对尺身移动一个分度值长度 读数方法：与普通游标卡尺基本相同，只是小数部分从百分表中读取 带表卡尺维护保养注意事项： （1）使用完毕不可随意乱放，后将其正面朝上放于盒内 （2）保持卡尺盒内清洁，不能有其他杂物，且应远离磁场 （3）应避免卡尺掉落在地，或被压在工件及其他物品底下 （4）不得在工件转动时或加工时进行测量 （5）发现有失准或损坏时，应及时至品质科送样，于计量室处理，不得私自拆卸
数显卡尺		特点：以数字显示测量值，测量效率高，读数直观、清晰 分度值：常用的有 0.01 mm 和 0.005 mm 两种

2. 测微螺旋量具

测微螺旋量具是利用螺旋副的运动原理进行测量和读数的测微量具。按用途可分为外径千分尺、内径千分尺、深度千分尺及专门测量螺纹中径尺寸的螺纹千分尺和测量齿轮公法线长度的公法线千分尺等。

（1）外径千分尺

1）外径千分尺的结构。外径千分尺的外形、结构如图 2—8 所示。其尺架上装有砧座和锁紧装置，固定套管与尺架结合成一体，测微螺杆与微分筒和测力装置（棘轮）结合在一起。当旋转测力装置时，就带动微分筒和测微螺杆一起旋转，并利用螺纹传动副沿轴向移动，使砧座与测微螺杆和两个测量面之间的距离发生变化。

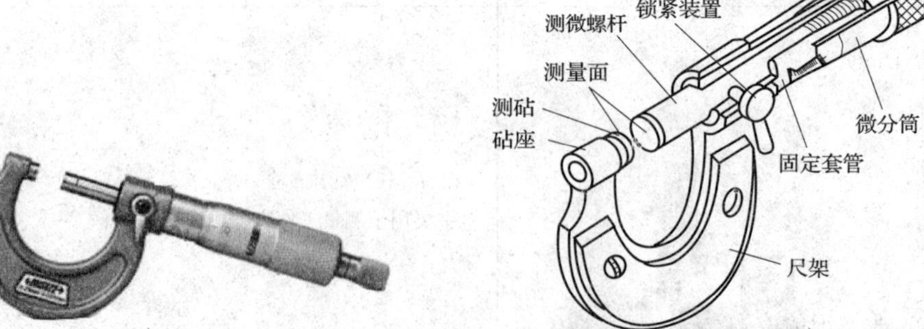

图 2—8　外径千分尺

a）外形　b）结构

千分尺测微螺杆的移动量一般为 25 mm，少数大型千分尺也有制成 100 mm 的。

2）外径千分尺的读数原理。在千分尺的固定套管上刻有轴向中线，作为微分筒读数的基准线。在中线的两侧，刻有两排刻线，每排刻线的间距为 1 mm，上下两排相互错开 0.5 mm。测微螺杆的螺距为0.5 mm，微分筒的外圆周上刻有 50 等份的刻度。当微分筒旋转一周时，测微螺杆轴向移动 0.5 mm。微分筒只转动一格时，则螺杆的轴向移动为 0.5/50＝0.01 mm，因而 0.01 mm 就是千分尺的分度值。

3）外径千分尺的读数方法

①先从微分筒的边缘向左看固定套管上距微分筒边缘最近的刻线，从固定套管中线上侧的刻度读出整数，从中线下侧的刻度读出 0.5 mm 的小数。

②再从微分筒上找到与固定套管中线对齐的刻线，将此刻线数乘以 0.01 mm 就是小于 0.5 mm 的小数部分的读数。

③把以上几部分相加得测量值。

例 2—1　读出图 2—9 所示外径千分尺所示的读数。

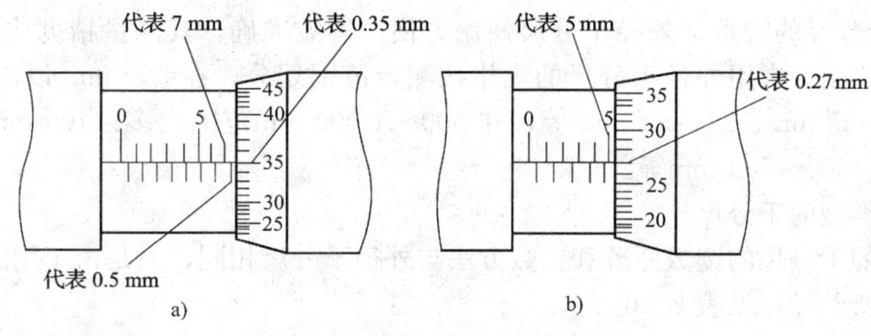

图 2—9　外径千分尺读数示例

解：

从图 2—9a 中可以看出，距微分筒最近处刻线为中线下侧的刻线，表示 0.5 mm 的小数，中线上侧距离微分筒最近的为 7 mm 的刻线，表示整数，微分筒上数值为 35 的刻线对准中线，所以外径千分尺的读数＝7＋0.5＋0.01×35＝7.85 mm。

从图 2—9b 中可以看出，距微分筒最近的刻线为 5 mm 的刻线，而微分筒上数值为 27 的刻线对准中线，所以外径千分尺的读数＝5＋0.01×27＝5.27 mm。

特别提示：

使用千分尺时应注意以下事项：

①测量之前，转动千分尺测力装置上的棘轮，使两个测量面合拢，检查测量面间是否密合，同时观察微分筒上的零线与固定套管的中线是否对齐，如有零位偏差，可送检修部门调整，或在读数时加修正值。

②测量时，千分尺测微螺杆的轴线应垂直于零件被测表面。先用手转动千分尺的微分筒，待测微螺杆的测量面接近工件被测表面时，再转动测力装置上的棘轮，使测微螺杆的测量面接触工件表面，听到 2～3 声“咔咔”声后即停止转动，此时已得到合适的测量力，可读取数值。不可用手猛力转动微分筒，以免使测量力过大而影响测量精度，甚至损坏螺纹传动副，千分尺的使用如图 2—10 所示。

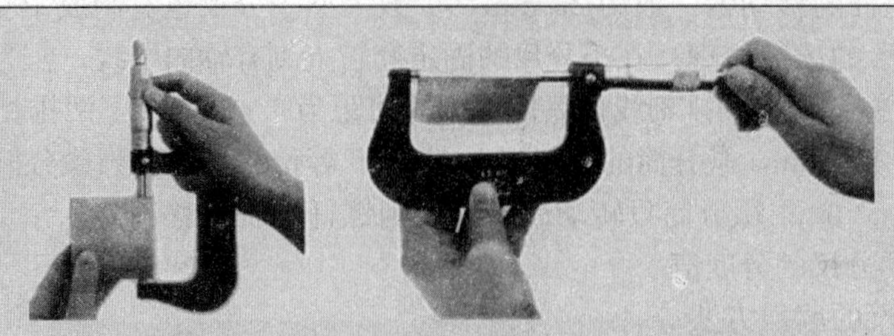

图 2—10　千分尺的使用

③读数时最好不从工件上取下千分尺，如需取下再读数时，应先锁紧测微螺杆，然后轻轻取下，以防止尺寸变动产生测量误差。

④读数要细心，看清刻度，特别要注意分清整数部分和 0.5 mm 的刻线。

4）外径千分尺的特点。外径千分尺使用方便，读数准确，其测量精度比游标卡尺高，在生产中使用广泛。常用外径千分尺的规格按测量范围划分，在 500 mm 以内一般 25 mm 为一档，如 0～25 mm、25～50 mm 等，在 500～1 000 mm范围内多以100 mm为一档，如 500～600 mm、600～700 mm等。

（2）其他类型的千分尺

其他类型的千分尺的读数原理和读数方法与外径千分尺相同，只是由于用途不同，在外形和结构上有所差异，见表 2—6。

表 2—6　　其他类型的千分尺

名称	图示	说明
内径千分尺（单体式）		用来测量孔径等内尺寸，有 5～30 mm 和 25～50 mm 两种测量范围。其固定套管上的刻线与外径千分尺刻线方向相反，但读数方法与外径千分尺相同

续表

名称	图示	说明
内径千分尺（接杆式）	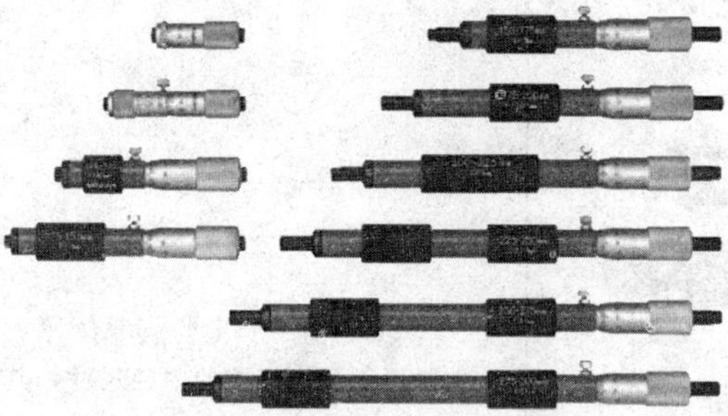	在不加接长杆时，可测量 50～63 mm 的孔径或内尺寸。去掉千分尺前端的保护螺母，把接长杆与内径千分尺旋合，便可改变（一般是增大）测量范围
内径千分尺（三爪式）	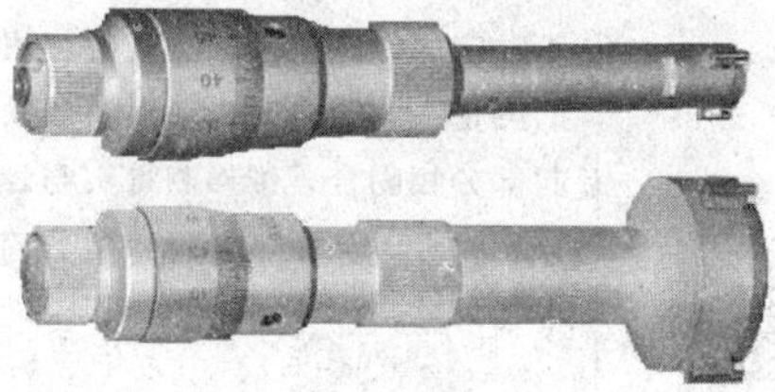 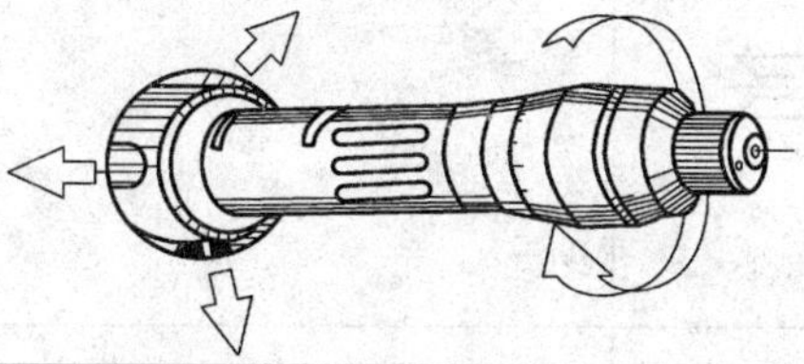	测头有三个可伸缩的量爪，由于三爪式量爪有三点与孔壁接触，故测量比较准确，其刻线和内部结构与内径千分尺基本相同
深度千分尺	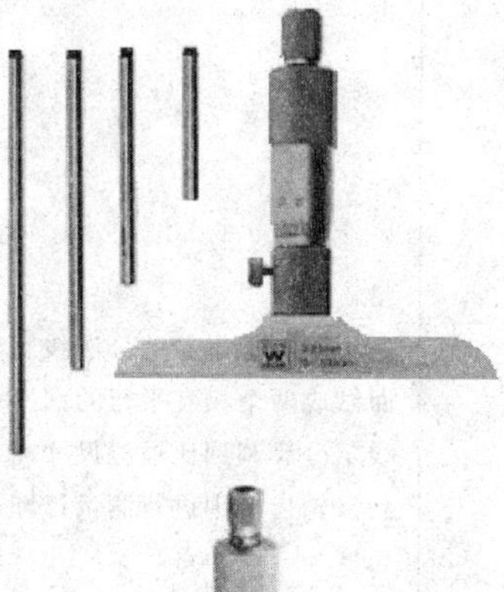 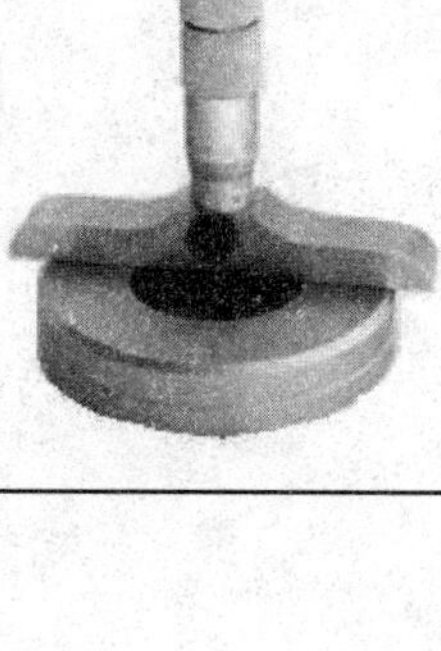	主要结构与外径千分尺相似，只是多了一个基座而没有尺架。深度千分尺主要用于测量孔和沟槽的深度及两平面间的距离。在测微螺杆的下面连接着可换测量杆，测量杆有四种尺寸，测量范围分别为 0～25 mm、25～50 mm、50～75 mm、75～100 mm

续表

名称	图示	说明
螺纹千分尺	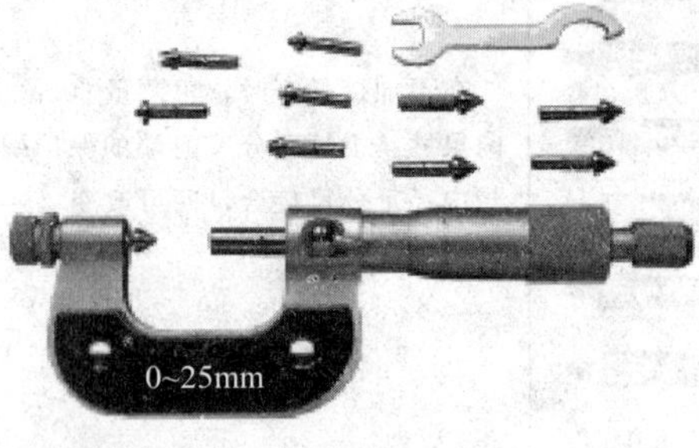 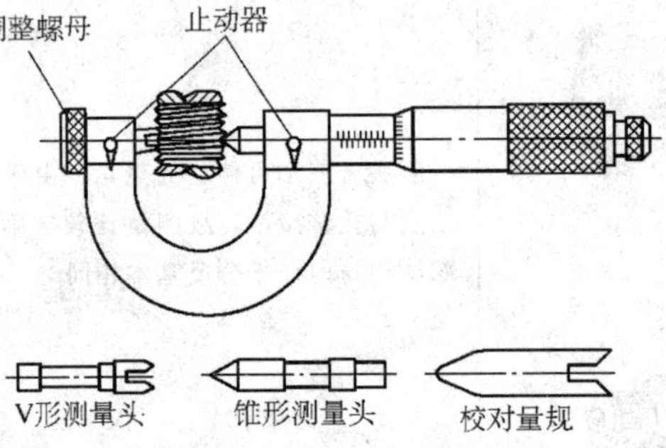	主要用于测量螺纹的中径尺寸，其结构与外径千分尺基本相同，只是砧座与测量头的形状有所不同。其附有不同规格的测量头，每对测量头用于一定的螺距范围，测量时可根据螺距选用相应的测量头。测量时，V 形测量头与螺纹牙型的凸起部分相吻合，锥形测量头与螺纹牙型的沟槽部分相吻合，从固定套管和微分筒上可读出螺纹的中径尺寸
公法线千分尺	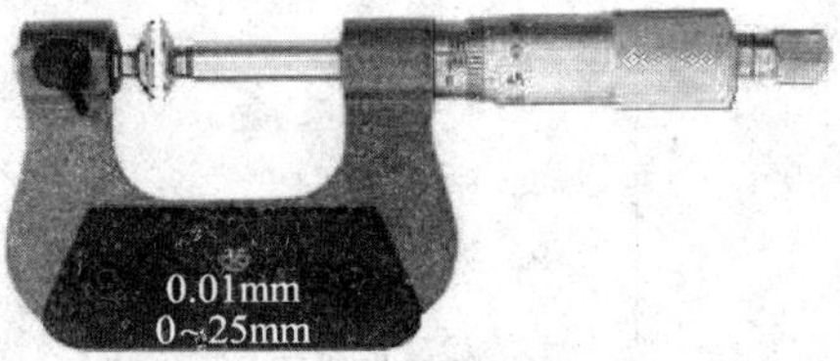 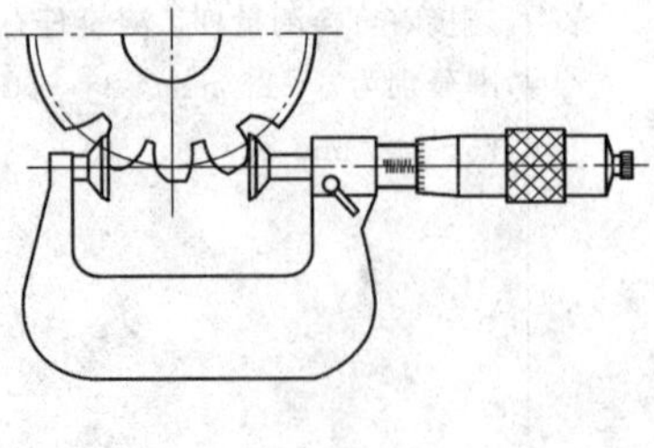	用于测量齿轮的公法线长度，两个测砧的测量面做成两个相互平行的圆平面。测量前先把公法线千分尺调到比被测尺寸略大，然后把测量头插到齿轮齿槽中进行测量，即可得到公法线的实际长度

续表

名称	图示	说明
壁厚千分尺		主要用来测量带孔零件的壁厚，前端做成杆状球头测砧，以便伸入孔内并使测砧与孔的内壁贴合
深弓千分尺		也称板厚千分尺，主要用来测量距端面较远处的厚度尺寸，其尺身的弓深较深

用外径千分尺测量自己头发的直径或课本一页纸的厚度，并与同学进行互换测量，看看谁测得更准确。

二、量块

1. 量块的形状、用途及尺寸系列

量块是没有刻度的平行端面量具，也称块规，是用微变形钢（属低合金刃具钢）或陶瓷材料制成的长方体，如图 2—11 所示。量块具有线膨胀系数小、不易变形、耐磨性好等特点。量块经过精密加工的很平、很光的两个平行平面，称为测量面。两测量面之间的距离为工作尺寸，又称标称尺寸，该尺寸具有很高的精度。

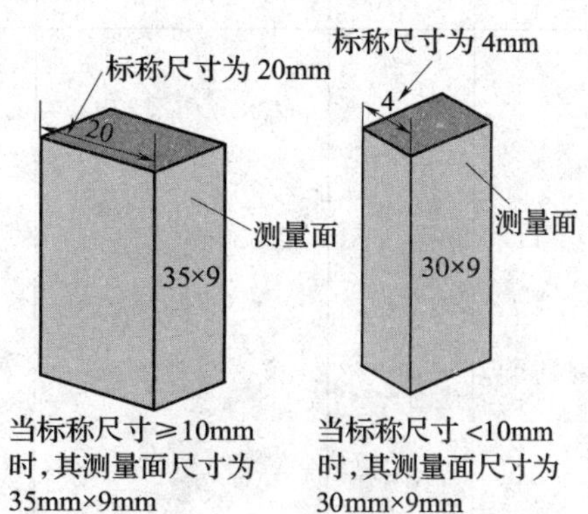

图 2—11 量块

量块的测量面非常平整和光洁，用少许压力推合两块量块，使它们的测量面紧密接触，两块量块就能

黏合在一起，这种特性称为研合性。利用量块的研合性，就可用不同尺寸的量块组合成所需的各种尺寸，量块研合的方法如图 2—12 所示。

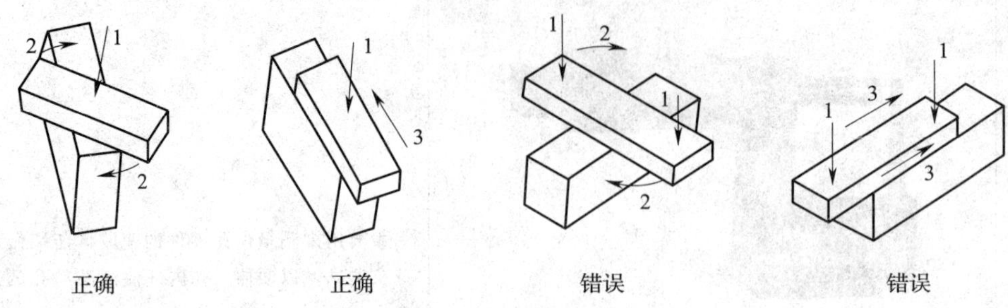

图 2—12　量块研合的方法

1—加力方向　2—旋转方向　3—推合方向

量块的应用较为广泛。量块可用于检定和校准其他量具、量仪。相对测量时，用量块组合成一标准尺寸来调整量具和量仪的零位。量块也用于精密机床的调整、精密划线和直接测量精密零件等。

在实际生产中，量块是成套使用的。每套量块包含一定数量的不同标称尺寸的量块，以便组合成各种尺寸，满足一定尺寸范围内的测量需求。GB/T 6093—2001 共规定了 17 套量块，并规定量块的制造精度为五级：K、0、1、2、3。其中 K 级精度最高，其余依次降低，3 级精度最低。常用成套量块参数表见表 2—7。

表 2—7　　常用成套量块参数表

套别	总块数	级别	尺寸系列（mm）	间隔（mm）	块数
1	91	0、1	0.5	—	1
			1	—	1
			1.001、1.002、…、1.009	0.001	9
			1.01、1.02、…、1.49	0.01	49
			1.5、1.6、…、1.9	0.1	5
			2.0、2.5、…、9.5	0.5	16
			10、20、…、100	10	10
2	83	0、1、2	0.5	—	1
			1	—	1
			1.005	—	1
			1.01、1.02、…、1.49	0.01	49
			1.5、1.6、…、1.9	0.1	5
			2.0、2.5、…、9.5	0.5	16
			10、20、…、100	10	10

续表

套别	总块数	级别	尺寸系列（mm）	间隔（mm）	块数
3	46	0、1、2	1	—	1
			1.001、1.002、…、1.009	0.001	9
			1.01、1.02、…、1.09	0.01	9
			1.1、1.2、…、1.9	0.1	9
			2、3、…、9	1	8
			10、20、…、100	10	10
4	38	0、1、2	1	—	1
			1.005	—	1
			1.01、1.02、…、1.09	0.01	9
			1.1、1.2、…、1.9	0.1	9
			2、3、…、9	1	8
			10、20、…、100	10	10

2. 量块的尺寸组合及使用方法

为了减少量块组合的累积误差，使用量块时，应尽量减少使用的块数，一般要求不超过5块。选用量块时，应根据所需组合的尺寸，从最后一位数字开始选择，每选一块，应使尺寸数字的位数减少一位，依此类推，直到组合成完整的尺寸。

例2—2 用量块组成38.935 mm的尺寸，试选择组合的量块。

解：

最后一位数字为0.005，因而可采用83块一套或38块一套的量块。

若采用83块一套的量块，则有：

38.935
−1.005——第一块量块尺寸
37.93
−1.43—— 第二块量块尺寸
36.5
−6.5——第三块量块尺寸
30—— 第四块量块尺寸

若采用38块一套的量块，则有：

38.935
−1.005—— 第一块量块尺寸
37.93
−1.03—— 第二块量块尺寸
36.9
−1.9——第三块量块尺寸
35
−5—— 第四块量块尺寸
30—— 第五块量块尺寸

可以看出，采用83块一套的量块只需四块，而用38块一套的量块需要五块，相比而言，采用83块一套的量块更好一些。

另外，采用91块一套的量块也可达到83块一套量块的效果，请同学们自己组合。

特别提示：

使用量块时的注意事项：

(1) 不能碰伤和划伤其表面，特别是测量面。要防止腐蚀性气体侵蚀量块，不能用手接触测量面，以免影响量块的组合精度。

(2) 组合前，应先根据工件尺寸选择好量块，一般不超过 5 块。

(3) 量块选好后，在组合前要用麂皮或软绸将各面擦净，用推压的方法逐块研合。在研合时应保持动作平稳，以免测量面被量块棱角划伤。

(4) 使用后，拆开组合量块，清洗、擦拭干净（钢制量块涂上防锈油）后，装在特制的木盒内。

(5) 不允许将量块结合在一起存放。

阶段性实习训练一　使用游标卡尺测量

一、实训目的

能正确、规范地运用游标卡尺测量零件的实际尺寸。

二、被测工件

被测工件如图 2—13 所示，试用游标卡尺测量各长度尺寸。

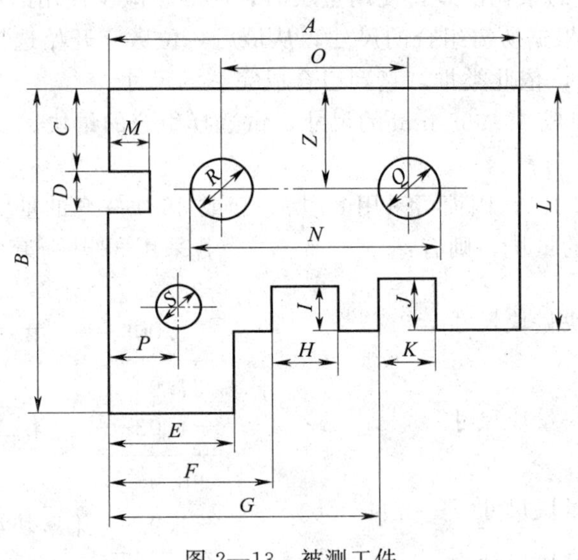

图 2—13　被测工件

三、量具的选择

游标卡尺。

四、量具的维护与保养

正确地维护与保养游标卡尺，对保持其精度和使用寿命具有重要作用。方法如下：

1. 不要把游标卡尺的量爪尖作划针、圆规和螺钉旋具使用。

2. 不要把游标卡尺当作钩子使用，也不要作为其他工具使用。

3. 用完游标卡尺后，用干净棉丝擦净，放入盒内固定位置，然后存放于干燥、无酸性物质、无振动、无强力磁场的地方。没有装盒的游标卡尺严禁与其他工具放在一起，以防受压或磕碰而造成损伤。

4. 不要用砂纸、砂布等硬物擦拭游标卡尺的任何部位。非专职修理量具人员不得拆卸游标卡尺。

5. 游标卡尺应定期送计量室（或计量站）检定，以免其示值误差超差而影响测量结果。

五、测量方法与步骤

测量方法与步骤见表2—8。

表2—8　　测量方法与步骤

测量方法与步骤	图示
检查游标卡尺，校对“0”位	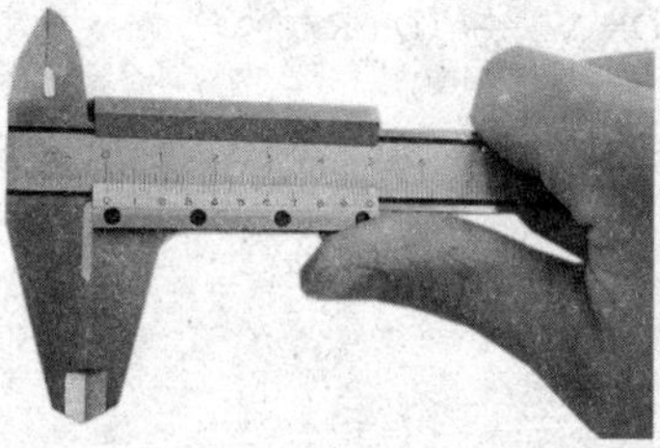
去除工件上的毛刺，用干净抹布擦去污物	
测量外尺寸 *A*、*B*、*C*、*E*、*F*、*G* 和 *L*：先拉动尺框，使两个外测量爪的测量面之间分隔的距离略大于被测尺寸，将被测工件的被测部位送入游标卡尺两测量面之间，或将两个量爪轻卡在被测部位上，再慢慢推动尺框，使两测量面与被测表面接触，当两测量面与被测表面接触紧密后即可读数	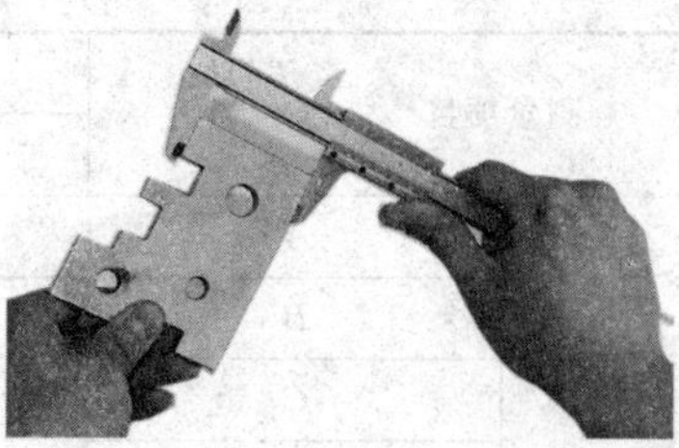

测量方法与步骤	图示
测量内尺寸 D、H、K、R、Q 和 S：先推动尺框，使两个内测量爪刃口间的距离比被测的内尺寸略小，将两个内测量爪伸入槽内或孔内，再轻拉尺框，当量爪与被测表面接触后，轻轻地摆动游标卡尺并查看游标找到最小值，读数值就是测量结果	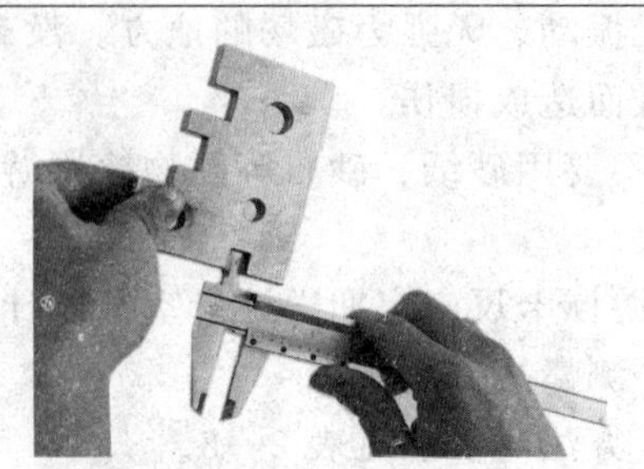
测量两孔的中心距 O：先分别量出两孔的直径 Q 和 R，然后用内测量爪量出两孔间的最大距离 N，则两孔的中心距 $O=N-\frac{1}{2}(Q+R)$	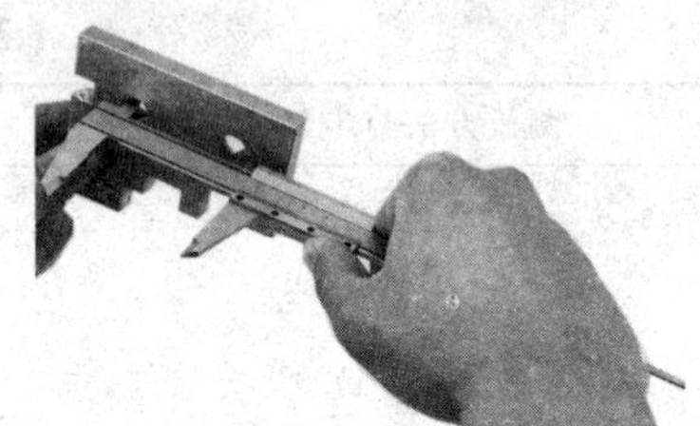
测量深度尺寸 I、J 和 M：使用深度尺测量，注意要使游标卡尺端面与被测工件的顶端平面贴合，同时保持深度尺与该平面垂直	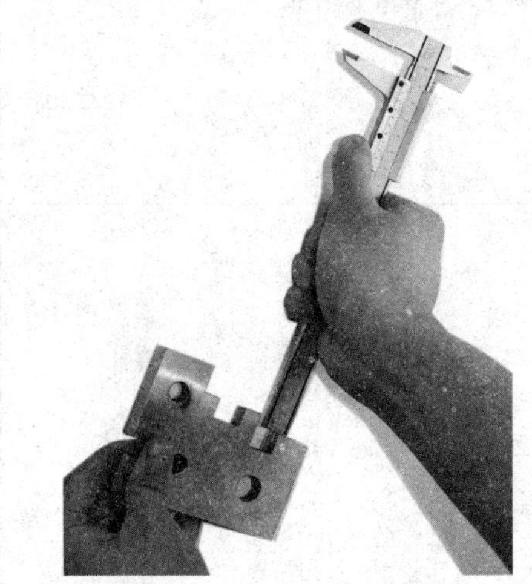

六、完成测量

将有关数据填入表 2—9 中。

表 2—9　　测量结果

测量项目		实测值			平均值
		1	2	3	
外尺寸	A				
	B				
	C				
	E				
	F				

测量项目		实测值			平均值
		1	2	3	
外尺寸	*G*				
	L				
内尺寸	*D*				
	H				
	K				
	R				
	Q				
中心距	*O*				
深度尺寸	*I*				
	J				
	M				

阶段性实习训练二　使用千分尺测量

一、实训目的

能正确、规范地使用千分尺完成零件尺寸的测量。

二、被测工件

被测工件如图 2—14 所示，要求测量 ϕ24h8、ϕ30h7、ϕ18f8 的实际尺寸。

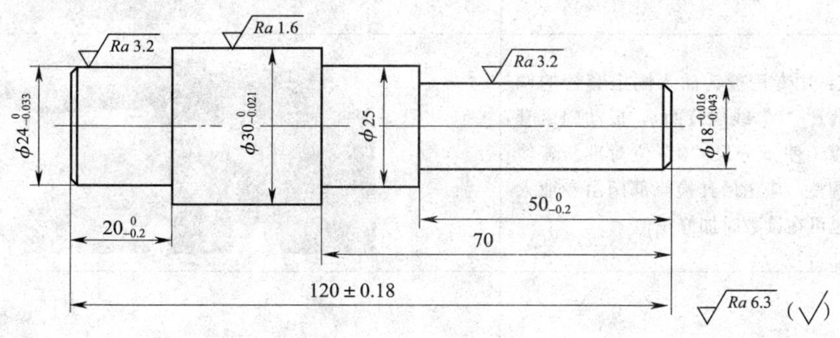

图 2—14　被测工件

三、量具的选择

千分尺。

四、量具的维护与保养

1. 不要用千分尺测量精度较低的零件。
2. 不要随意晃动微分筒。
3. 不要用油石、砂布等硬物磨或擦千分尺的测量面、测微螺杆等部位。
4. 使用千分尺时要轻拿轻放。
5. 清洁千分尺时应使用航空汽油，然后加入少量钟表油或特质润滑油。

6. 不得将千分尺放在潮湿、有酸性物质和有磁场的地方，也不得将其放在高温或振动的地方。

7. 千分尺要实行周期检定。

五、测量方法与步骤

测量方法与步骤见表 2—10。

表 2—10　　测量方法与步骤

测量方法与步骤	图示
检查千分尺的外观和各部位的作用：用棉丝擦净千分尺各部位；旋转棘轮，要求其能轻快而灵活地带动微分筒旋转，测微螺杆移动要平稳，无卡滞现象；微分筒与固定套管之间无摩擦，旋紧测微螺杆后棘轮能发出"咔咔"声	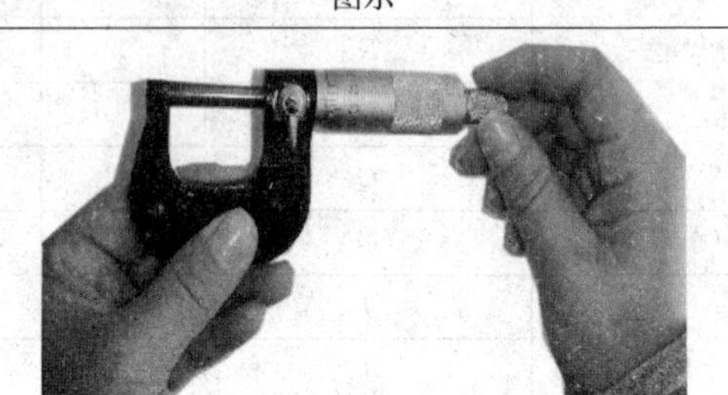
校对"0"位：测量范围为 0～25mm 的千分尺可直接校对；测量范围大于 25mm 的千分尺用校对棒或量块校对。擦净两个测量面，旋转微分筒，在两个测量面即将接触时轻转棘轮，发出"咔咔"声，微分筒"0"线与固定套管基线重合，微分筒端面与固定套管"0"线右边缘相切，此时"0"位正确	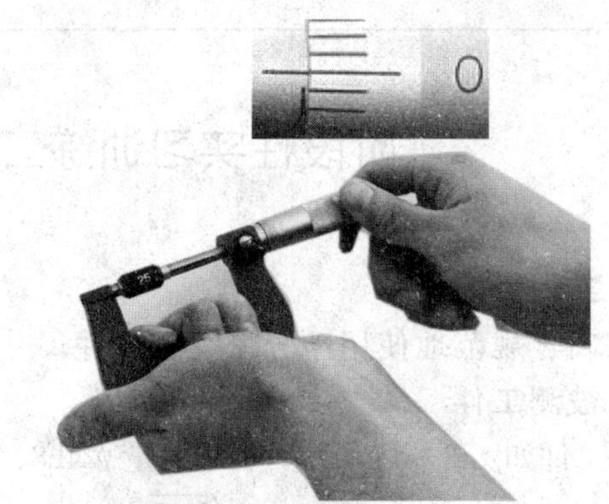
调整"0"位：用专用扳钩插入固定套管的调整孔内（固定套管"0"线的背面），扳动固定套管转过一定角度，使千分尺"0"位对准。若使用者本人不能调整，应送量具检修部门由专业人员进行调整。也可在读数时加修正值	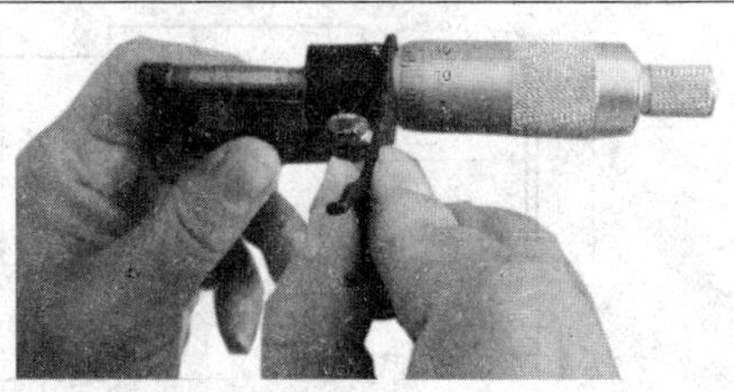
测量工件	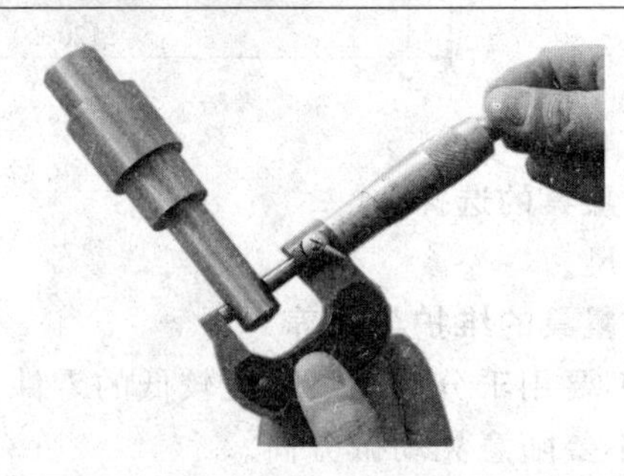

六、完成测量

判断尺寸合格性，并将有关数据填入表 2—11 中。

表 2—11　　　　　　　　　　　　　　　　　测量结果

测量项目		实测值			平均值	结论
		1	2	3		
外径	$\phi 24_{-0.033}^{0}$					
	$\phi 30_{-0.021}^{0}$					
	$\phi 18_{-0.043}^{-0.016}$					

§2—3　常用机械式量仪

机械式量仪借助杠杆、齿轮、齿条或扭簧的传动，将测量杆的微小直线移动经传动和放大机构转变为表盘上指针的角位移，从而指示出相应的数值，因而机械式量仪又称指示式量仪（俗称指示表）。机械式量仪的种类很多，常用的有下面几种。

一、百分表

1. 百分表的结构

百分表是应用最为广泛的机械式量仪之一，其结构如图 2—15 所示。

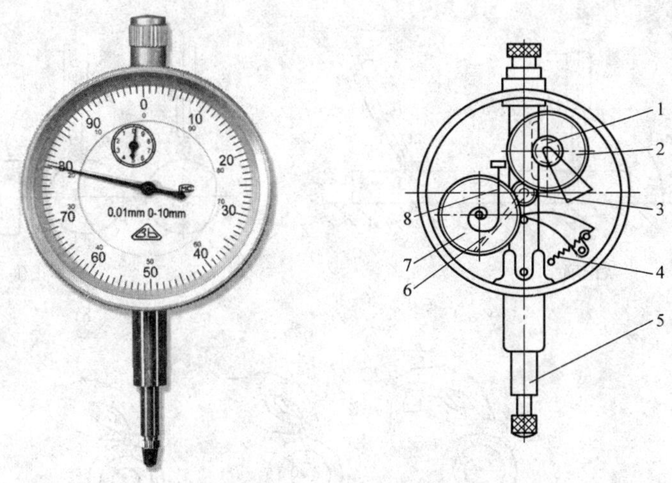

图 2—15　百分表的结构

1—小齿轮　2、7—大齿轮　3—中间齿轮　4—弹簧　5—测量杆　6—指针　8—游丝

从图 2—15 中可知，当与齿条相切的测量杆上下移动时，带动与齿条啮合的小齿轮转动，此时与小齿轮固定在同一轴上的大齿轮也随着转动。通过大齿轮即可带动中间齿轮及与中间齿轮同轴的指针转动。这样通过齿轮传动系统即可将测量杆的微小位移放大并转变成指针的转动，并在刻度盘上指示出相应的示值。

为了消除由齿轮传动系统中齿侧间隙引起的测量误差，在百分表内装有游丝，由游丝产生的转矩作用在大齿轮 7 上，大齿轮 7 也和中间齿轮啮合，这样可以保证齿轮在正反转时都在齿的同一侧面啮合，因而可消除齿侧间隙的影响。

2. 百分表的分度原理

百分表的测量杆移动 1 mm，通过齿轮传动系统使大指针回转一周。刻度盘沿圆周刻有 100 个刻度，当指针转过 1 格时，表示所测量的尺寸变化为 1/100＝0.01 mm，所以百分表的分度值为 0.01 mm。

3. 百分表的特点

百分表体积小、结构紧凑、读数方便、测量范围大、用途广泛。

百分表的示值范围通常有 0～3 mm、0～5 mm、0～10 mm 三种。

特别提示：

使用百分表时的注意事项：

（1）测量前应检查表盘玻璃是否破裂或脱落，测量头、测量杆、套筒等是否有碰伤或锈蚀，指针有无松动现象，指针的转动是否平稳等。

（2）测量时应使测量杆垂直于零件被测表面，如图 2—16a 所示。测量圆柱面的直径时，测量杆的中心线要通过被测圆柱面的轴线，如图 2—16b 所示。

（3）测量头开始与被测表面接触时，测量杆就应压缩 0.3～1 mm，以保持一定的初始测量力。

（4）测量时应轻提测量杆，移动工件至测量头下面（或将测量头移至工件上），再缓慢放下与被测表面接触。不能急骤放下测量杆，否则易造成测量误差。不准将工件强行推入至测量头下，以免损坏量仪，如图 2—16c 所示。

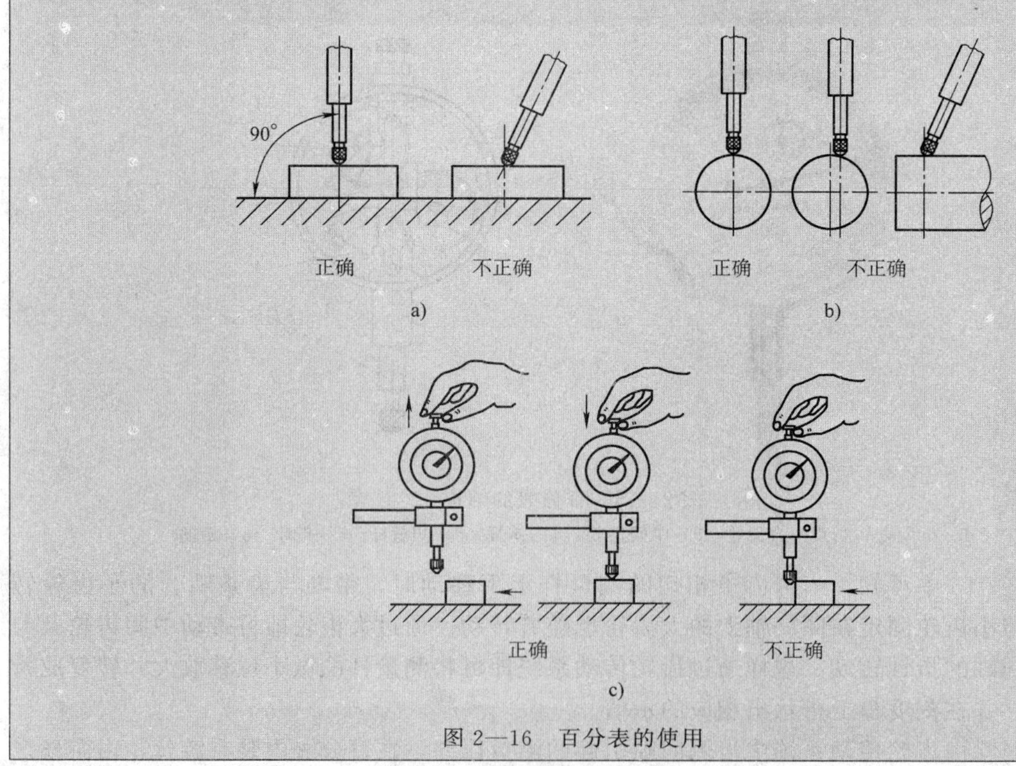

图 2—16　百分表的使用

使用百分表座及表架，可对长度尺寸进行相对测量。图 2—17 所示为常用的百分表座和百分表架。测量前先用标准件或量块校对百分表，转动表圈，使表盘的零刻度线对准指针，然后再测量工件，从百分表中读出工件尺寸相对标准件或量块的偏差，从而确定工件尺寸。

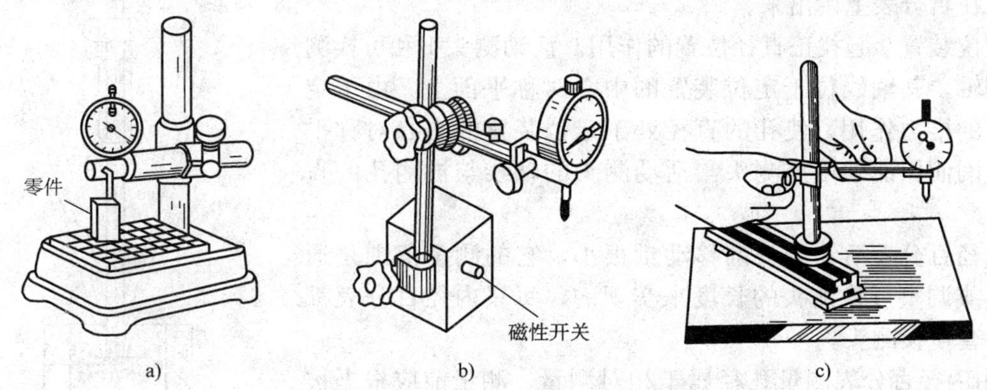

图 2—17　常用的百分表座和百分表架

a）百分表座　b）磁性表架　c）万能表架

使用百分表及相应附件还可测量工件的直线度、平面度及平行度等误差，也可安装在机床上或在偏摆仪等专用装置上测量工件的跳动误差等。这些误差将在后面的章节中讲解。

二、内径百分表

内径百分表由百分表和专用表架组成，用于测量孔的直径和孔的形状误差，特别适宜于深孔的测量。

内径百分表的外形和结构如图 2—18 所示，百分表的测量杆 11 与传动杆 5 始终接触，测力弹簧 6 是控制测量力的，并经过传动杆 5、杠杆 8 向外顶住活动测头 1。测量时，活动测头

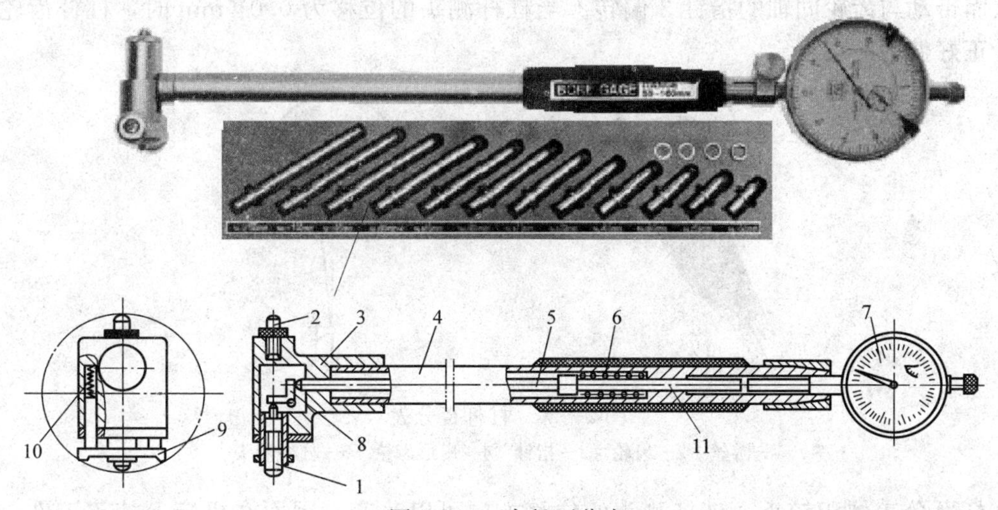

图 2—18　内径百分表

1—活动测头　2—可换测头　3—表架头　4—表架套杆　5—传动杆　6—测力弹簧

7—百分表　8—杠杆　9—定位装置　10—定位弹簧　11—测量杆

的移动使杠杆回转，通过传动杆推动百分表的测量杆，使百分表指针回转。由于杠杆是等臂的，百分表测量杆、传动杆及活动测头三者的移动量是相同的，所以，活动测头的移动量可以在百分表上读出来。

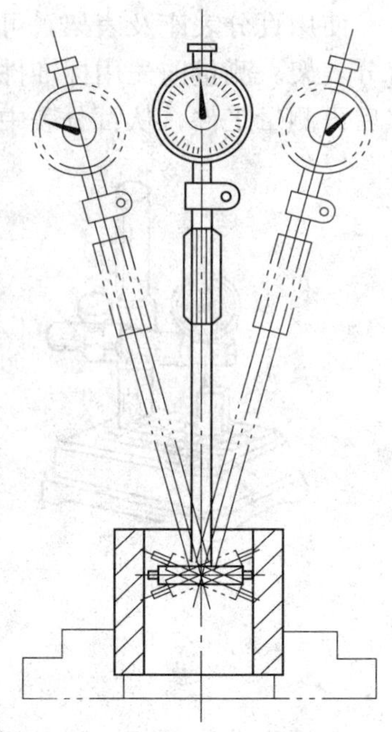

图 2—19　用内径百分表测量

定位装置 9 起找正直径位置的作用。活动测头 1 和可换测头 2 同轴，其轴线位于定位装置的中心对称平面上，由于定位弹簧的推力作用，使孔的直径处于定位装置的中心对称平面上，因而保证了可换测头与活动测头的轴线与被测孔的直径重合。

内径百分表活动测头的移动量很小，它的测量范围是通过更换或调整可换测头的长度来实现的，每只内径百分表都配有一套可换测头。

用内径百分表测量孔径属于相对测量，测量前应根据被测孔径的大小，用千分尺或其他量具将其调整对零才能使用。测量时将表架套杆在测头轴线所在平面内轻微摆动，在摆动过程中读取最小读数即孔径的实际偏差，如图 2—19 所示。

三、杠杆百分表

杠杆百分表把杠杆测头的位移（杠杆的摆动），通过机械传动系统转变为指针在表盘上的偏转。杠杆百分表表盘圆周上有均匀的刻度，分度值为 0.01 mm，示值范围一般为 ±0.4 mm。

杠杆百分表的外形和传动原理如图 2—20 所示。它由杠杆和齿轮传动机构（杠杆齿轮机构）等组成。杠杆测头 5 产生位移时，带动扇形齿轮 4 绕其轴摆动，使与其啮合的齿轮 2 转动，从而带动与齿轮同轴的指针 3 偏转。当杠杆测头的位移为 0.01 mm 时，杠杆齿轮机构使指针正好偏转一格。

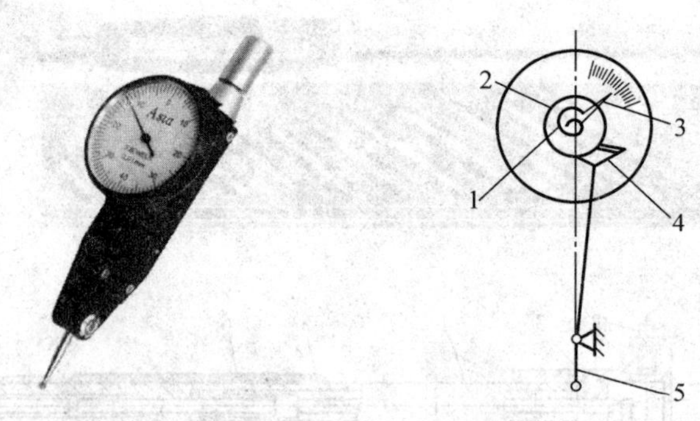

图 2—20　杠杆百分表

1—游丝　2—齿轮　3—指针　4—扇形齿轮　5—杠杆测头

杠杆百分表体积较小，杠杆测头的位移方向可以改变，因而在机床上校正工件、测量工件的尺寸和几何误差时都很方便。尤其是对小孔的测量和在机床上校正零件时，由于空间限制，百分表往往放不进去或测量杆无法垂直于工件被测表面，这时使用杠杆百分表就显得尤为方便，如图 2—21 所示。

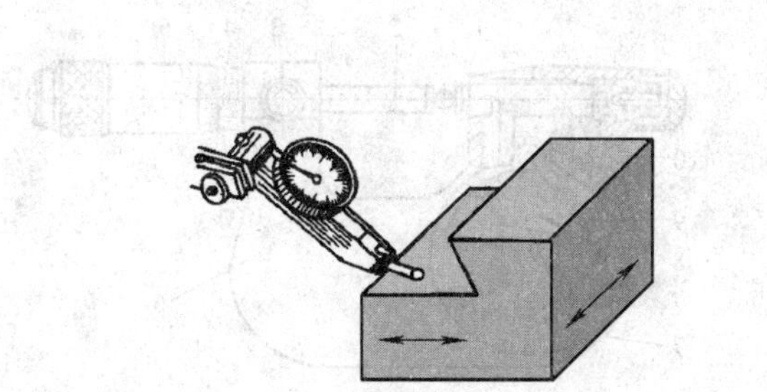
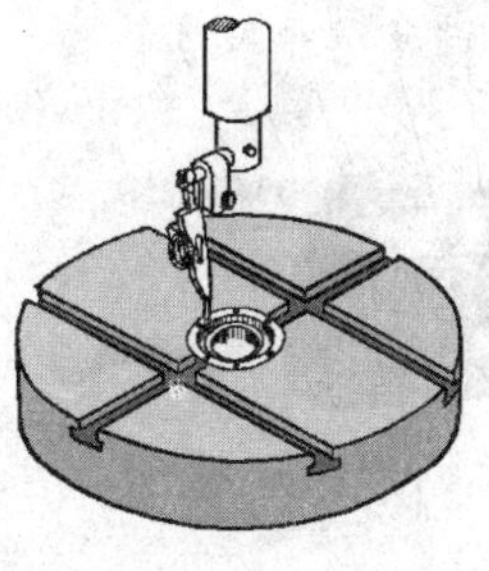

图 2—21　用杠杆百分表检测与校正

特别提示：

使用杠杆百分表时的注意事项：

（1）夹持杠杆百分表的表架应牢固可靠，且要有足够的刚度，悬臂长度应尽量短。杠杆百分表装夹好后如需调整位置，应先松开紧固螺钉，再转动轴套，不能直接转动表体。

（2）测量时应使杠杆百分表的测量头轴线与测量线尽量垂直，如图 2—22 所示。

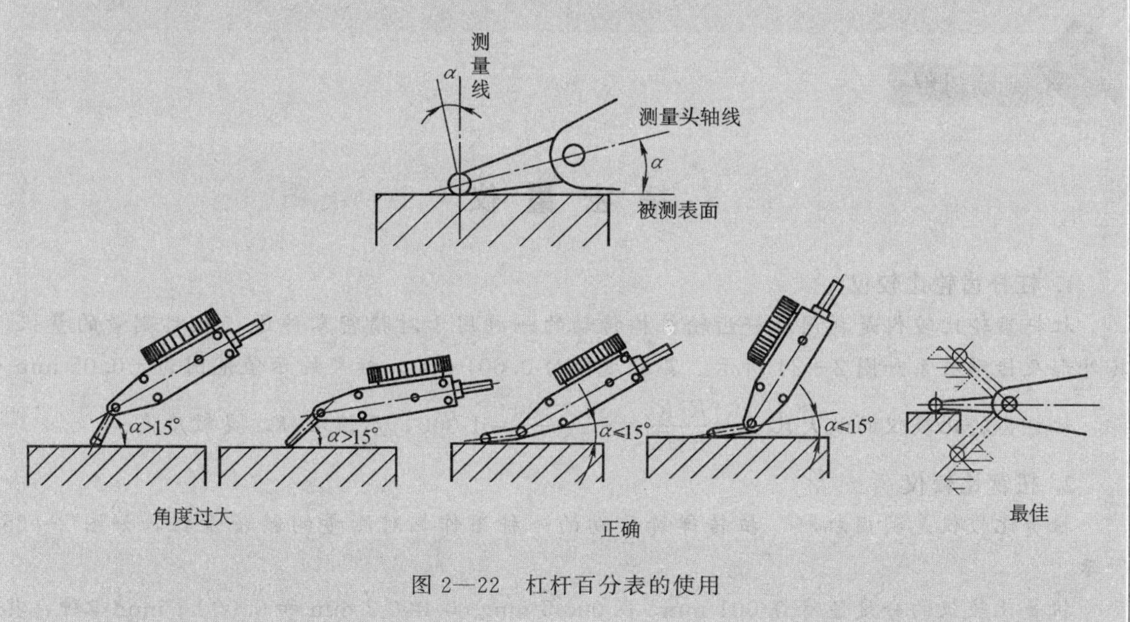

图 2—22　杠杆百分表的使用

四、杠杆千分尺

杠杆千分尺是测量外尺寸的一种精密测量器具，它的外形与外径千分尺相似，如图 2—23 所示。它由螺旋测微部分和杠杆齿轮机构部分组成。螺旋测微部分的分度值为 0.01 mm，杠杆齿轮机构部分的分度值有 0.001 mm 和 0.002 mm 两种，指示表的标尺示值范围仅为±0.02 mm。分度值为 0.001 mm 的杠杆千分尺可用于测量 IT6 尺寸，分度值为 0.002 mm 的杠杆千分尺可用于测量 IT7 尺寸。杠杆千分尺的测量范围有 0～25 mm、25～50 mm、50～75 mm、75～100 mm 四种。

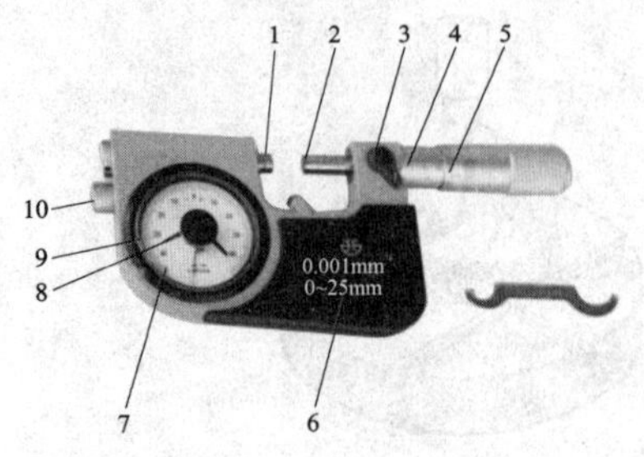

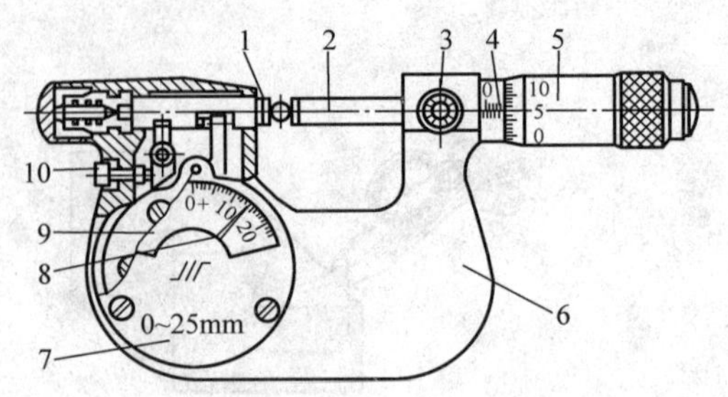

图 2—23 杠杆千分尺

1—测砧 2—测微螺杆 3—锁紧装置 4—固定套管 5—微分筒

6—尺架 7—盖板 8—指针 9—刻度盘 10—按钮

杠杆千分尺在测量时既可用作绝对测量，也可用作相对测量。

用作绝对测量时，先校准零位，测量结果＝千分尺读数±仪表指针读数。

用作相对测量时，先根据被测零件的基准尺寸组合好量块，放入两测量面之间，使指针对零后锁紧千分尺的测微螺杆，然后压下按钮使测砧松开，换上工件，松开按钮即可读取工件实际尺寸与组合量块的尺寸差值，通过计算便可得到工件的实际尺寸。

精 密 量 仪

1. 杠杆齿轮比较仪

杠杆齿轮比较仪是利用杠杆齿轮机构传动的一种用于对精密零件进行相对测量的量仪。其外形及传动关系如图 2—24 所示。其分度值为 0.001 mm，标尺的示值范围为±0.05 mm。

杠杆齿轮比较仪的放大比 $K=\frac{R_1R_3}{R_2R_4}=\frac{50\times100}{1\times5}=1\,000$，示值准确，灵敏度高。

2. 扭簧比较仪

扭簧比较仪是利用杠杆、扭转弹簧传动的一种用作相对测量的精密量仪，如图 2—25 所示。

扭簧比较仪的分度值有 0.001 mm、0.000 5 mm、0.000 2 mm 和 0.000 1 mm 四种，其示值范围分别为±0.030 mm、±0.015 mm、±0.006 mm 和±0.003 mm。它的主要零件是一个矩形截面的灵敏弹簧片 3。弹簧片由中间起，一半向左、一半向右扭成麻花状，当测量杆 1 升降时，使杠杆 2 动作而带动弹簧片，弹簧片中部装着的指针 4 即偏转一个角度。

扭簧比较仪结构简单，其内部没有相互摩擦的零件，因此灵敏度极高，可用于计量室或车间的精密测量，但扭簧比较仪的指针和弹簧片都很容易损坏，在使用中应避免冲击。

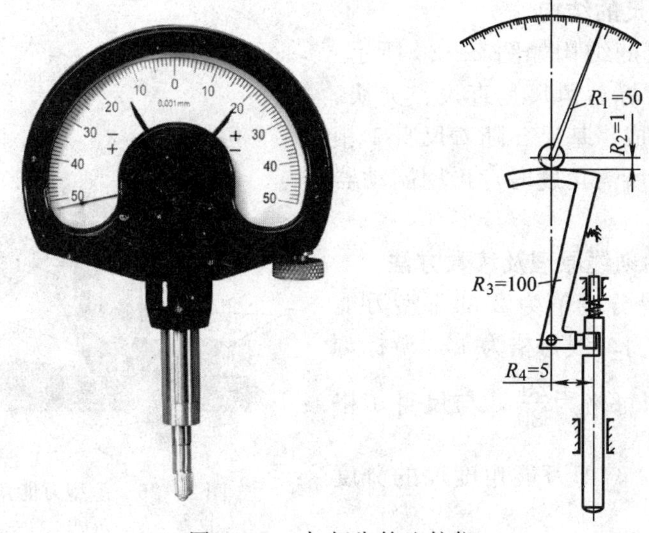

图 2—24　杠杆齿轮比较仪

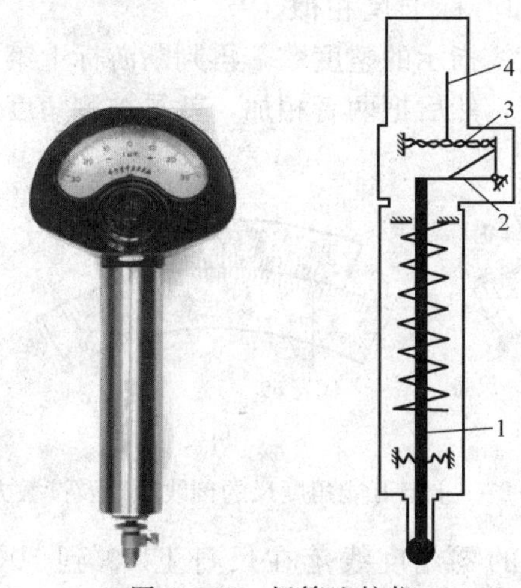

图 2—25　扭簧比较仪

1—测量杆　2—杠杆　3—弹簧片　4—指针

§2—4　测量角度的常用计量器具

一、万能角度尺

万能角度尺是用来测量工件内外角度的量具。其分度值有 5′和 2′两种，按其尺身的形状不同可分为扇形（Ⅰ型）和圆形（Ⅱ型）两种。以下对Ⅰ型万能角度尺的结构、刻线原理、读数方法和测量范围进行介绍。

1. Ⅰ型万能角度尺的结构

Ⅰ型万能角度尺的结构如图 2—26 所示。它由尺身、基尺、游标、角尺、直尺、夹块、扇形板和制动器等组成。基尺 5 随着尺身 1 相对游标 3 转动，转到所需角度时，再用制动器 4 锁紧。

图 2—26　Ⅰ型万能角度尺的结构

1—尺身　2—角尺　3—游标　4—制动器　5—基尺　6—直尺　7—夹块　8—扇形板

2. 万能角度尺的刻线原理及读数方法

图 2—27a 所示是分度值为 2′的Ⅰ型万能角度尺的刻线图。尺身刻线每格为 1°，游标刻线共 30 格为 29°，即每格为$\frac{29°}{30}$，与尺身 1 格相差 $1°-\frac{29°}{30}=\frac{1°}{30}=2'$，即万能角度尺的分度值为 2′。

万能角度尺的读数方法和游标卡尺相似，即先从尺身上读出游标零刻度线指示的整度数，再判断游标上第几格的刻线与尺身上的刻线对齐，就能确定“分”的数值，然后把两者相加，就是被测角度的数值。

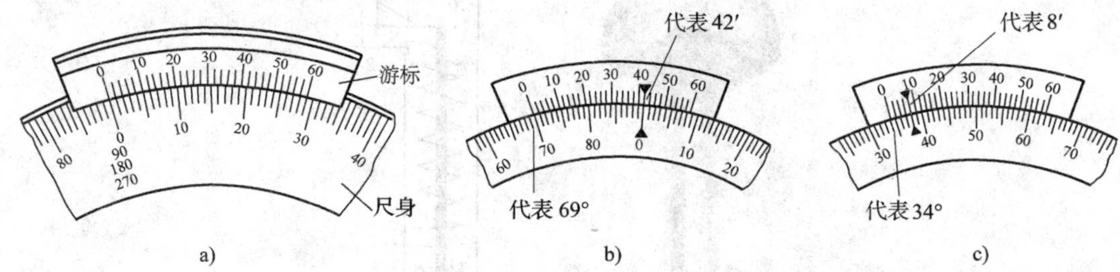

图 2—27　Ⅰ型万能角度尺的刻线原理及读数方法

在图 2—27b 中，游标上的零刻度线落在尺身上 69°到 70°之间，因而该被测角度的“度”的数值为 69°；游标上第 21 格的刻线与尺身上的某一刻度线对齐，因而被测角度的“分”的数值为 2′×21=42′。所以被测角度的数值为 69°42′。利用同样的方法，可以得出图 2—27c 中的被测角度的数值为 34°8′。

3. 万能角度尺的测量范围

Ⅰ型万能角度尺可以测量 0°～320°的任意角度，根据所测不同角度的需要，夹块 7 将角尺 2 和直尺 6 以不同的方式与扇形板 8 固定在所需的位置上，如图 2—28 所示。

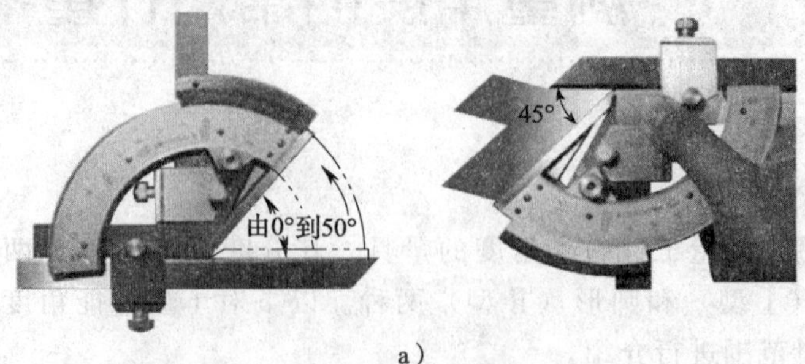

a）

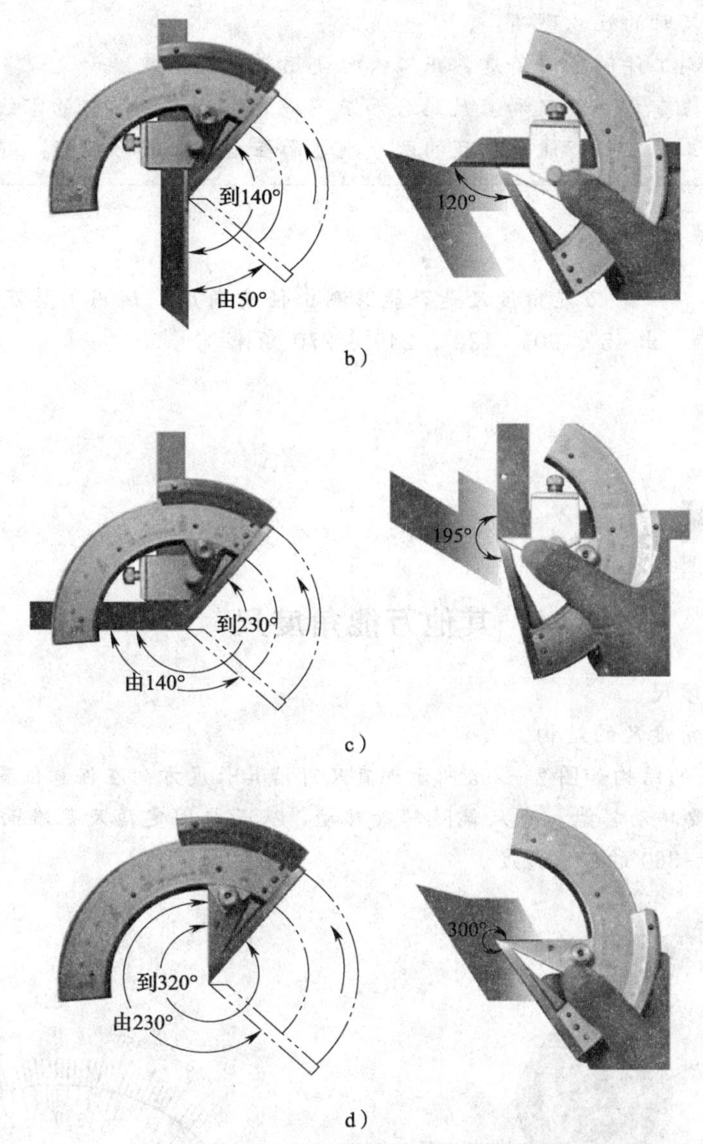

图 2—28　Ⅰ型万能角度尺的测量范围

图 2—28a 为测量 0°～50°角时的情况，被测工件放在基尺和直尺的测量面之间，此时按尺身上的第一排刻度读数。

图 2—28b 为测量 50°～140°角时的情况，此时应将角尺取下来，将直尺直接装在扇形板的夹块上，利用基尺和直尺的测量面进行测量，按尺身上的第二排刻度表示的数值读数。

图 2—28c 为测量 140°～230°角时的情况，此时应将直尺和角尺上固定直尺的夹块取下，调整角尺的位置，使角尺的直角顶点与基尺的尖端对齐，然后把角尺的短边和基尺的测量面靠在被测工件的被测量面上进行测量，按尺身上第三排刻度所示的数值读数。

图 2—28d 为测量 230°～320°角时的情况，此时将角尺、直尺和夹块全部取下，直接用基尺和扇形板的测量面对被测工件进行测量，按尺身上第四排刻度所示的数值读数。

特别提示：

使用万能角度尺时的注意事项：

(1) 要根据被测工件的不同角度，正确搭配使用直尺和角尺。

(2) 使用前先检查0°，基尺和直尺贴合面应不漏光，尺身和游标的零线应对齐。

(3) 测量时，工件应与万能角度尺的两个测量面在全长上接触良好，避免误差。

万能角度尺是否能够测出任意角度？试用Ⅰ型万能角度尺分别摆出45°、90°、120°、240°、270°角来。

其他万能角度尺

1. Ⅱ型万能角度尺

(1) Ⅱ型万能角度尺的结构

Ⅱ型万能角度尺的结构如图2—29a所示。直尺可沿其长度方向在任意位置上固定，转盘上有游标。测量时只要转动转盘，直尺就随转盘转动，从而与固定角尺基准面间形成一定的夹角。它可以测量0°～360°的任意角度。

a)

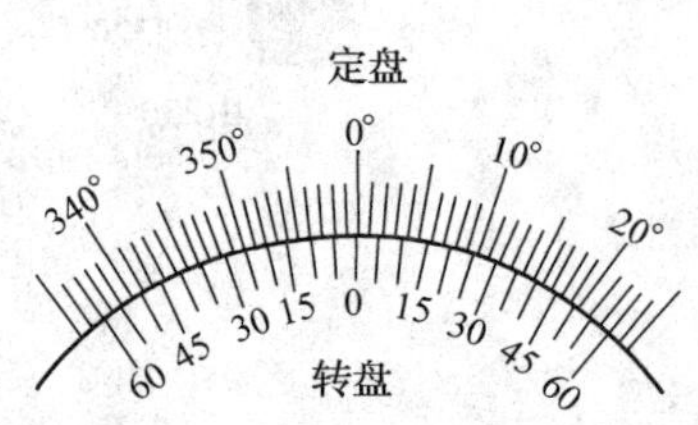

b)

图2—29　Ⅱ型万能角度尺的结构与刻线图

1—直尺　2—转盘　3—定盘　4—游标　5—固定角尺

(2) Ⅱ型万能角度尺的刻线原理及读数方法

图2—29b所示是分度值为5′的Ⅱ型万能角度尺的刻线图。定盘上刻线每格为1°，转盘上自0°起，左右各分成12等份，这12等份的总角度是23°。所以游标上每格为：$\frac{23°}{12}=115'=1°55'$，定盘上2格与转盘上游标的1格相差5′（即$\frac{1°}{12}$），故这种万能角度尺的分度值为5′。

Ⅱ型万能角度尺的读数方法与Ⅰ型万能角度尺基本相同，只是被测角度的“分”的数值为游标格数乘以分度值5′。

2. 其他的万能角度尺

由于Ⅱ型万能角度尺的结构比较简单、紧凑，所以目前带游标放大镜万能角度尺、数显万能角度尺、带表万能角度尺等的结构均以Ⅱ型万能角度尺的结构为原形，如图2—30所示。

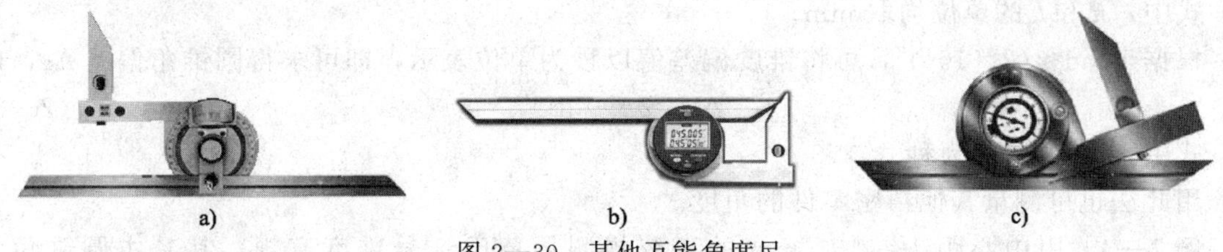

图2—30　其他万能角度尺

a）带游标放大镜万能角度尺　b）数显万能角度尺　c）带表万能角度尺

二、正弦规

正弦规是一种采用正弦函数原理，利用间接法来精密测量角度的量具。它的结构简单，主要由主体平板和两个直径相同的圆柱组成，如图2—31所示。为了便于被测工件在平板表面上定位和定向，装有侧挡板和后挡板。

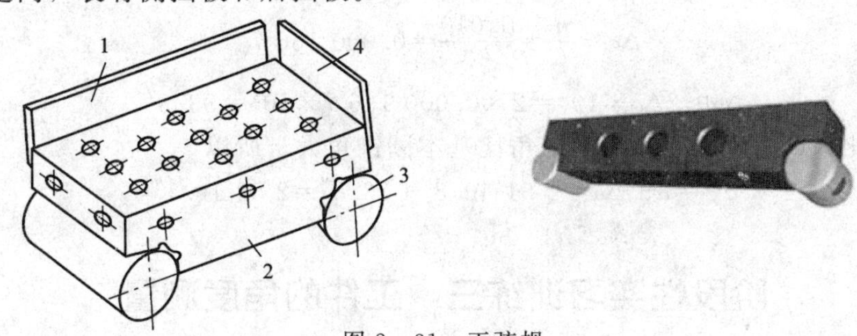

图2—31　正弦规

1—侧挡板　2—主体平板　3—圆柱　4—后挡板

正弦规两个圆柱中心距精度很高，中心距常用的有100 mm和200 mm两种，中心距100 mm的极限偏差仅为±0.003 mm或±0.002 mm，同时，工作平面的平面度精度、两个圆柱的形状精度和它们之间的相互位置精度都很高。因此，其可以作精密测量用。正弦规常用的精度等级为0级和1级，其中0级精度较高。

使用时，将正弦规放在平板上，一圆柱与平板接触，另一圆柱下垫量块组，使正弦规的工作平面与平板间形成一角度α，如图2—32所示。从图中可以看出

$$\sin\alpha=\frac{H}{L} \qquad (2—1)$$

式中　α——正弦规放置的角度，(°)；

H——量块组的尺寸，mm；

L——正弦规两圆柱的中心距，mm。

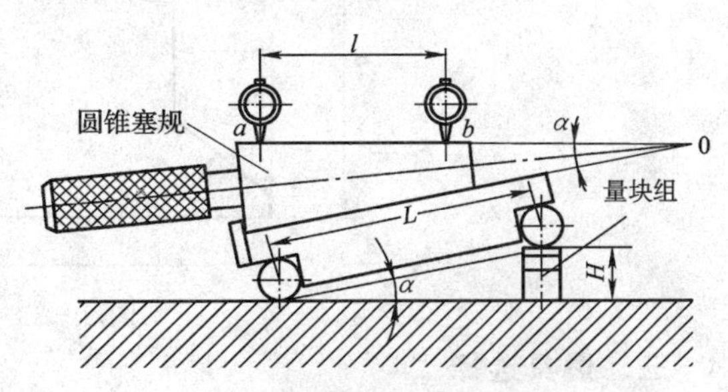

图2—32　用正弦规检测圆锥塞规示意图

图2—32所示为用正弦规检测圆锥塞规的示意图。首先根据被检测的圆锥塞规的基本圆锥角α，由$H=L\sin\alpha$算出量块组尺寸并组合量块，然后将量块组放在平板上与正弦规一圆柱

接触。此时正弦规主体工作平面相对于平板倾斜 α 角。放上圆锥塞规后，用千分表分别测量被测圆锥上 a、b 两点。a、b 两点读数之差 n 与 a、b 两点距离 l（可用直尺量得）之比即锥度偏差 Δc，并考虑正负号，即

$$\Delta c \approx \frac{n}{l} \tag{2—2}$$

式中，n 和 l 的单位均取 mm。

根据 1 rad≈$(2\times10^5)''$，可将锥度偏差值以秒为单位表示，即可求得圆锥角偏差 $\Delta\alpha$，即

$$\Delta\alpha \approx 2\Delta c \times 10^5 \tag{2—3}$$

式中，$\Delta\alpha$ 的单位为秒（″）。

用此法也可测量其他精密零件的角度。

例 2—3 用中心距 $L=100$ mm 的正弦规测量莫氏 2 号锥度塞规，其基本圆锥角为 2°51′40.8″（2.861 333°），按图 2—31 的方法进行测量，试确定量块组的尺寸。若测量时千分表两测量点 a、b 相距为 $l=60$ mm，两点处的读数差 $n=0.010$ mm，且 a 点比 b 点高（即 a 点的读数比 b 点大），试确定该锥度塞规的锥度误差，并确定实际锥角的大小。

解：

$$H=L\sin\alpha=100\times\sin 2.861\ 333°\approx 4.992\ \text{mm}$$

$$\Delta c \approx \frac{n}{l}=\frac{0.010}{60}=0.000\ 166\ 7$$

$$\Delta\alpha \approx 2\Delta c\times10^5=2\times0.000\ 166\ 7\times10^5=33.3''$$

由于 a 点比 b 点高，因而实际圆锥角比基本圆锥角大，所以

$$\alpha_{实}=\alpha+\Delta\alpha=2°51'40.8''+33.3''=2°52'14.1''$$

阶段性实习训练三　工件的角度测量

一、实训目的

能正确、规范地运用万能角度尺测量工件的实际角度。

二、被测工件

被测工件如图 2—33 所示，需测量 α、β、δ、γ 的实际角度。

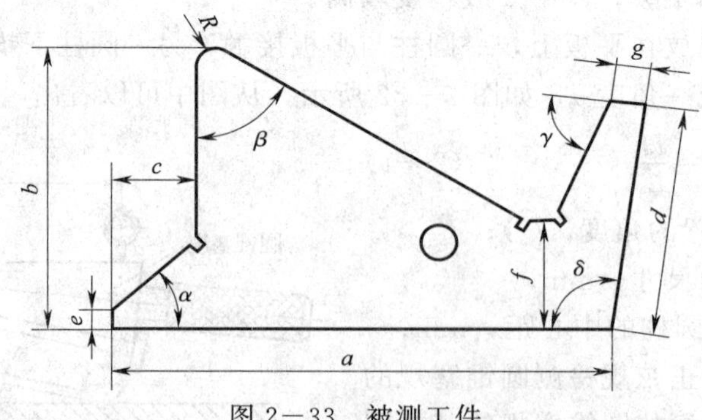

图 2—33　被测工件

三、量具选择

万能角度尺。

四、测量方法与步骤

测量方法与步骤见表 2—12。

表 2—12　　　　　　　　测量方法与步骤

测量方法与步骤	图示
检查万能角度尺外观，校对“0”位 “0”位校对方法：将游标背面的两个螺钉松开，移动游标，使它的“0”线与基尺的“0”线重合，它的尾线与基尺相应刻度线重合，紧固螺钉，再校对“0”位	
α 和 β 角的测量：将被测工件放在基尺和直尺的测量面之间，贴紧，面向光亮处，进行透光检查，继续调整，至工件与量具接触部分没有光隙或只有均匀光隙时，读数	
δ 角的测量：卸下角尺和夹块，将直尺向下移，把被测工件放在基尺和直尺的测量面之间进行测量	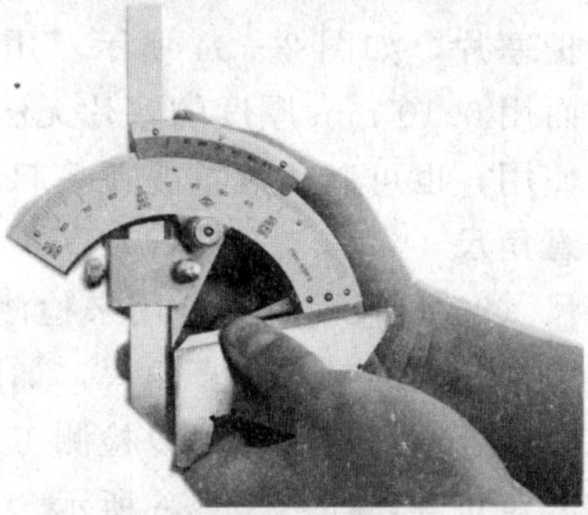
γ 角的测量：如右图所示，测量时，万能角度尺读数为 γ 角的补角，经过计算即可得到所测 γ 角的数值	

五、完成测量

将有关数据填入表 2—13 中。

表 2—13 **测量结果**

测量项目		实测值			平均值
		1	2	3	
角度	α				
	β				
	γ				
	δ				

§2—5 其他计量器具简介

一、塞尺

塞尺又称为厚薄规，是用于检验两表面间缝隙大小的量具。它由若干厚薄不一的钢制塞片组成，按其厚度尺寸系列配套编组，一端用螺钉或铆钉把一组塞尺组合起来，外面用两块保护板保护塞片，如图 2—34 所示。用塞尺检验间隙时，如果用 0.09 mm 厚度的塞片能塞入缝隙，而用 0.10 mm 厚度的塞片无法塞入缝隙，则说明此间隙为 0.09～0.10 mm。塞尺可以单片使用，也可以几片重叠在一起使用。

二、直角尺

直角尺（90°角尺）是一种用来检测直角和垂直度误差的定值量具，直角尺的结构形式较多，其中最常用的是宽座直角尺，如图 2—35 所示。宽座直角尺结构简单，可以检测工件的内外角，结合塞尺使用还可以检测工件被测表面与基准面之间的垂直度误差，并可用于划线和基准的校正等，如图 2—36 所示。

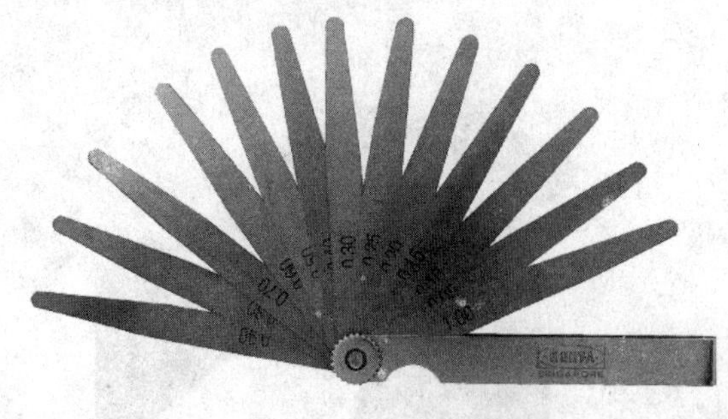

图 2—34 塞尺

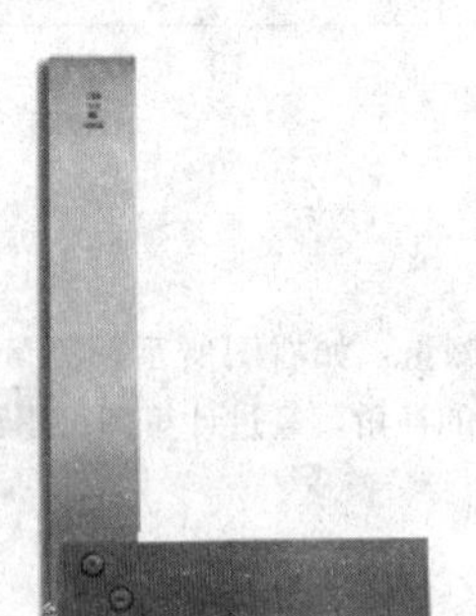

图 2—35 宽座直角尺

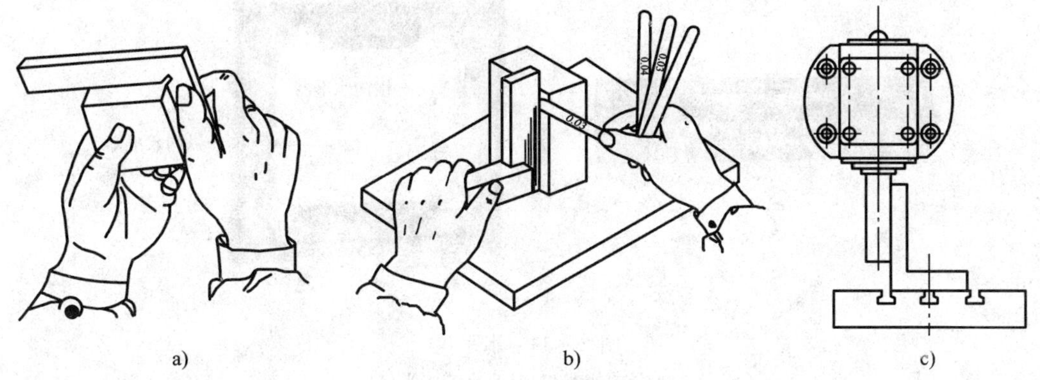

图 2—36　直角尺的应用

a）检测直角　b）检测垂直度误差　c）基准校正

直角尺的制造精度有 00 级、0 级、1 级和 2 级四个精度等级。00 级的精度最高，一般作为实用基准，用来检定精度较低的直角量具，0 级和 1 级用于检验精密工件，2 级用于检验一般工件。

三、检验平尺

检验平尺是用来检验工件的直线度和平面度的量具。

检验平尺有两种类型：一种是样板平尺，根据形状不同，它又可以分为刀口尺（刀形样板平尺）、三棱样板平尺和四棱样板平尺，如图 2—37 所示；另一种是宽工作面平尺，常用的有工字形平尺、桥形平尺和矩形平尺，如图 2—38 所示。

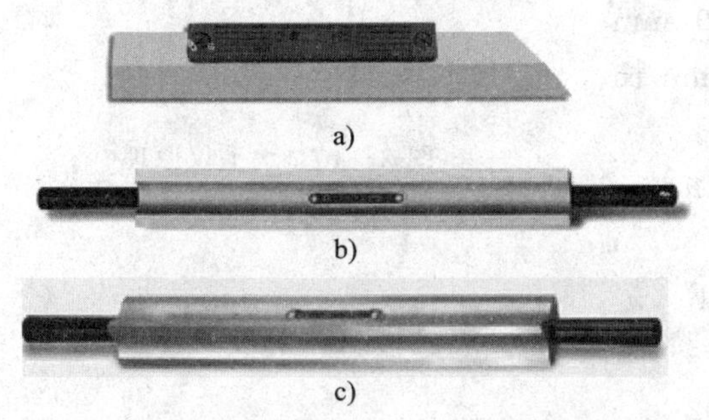

图 2—37　样板平尺

a）刀口尺　b）三棱样板平尺　c）四棱样板平尺

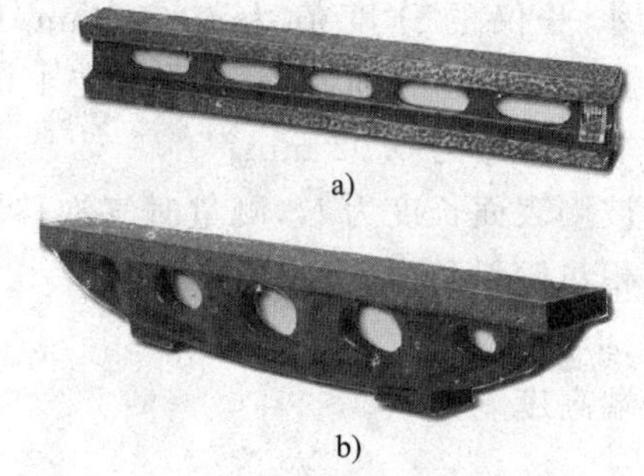

图 2—38　宽工作面平尺

a）工字形平尺　b）桥形平尺

检验时将样板平尺的棱边或宽工作面平尺的工作面紧贴工件的被测表面，样板平尺通过透光法、宽工作面平尺通过着色法来检验工件的直线度或平面度。

四、水平仪

水平仪是一种用来测量被测平面相对水平面的微小角度的计量器具。主要用于检测机床等设备导轨的直线度，机件工作面间的平行度、垂直度及调整设备安装的水平位置，也可用于测量工件的微小倾角。水平仪有电子水平仪和水准式水平仪。常用的水准式水平仪有条式水平仪（见图 2—39a）、框式水平仪（见图 2—39b）和合像水平仪三种结构形式，其中框式水平仪应用最多。

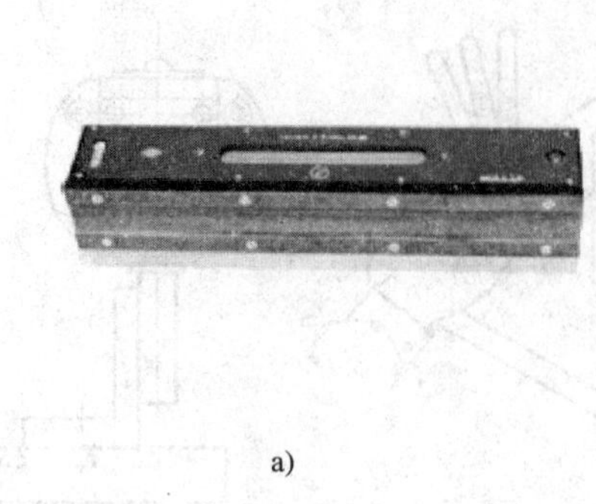

a)

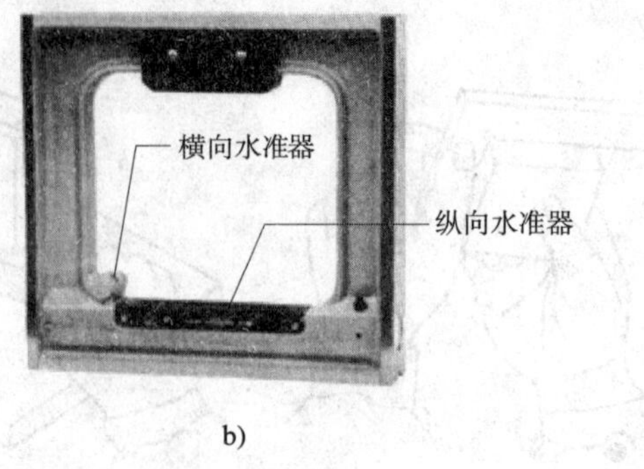

b)

图 2—39　水平仪

a）条式水平仪　b）框式水平仪

框式水平仪由铸铁框架和纵向、横向两个水准器组成。框架为正方形，除有安装水准器的下测量面外，还有一个与之相垂直的侧测量面（两测量面均带 V 形槽），故当其侧测量面与被测表面相靠时，便可检测被测表面与水平面的垂直度。其规格有 150 mm×150 mm、200 mm×200 mm、250 mm×250 mm、300 mm×300 mm 等几种，其中 200 mm×200 mm 规格最为常用。

水平仪的玻璃管上有刻度，管内装有乙醚或乙醇，不装满而留有一个气泡。气泡的位置随被测表面相对水平面的倾斜程度而变化，它总是向高的方向移动，若气泡在正中间，说明被测表面水平。如图 2—40 所示，气泡向右移动了一格，说明右边高。如水平仪的分度值为 0.02 mm/1 000 mm (4″)，就表示被测表面倾斜了 4″，在 1 000 mm 长度上两端高度差为 0.02 mm。

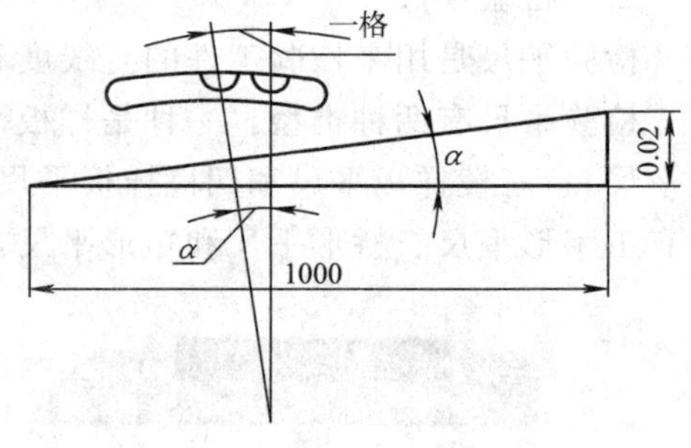

图 2—40　水平仪原理

设被测表面长度为 l，测量时气泡移动了 n 格。

则相对倾斜角为

$$\alpha=4''\times n \tag{2—4}$$

两端高度差为

$$h=\frac{0.02}{1\ 000}\times l\times n \tag{2—5}$$

例 2—4　用一分度值为 0.02 mm/1 000 mm（4″）的水平仪测量一长度为 600 mm 的导轨工作面的倾斜程度，测量时水平仪的气泡移动了 3 格，则该导轨工作面相对水平面倾斜了多少？

解：

相对倾斜角为　$\alpha=4''\times 3=12''$

两端高度差为　$h=\frac{0.02}{1\ 000}\times 600\times 3=0.036\ \text{mm}$

五、检验平板

检验平板一般用铸铁或花岗岩制成，有非常精确的工作平面，其平面度误差极小，在检验平板上，利用指示表和方箱、V 形架等辅助工具，可以进行多种检测。常用的检验平板如图 2—41 所示。

六、偏摆仪

图 2—41　检验平板

偏摆仪是工厂中常用的一种计量器具，一般用铸铁制成，带有可调整的前、后顶尖座和高精度的纵向、横向导轨，并配有专用表架。利用百分表、千分表可对回转体零件进行各种跳动量的检测，如图 2—42 所示。

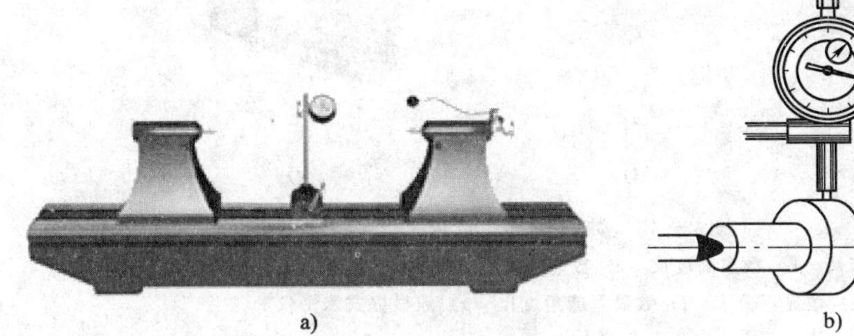

图 2—42　偏摆仪及应用

a）偏摆仪　b）用偏摆仪测量径向圆跳动

数显量具、量仪简介

数显量具、量仪由高度集成化的容栅传感器电子组件（带液晶显示器的数显单元），配以各类游标量具（含游标卡尺、深度游标卡尺、高度游标卡尺、万能角度尺）、测微螺旋量具、机械式量仪等普通量具的机械部分组件等构成。数显卡尺、数显高度尺、数显外径千分尺、数显深度千分尺、数显百分表、数显万能角度尺和数显框式水平仪等数显量具、量仪如图 2—43 所示。

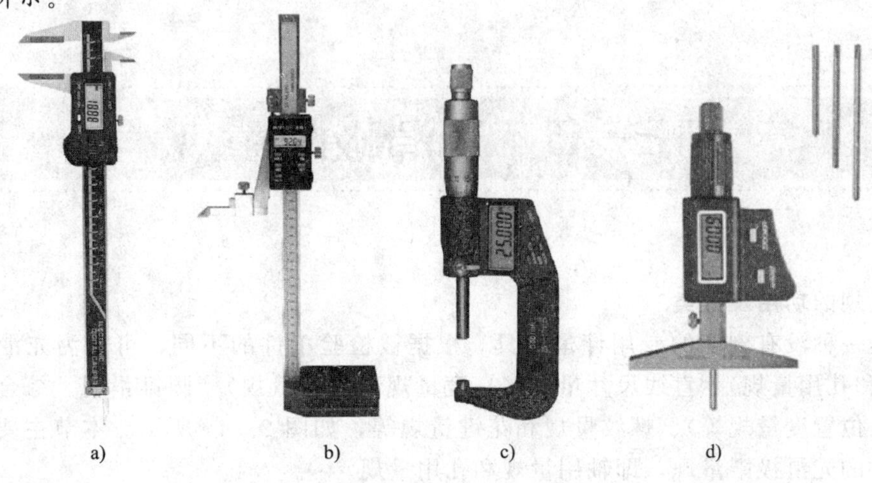

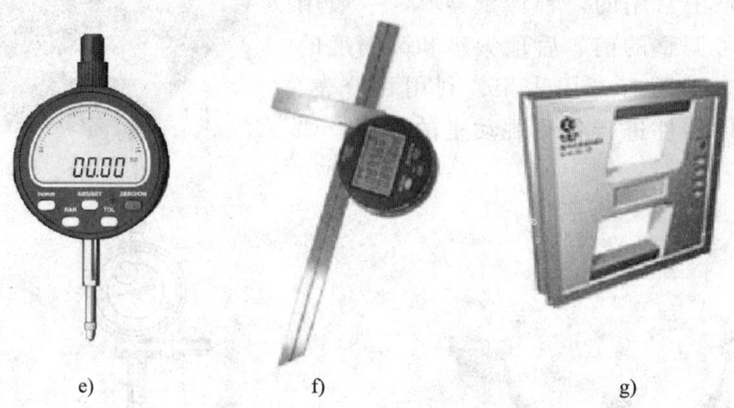

e)　　f)　　g)

图 2—43　数显量具、量仪

a）数显卡尺　b）数显高度尺　c）数显外径千分尺　d）数显深度千分尺
e）数显百分表　f）数显万能角度尺　g）数显框式水平仪

一般用数显量具量仪、测量时，用力要平稳，不宜过猛。

数显量具、量仪除机械量具、量仪所具有的一般功能外，还有以下特殊功能：

（1）可在任意位置清零，便于实现相对测量（比较测量）。

（2）可任意进行米制和英制测量数值的转换。

（3）某些数显量具、量仪带有输出端口，其测量数据经输出端口、连接线可输入电脑或专用打印机进行数据处理。

（4）数显量具、量仪因其电子组件的封装方式不同，还可具有其他多种使用功能。例如可进行绝对测量和相对测量两种测量方式的转换；可预置数值（测量初始值）；可设置公差带并显示测量结果是否合格，如超差可显示超差状态（偏大或偏小）；可设置在测量中跟踪极大值或极小值；可瞬时保持（锁定）测量数据，这在不便于读数的情况下特别有用（如按下数显卡尺某按键，即刻锁定测量值，然后将其移至方便处观察测量结果）。

§2—6　光滑极限量规

一、量规的功用及分类

量规是一种没有刻度的专用计量器具。根据被检验工件的不同，可分为光滑极限量规（轴用量规和孔用量规）、直线尺寸量规（高度量规、深度量规）、圆锥量规、综合量规（同轴度量规、位置度量规等）、螺纹量规和花键量规等，如图 2—44 所示。本节主要介绍检验圆柱形工件的光滑极限量规，即轴用量规和孔用量规。

a)

b)

c)

d)

图 2—44　常用量规

a）轴用量规（环规和卡规）　b）孔用量规（塞规）　c）圆锥量规　d）螺纹量规

光滑极限量规的国家标准为 GB/T 1957—2006。标准规定，光滑极限量规用于检验公称尺寸小于或等于 500 mm、公差等级为 IT6～IT16 的轴和孔。

量规是成对使用的，一端为通规，代号 T，一端为止规，代号 Z。用它们判断工件尺寸是否在规定的极限尺寸范围内，从而判别工件是否合格。

量规结构简单、使用方便、检验效率高，因此在大批量生产中应用十分广泛。

根据使用性质不同可将量规分为下面三种：

1. 工作量规

工件制造过程中，操作工人检验工件时所用的量规称为**工作量规**。生产中一般用新制的或磨损较少的量规。

2. 验收量规

检验部门或用户代表在验收产品时所用的量规称为**验收量规**。一般不特意制造验收量规，而是选择有一定磨损的工作量规加上标记后代用。这样做可避免工作量规和验收量规因磨损量不一致而可能产生的矛盾，从而保证了测量结果的统一性。

3. 校对量规

检验部门用来检定工作量规和验收量规是否合格而用的量规称为**校对量规**。因为孔用量规用一般计量器具检定很方便，所以没有校对量规。一般尺寸的轴用量规可用量块组合来检定和调整。公称尺寸较小或全形的轴用量规，使用量块校对较困难，往往需要制造专用的校对量规。

二、轴用量规

常用检验工件轴径的量规如图 2—44a 所示。轴径尺寸小于 100 mm 时，通规应为全形环规；轴径尺寸不小于 100 mm 时，通规可为不全形卡规。止规类型均为卡规。这里介绍的轴用量规是目前生产中使用较多的通规和止规均为不全形的卡规。

1. 卡规的工作原理

图2—45 所示为一种双头卡规，其工作表面是平面。卡规的一端为通规，其尺寸按被检验轴的上极限尺寸制造。另一端为止规，其尺寸按被检验轴的下极限尺寸制造。

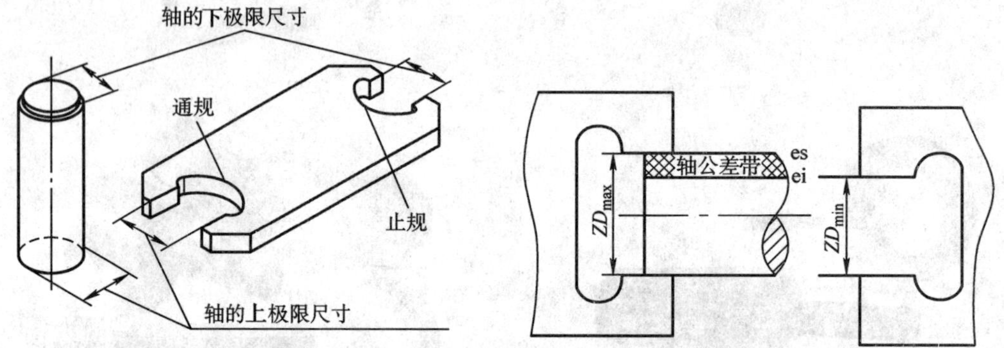

图 2—45　卡规的工作原理

检验工件时，如通规能够通过，表示轴径小于上极限尺寸。止规不能通过，则表示轴径大于下极限尺寸。利用卡规的两端，可以判断被检尺寸是否在允许的范围内。

2. 卡规的使用方法

用卡规的通规检验工件时，尽可能从轴的上面来检验，用手拿住卡规，凭卡规自身的重力，从轴的外圆上滑过去。如从水平方向检验，则一手拿工件，一手拿卡规，把通规轻轻地从轴上滑过去。注意，切不可用力强行通过。

检验工件时，只有通规能通过工件而止规不能通过才表示被检工件合格，否则不合格，不合格品又分为废品和需返修品，如图 2—46 所示。

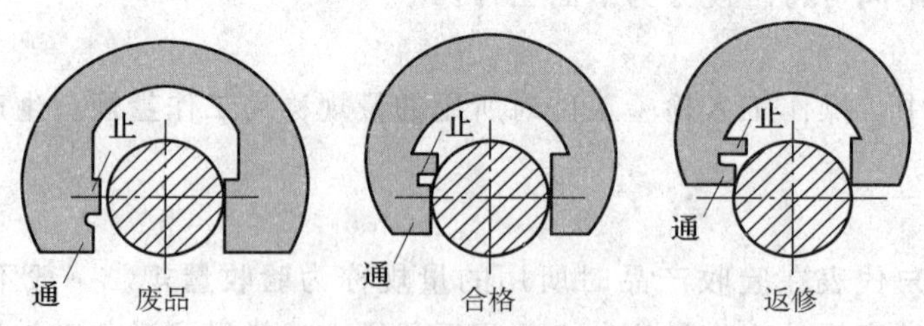

图 2—46　卡规的使用方法

三、孔用量规

常用检验孔径的量规如图 2—44b 所示。孔径尺寸小于或等于 100 mm 时，通规应为全形塞规；孔径尺寸大于 100 mm 时，通规可为不全形塞规。孔径尺寸小于或等于 18 mm 时，止规应为全形塞规；孔径尺寸大于 18 mm 时，止规为不全形塞规。目前生产中使用的塞规的通规和止规多做成相同类型。

1. 塞规的工作原理

图 2—47 所示为双头全形塞规，其工作表面为圆柱形。塞规的一端为通规，它的尺寸按被检验孔的下极限尺寸制造，另一端为止规，它的尺寸按被检验孔的上极限尺寸制造。

检验工件时，如通规能够通过，表示孔径大于下极限尺寸。止规不能通过，则表示孔径小于上极限尺寸。利用塞规的两端，可以判断被检尺寸是否在允许的范围内。

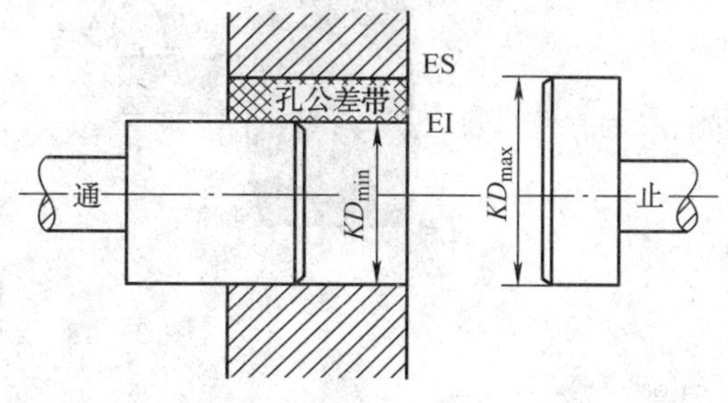

图 2—47　孔用塞规工作原理

2. 塞规的使用方法

用全形塞规检测垂直位置的被测孔，应从上面检验。用手拿住塞规的柄部，凭塞规本身的重力，让通规滑进孔中。对于水平位置的被测孔，要顺着孔的轴线，把通规轻轻地送入孔中。不允许把塞规用力往孔里推或一边旋转一边往里推。

检验工件时，只有通规能通过工件而止规不能通过才表示被检工件合格，否则不合格。

圆锥量规

1. 圆锥量规的工作原理

圆锥量规是用来检验锥体工件的锥角和尺寸的，可分为圆锥塞规（检验锥孔）和圆锥套规（检验外锥体）两种，如图 2—44c 所示。圆锥量规的锥形表面制造得很精密。在圆锥塞规和圆锥套规上做有一个台阶形的缺口或刻上两条环形刻线，台阶两端面或两条刻线处直径就是被检验锥面的大（或小）端直径的极限尺寸。

2. 圆锥量规的使用方法

用圆锥量规检验工件锥角时，先在外锥面上沿母线方向均匀涂 3～4 条极薄的红丹粉或细铅笔线条，再将内、外锥体轻轻贴合，并相对转动约 90°。然后将内、外锥体分离，观察外锥面上涂的颜色或铅笔线条是否被均匀磨去。如磨去痕迹匀称，则表示该锥角制造精确。反之，则表示该锥角制造误差较大。

锥角检验完毕，再检验被测锥体的尺寸。将内、外圆锥轻轻贴合，如图 2—48 所示，如果被检锥体的端面正好位于圆锥量规的缺口处或两条刻线之间，则表示该锥面的大（或小）端直径尺寸合格，否则不合格。

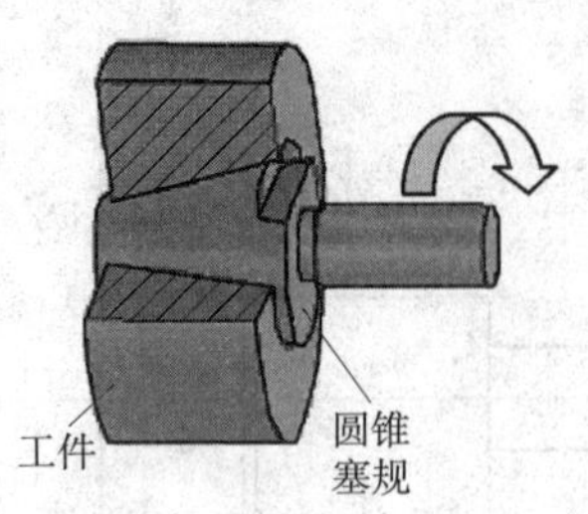

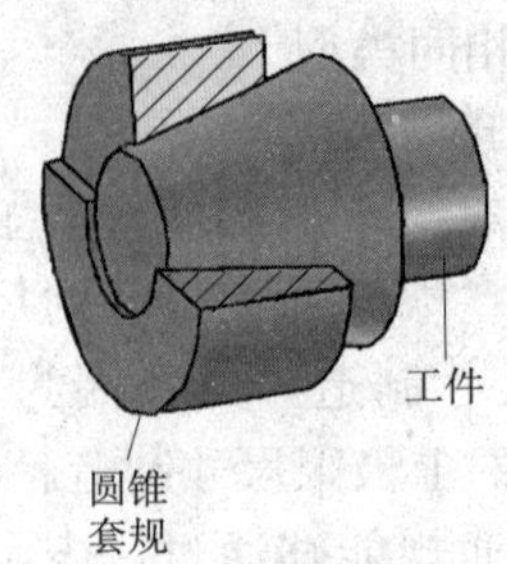

图 2—48　圆锥量规的使用方法

习题

1. 什么是测量？什么是检验？

2. 什么是量具？什么是量仪？它们之间有何区别？

3. 什么叫单项测量？什么叫综合测量？

4. 举例说明刻度间距与分度值、示值范围与测量范围的区别。

5. 画出分度值为 0.02 mm 的游标卡尺所表示的下列尺寸的刻线图：

(1) 显示的被测尺寸为 7.36 mm；(2) 显示的被测尺寸为 14.34 mm。

6. 使用游标卡尺时应注意什么？

7. 带表卡尺的分度值有哪两种？在读数时与游标卡尺有何异同？

8. 简述外径千分尺的读数原理。

9. 常用的千分尺有哪些？它们一般都用于什么场合？

10. 量块在结构和使用上有何特点？它主要应用在什么场合？

11. 利用 91 块一套的成套量块，选择组成 ϕ35n6 的两极限尺寸的量块组（提示：先确定极限尺寸的大小）。

12. 简要说明百分表的工作原理及主要应用场合。

13. 杠杆百分表的应用特点是什么？

14. 简要说明杠杆千分尺的使用方法。

15. 常用的比较仪有哪两种？它们的分度值和示值范围是什么？

16. 简要叙述分度值为 $2'$ 的万能角度尺的刻线原理。

17. 水平仪有哪些种类？最常用的是哪一种？

18. 什么是数显量具？与常规量具相比，它们有哪些特殊功能？

19. 量规的使用特点是什么？

20. 什么是校对量规？为什么只有轴用量规的校对量规？

21. 常用的量规有哪些？轴用量规与孔用量规的工作原理有何不同？

22. 简述圆锥量规检验零件圆锥形表面的方法。

第三章

几何公差

1. 理解与几何公差有关的各种要素的定义及特点。
2. 熟悉几何公差的项目分类、项目名称及对应的符号。
3. 熟悉几何公差代号和基准符号的组成。
4. 掌握几何公差的标注方法。
5. 熟悉几何公差各项目的含义及应用。
6. 了解常用的检测几何误差的方法。

§3—1 概　　述

在机械制造中，由于机床精度、工件的装夹精度和加工过程中的变形等多种因素的影响，加工后的零件不仅会产生尺寸误差，还会产生几何误差，即零件表面、中心轴线等的实际形状和位置偏离设计所要求的理想形状和位置，从而产生误差。零件的几何误差同样会影响零件的使用性能和互换性。如孔轴配合时，如果轴线存在较大的弯曲，就不可能满足配合要求，甚至无法装配（见图 3—1a）；又如机床导轨面（见图 3—1b）如果不平直，则会直接影响机床的运动精度。

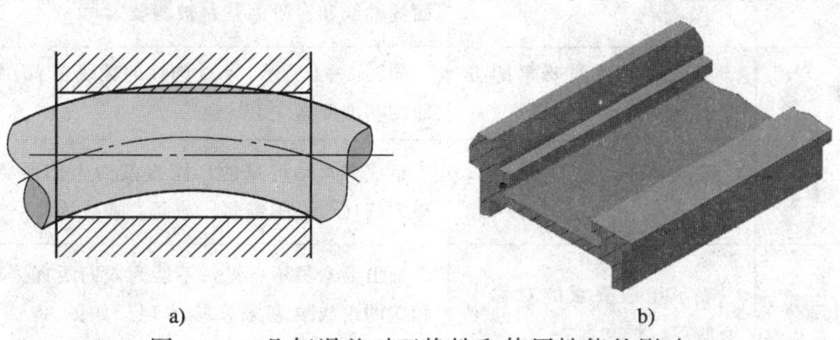

图 3—1　几何误差对互换性和使用性能的影响

因此，零件图样上除了规定尺寸公差来限制尺寸误差外，还规定了几何公差来限制几何误差，以满足零件的功能要求。

为了满足互换性的要求，国家标准制定了一系列几何公差标准，本章只对其中常用几何公差标准的部分内容作简要介绍。

一、零件的几何要素

零件的形状和结构虽各式各样，但它们都是由一些点、线、面按一定几何关系组合而成的。如图 3—2 所示的顶尖就是由球面、圆锥面、端平面、圆柱面、轴线、球心等构成的。这些构成零件形体的点、线、面称为零件的**几何要素**。零件的**几何误差**就是零件各个几何要素的自身形状、方向、位置、跳动所产生的误差，**几何公差**就是对这些几何要素的形状、方向、位置、跳动所提出的精度要求。

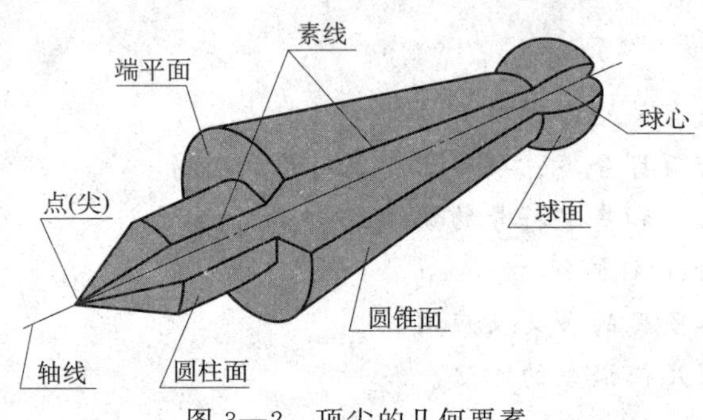

图 3—2　顶尖的几何要素

零件几何要素的分类见表 3—1。

表 3—1　　**零件几何要素的分类**

分类方式	种类	定义	说明
按存在的状态分	理想要素	具有几何意义的要素	绝对准确，不存在任何几何误差，用来表达设计的理想要求，如图 3—3 所示
	实际要素	零件上实际存在的要素	由于加工误差的存在，实际要素具有几何误差，如图 3—3 所示。标准规定：零件实际要素在测量时用测得要素来代替
按在几何公差中所处的地位分	被测要素	图样上给出了几何公差的要素	如图 3—4 所示，ϕd_1 圆柱面给出了圆柱度要求，ϕd_2 圆柱的轴线对 ϕd_1 圆柱的轴线给出了同轴度要求，台阶面对 ϕd_1 圆柱的轴线给出了垂直度要求，因此 ϕd_1 圆柱面、ϕd_2 圆柱面的轴线和台阶面就是被测要素
	基准要素	用来确定被测要素的方向或（和）位置的要素	如图 3—4 所示，ϕd_1 圆柱的轴线是 ϕd_2 圆柱的轴线和台阶面的基准要素
按几何特征分	组成要素	构成零件外形的点、线、面	组成要素是可见的，能直接为人们所感觉到。如图 3—2 中的圆柱面、圆锥面、球面、素线等
	导出要素	表示组成要素的对称中心的点、线、面	导出要素虽不可见，不能为人们所直接感觉到，但可通过相应的组成要素来模拟体现。如图 3—2 中的轴线、球心，图 3—4 中的 ϕd_1、ϕd_2 圆柱的轴线

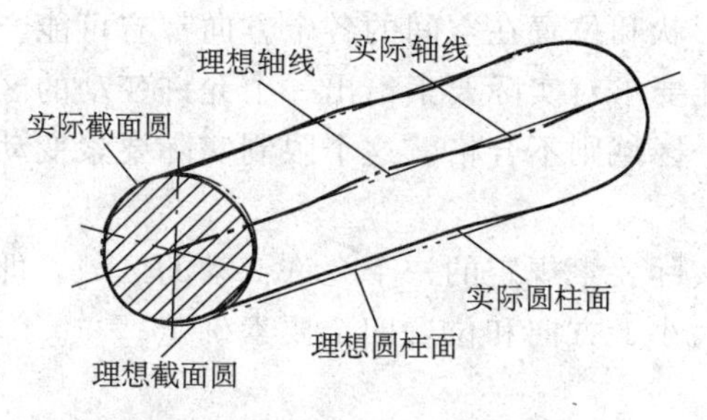

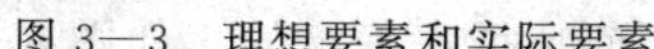
图 3—3　理想要素和实际要素

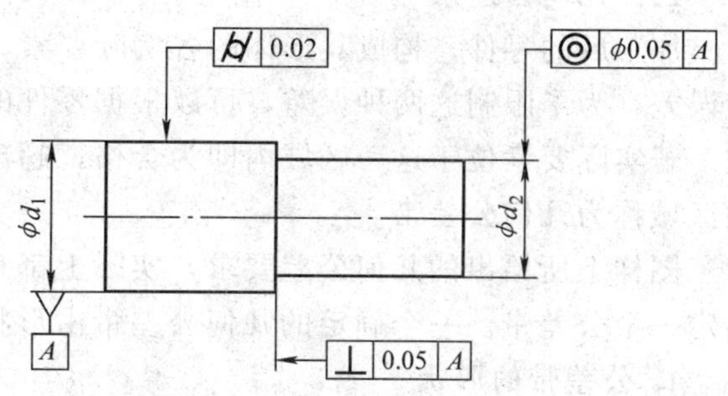

图 3—4　被测要素与基准要素

二、几何公差的项目及符号

几何公差可分为形状公差、方向公差、位置公差和跳动公差。

几何公差各项目的名称和符号见表 3—2。

表 3—2　　几何公差各项目的名称和符号

公差类型	几何特征	符号	有无基准
形状公差	直线度	⏤	无
	平面度	⏥	无
	圆度	○	无
	圆柱度	⌭	无
	线轮廓度	⌒	无
	面轮廓度	⌓	无
方向公差	平行度	//	有
	垂直度	⊥	有
	倾斜度	∠	有
	线轮廓度	⌒	有
	面轮廓度	⌓	有
位置公差	位置度	⌖	有或无
	同心度（用于中心点）	◎	有
	同轴度（用于轴线）	◎	有
	对称度	⌯	有
	线轮廓度	⌒	有
	面轮廓度	⌓	有
跳动公差	圆跳动	↗	有
	全跳动	⌰	有

三、几何公差带

加工后的零件，构成其形体的各实际要素，其形状和位置在空间的各个方向都有可能产生误差，为了限制这两种误差，可以根据零件的功能要求对实际要素给出一个允许变动的区域。若实际要素位于这一区域内即为合格，超出这一区域则不合格。这个限制实际要素变动的区域称为**几何公差带。**

图样上所给出的几何公差要求，实际上都是对实际要素规定的一个允许变动的区域，即给定一个公差带。一个确定的几何公差带由形状、大小、方向和位置四个要素确定。

1. 公差带的形状

公差带的形状是由公差项目及被测要素与基准要素的几何特征来确定的。如图 3—5a 所示，圆度公差带形状是两同心圆之间的区域；对直线度，如图 3—5b 所示，当被测要素为给定平面内的直线时，公差带形状是两平行直线间的区域；当被测要素为轴线时，如图 3—5c 所示，公差带形状是一个圆柱内的区域。

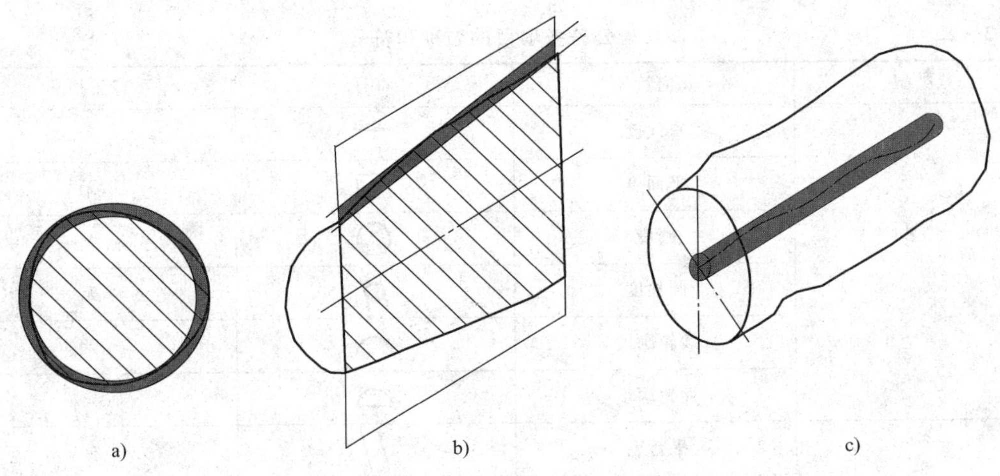

图 3—5　几何公差带的形状示例

几何公差带的形状较多，主要有表 3—3 所列的九种。

表 3—3　　**几何公差带的形状**

序号	公差带	形状	应用项目
1	两平行直线		给定平面内的直线度、平面内直线的位置度等
2	两等距曲线		线轮廓度
3	两同心圆		圆度、径向圆跳动
4	一个圆		平面内点的位置度、同轴（心）度

续表

序号	公差带	形状	应用项目
5	一个球		空间点的位置度
6	一个圆柱	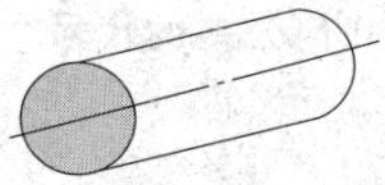	轴线的直线度、平行度、垂直度、倾斜度、位置度、同轴度
7	两同轴圆柱	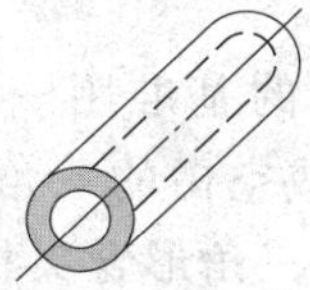	圆柱度、径向全跳动
8	两平行平面	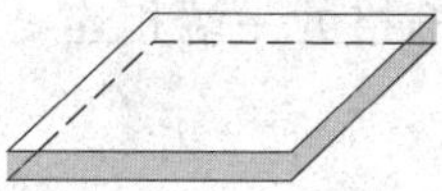	平面度、平行度、垂直度、倾斜度、位置度、对称度、轴向全跳动等
9	两等距曲面	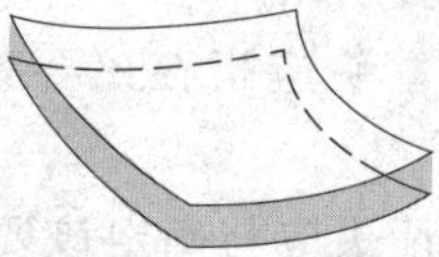	面轮廓度

2. 公差带的大小

几何公差带的大小是指公差带的宽度、直径或半径差的大小，它由图样上给定的几何公差值确定。

§3—2 几何公差的标注

国家标准规定，对零件的几何公差要求，在图样上一般用代号标注，如图 3—4 所示。

一、几何公差的代号和基准符号

1. 代号

几何公差的代号包括几何公差框格和指引线、几何公差有关项目的符号、几何公差数值和其他有关符号、基准符号字母和其他有关符号等。

公差框格分成两格或多格式，框格内从左到右填写以下内容，如图 3—6 所示。

（1）第一格填写几何公差项目符号。

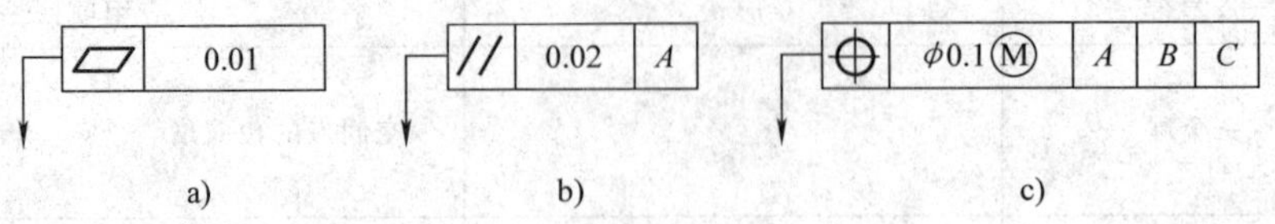

图 3—6　几何公差的代号

（2）第二格填写几何公差数值和有关符号。

（3）第三格和以后各格填写基准符号字母和有关符号。

2. 基准符号

在几何公差的标注中，与被测要素相关的基准用一个大写字母表示。字母标注在基准方格内，与一个涂黑的或空白的三角形相连以表示基准，如图 3—7 所示。涂黑的和空白的基准三角形含义相同。

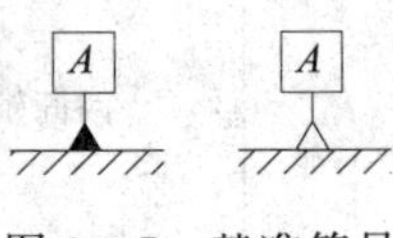

图 3—7　基准符号

二、被测要素的标注方法

用带箭头的指引线将被测要素与公差框格的一端相连，指引线的箭头应指向被测要素公差带的宽度或直径方向。标注时应注意：

1. 几何公差框格应水平或垂直地绘制。

2. 指引线原则上从框格一端的中间位置引出。

3. 被测要素是组成要素时，指引线的箭头应指在该要素的轮廓线或其延长线上，并应明显地与尺寸线错开，如图 3—8 所示。

4. 被测要素是导出要素时，指引线的箭头应与确定该要素的轮廓尺寸线对齐，如图 3—9 所示。

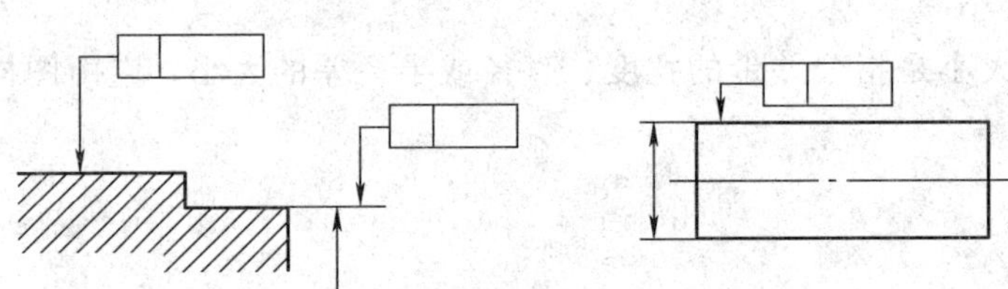

图 3—8　被测要素为组成要素时的标注

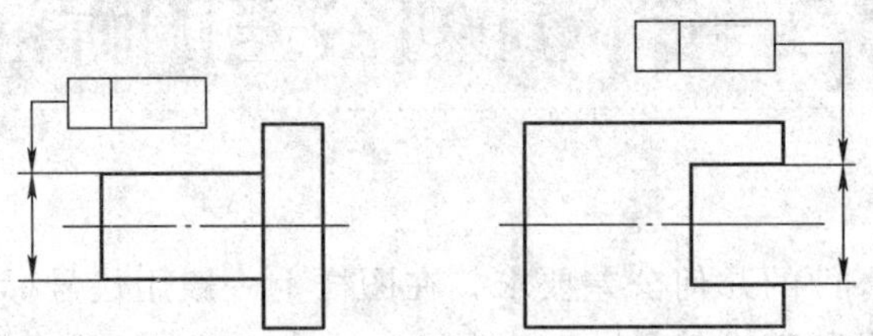

图 3—9　被测要素为导出要素时的标注

5. 当同一被测要素有多项几何公差要求，且测量方向相同时，可将这些框格绘制在一起，并共用一根指引线，如图 3—10 所示。

6. 当多个被测要素有相同的几何公差要求时，可从框格引出的指引线上绘制多个指示箭头并分别与各被测要素相连，如图 3—11 所示。

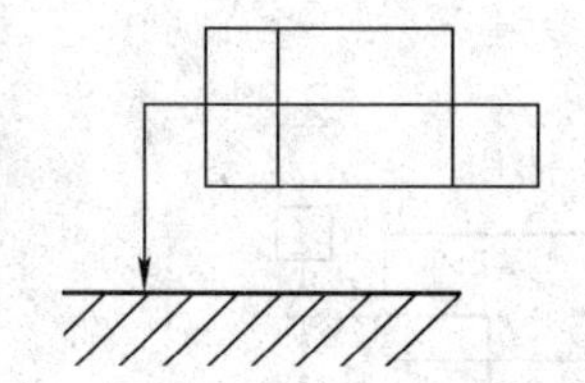

图 3—10　同一被测要素有多项几何公差要求时的标注

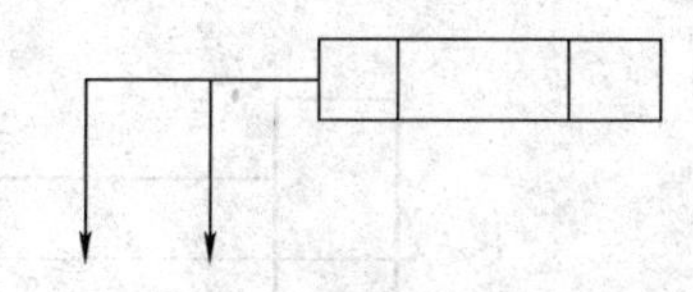

图 3—11　不同被测要素有相同几何公差要求时的标注

7. 公差框格中所标注的几何公差有其他附加要求时，可在公差框格的上方或下方附加文字说明。属于被测要素数量的说明，应写在公差框格的上方，如图 3—12a 所示。属于解释性的说明，应写在公差框格的下方，如图 3—12b 所示。

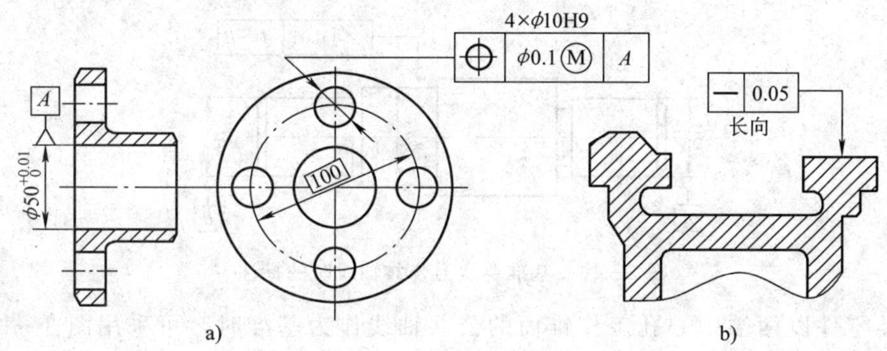

图 3—12　几何公差的附加说明

三、基准要素的标注方法

基准要素采用基准符号标注，并从几何公差框格中的第三格起，填写相应的基准符号字母，基准符号中的连线应与基准要素垂直。无论基准符号在图样中方向如何，方框内字母应水平书写，如图 3—13 所示。

基准符号在标注时还应注意以下几点：

1. 基准要素为组成要素时，基准符号的连线应指在该要素的轮廓线或其延长线上，并应明显地与尺寸线错开，如图 3—14 所示。

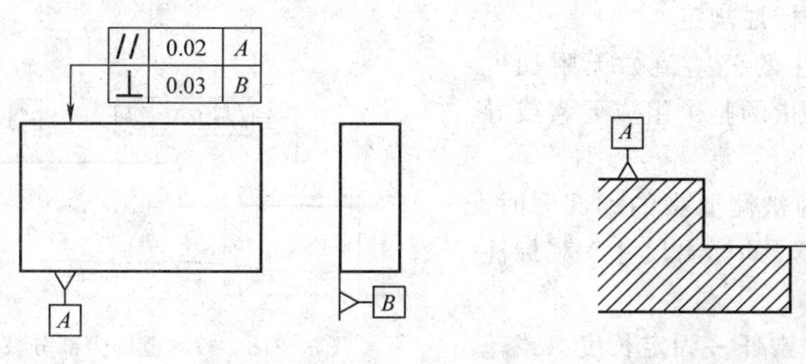

图 3—13　基准要素的标注　　图 3—14　基准要素为组成要素时的标注

2. 基准要素是导出要素时，基准符号的连线应与确定该要素轮廓的尺寸线对齐，如图3—15 所示。

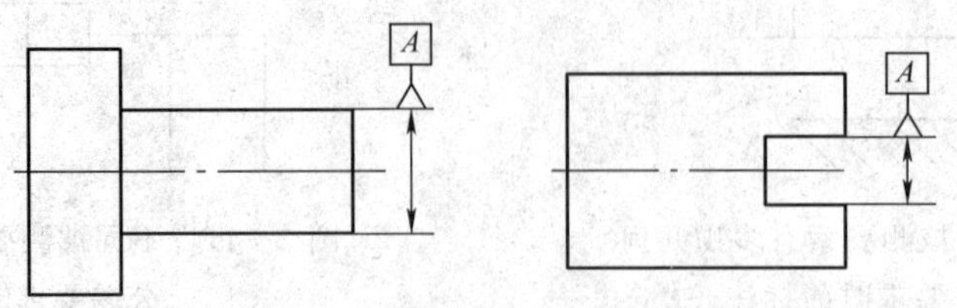

图 3—15　基准要素为导出要素时的标注

3. 基准要素为公共轴线时的标注。在图 3—16 中，基准要素为外圆 ϕd_1 的轴线 A 与外圆 ϕd_3 的轴线 B 组成的公共轴线 A—B。

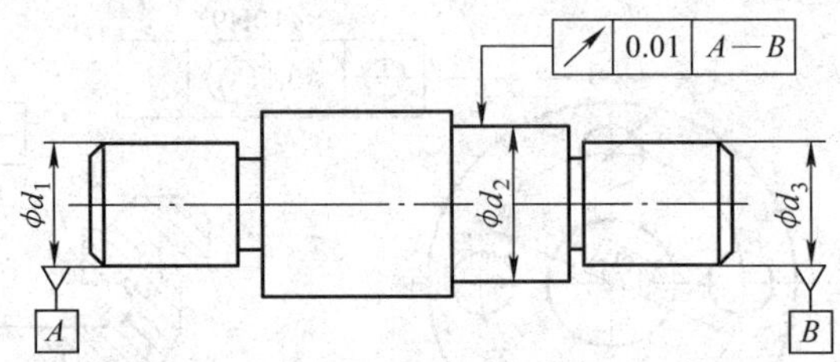

图 3—16　基准要素为公共轴线时的标注

当轴类零件以两端中心孔工作锥面的公共轴线作为基准时，可采用图 3—17 所示的标注方法。其中图 3—17a 为两端中心孔参数不同时的标注，图 3—17b 为两端中心孔参数相同时的标注。

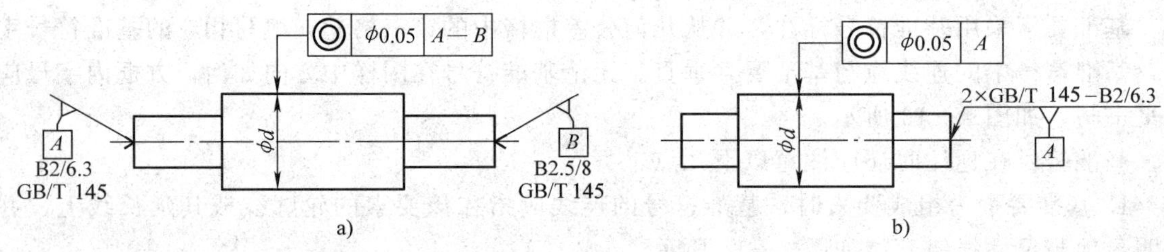

图 3—17　以中心孔的公共轴线作为基准时的标注

四、几何公差的其他标注规定

1. 公差框格中所标注的公差值如无附加说明，则被测范围为箭头所指的整个组成要素或导出要素。

2. 如果被测范围仅为被测要素的一部分时，应用粗点画线画出该范围，并标出尺寸。其标注方法如图 3—18 所示。

3. 如果需给出被测要素任一固定长度（或范围）的公差值时，其标注方法如图 3—19 所示。

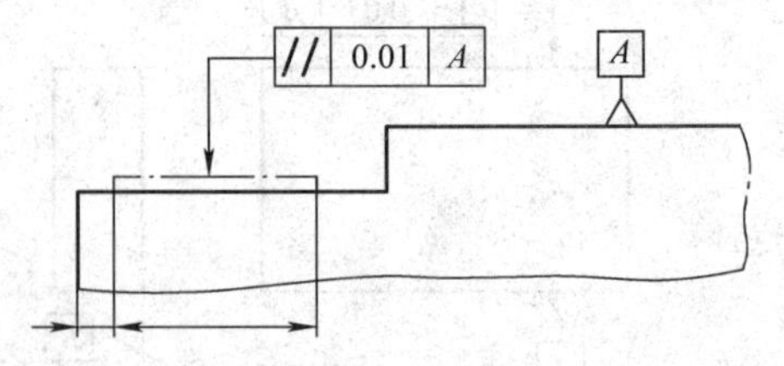

图 3—18　被测范围为部分被测要素时的标注

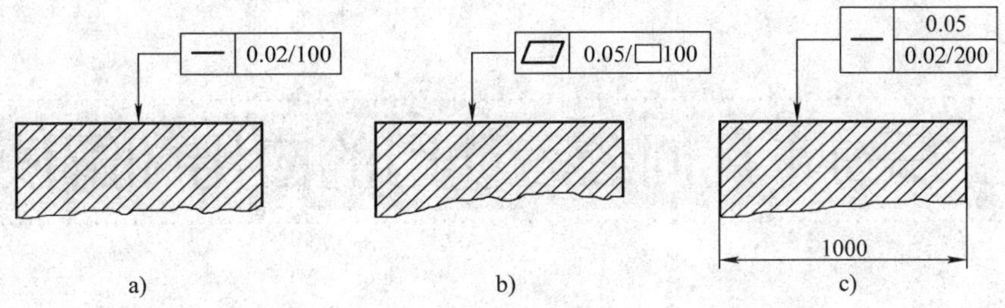

图 3—19　需给出被测要素任一固定长度（或范围）时的标注

图 3—19a 表示在任一 100 mm 长度上的直线度公差值为 0.02 mm。

图 3—19b 表示在任一 100 mm×100 mm 的正方形面积内，平面度公差值为 0.05 mm。

图 3—19c 表示在 1 000 mm 全长上的直线度公差为 0.05 mm，在任一 200 mm 长度上的直线度公差值为 0.02 mm。

4. 当给定的公差带形状为圆或圆柱时，应在公差数值前加注“ϕ”，如图 3—20a 所示；当给定的公差带形状为球时，应在公差数值前加注“$S\phi$”，如图 3—20b 所示。

图 3—20　公差带为圆、圆柱或球时的标注

5. 几何公差有附加要求时，应在相应的公差数值后加注有关符号，几何公差附加符号见表 3—4。

表 3—4　　**几何公差附加符号**

符号	解释	标注示例
（+）	若被测要素有误差，则只允许中间向材料外凸起	— | 0.01(+)
（−）	若被测要素有误差，则只允许中间向材料内凹下	▱ | 0.05(−)
(▷)	若被测要素有误差，则只允许按符号的小端方向逐渐缩小	⌭ | 0.05(▷) // | 0.05(▷) | A

§3—3 几何公差项目的应用和解读

一、形状公差

1. 直线度公差

它限制被测实际直线相对于理想直线的变动。被测直线可以是平面内的直线、直线回转体（圆柱、圆锥）上的素线、平面的交线和轴线等。

2. 平面度公差

它限制实际平面相对于理想平面的变动。

3. 圆度公差

它限制实际圆相对于理想圆的变动。圆度公差用于对回转体表面（圆柱、圆锥和曲线回转体）任一正截面的圆轮廓提出形状精度要求。

4. 圆柱度公差

它限制实际圆柱面相对于理想圆柱面的变动。圆柱度公差综合控制圆柱面的形状精度。

5. 线轮廓度公差（无基准）

它限制实际平面曲线对其理想曲线的变动。它是对零件上非圆曲线提出的形状精度要求。无基准时，理想轮廓的形状由理论正确尺寸（尺寸数字外面加上框格）确定，其位置是不定的。

理论正确尺寸（TED）：当给出一个或一组要素的位置、方向或轮廓度公差时，分别用来确定其理论正确位置、方向或轮廓的尺寸称为理论正确尺寸，故该尺寸不附带公差，而该要素的形状、方向和位置误差由给定的几何公差来控制。理论正确尺寸必须以框格框出。

6. 面轮廓度公差（无基准）

它限制实际曲面对其理想曲面的变动。它是对零件上曲面提出的形状精度要求。理想曲面由理论正确尺寸确定。

形状公差的应用和解读见表 3—5。

表 3—5　　形状公差的应用和解读

公差	示例	识读	公差带	设计要求
直线度	圆锥面素线的直线度 — 0.01	圆锥面素线直线度公差为 0.01 mm	距离为公差值 0.01 mm 的两平行直线间的区域	圆锥面素线必须位于轴截面内距离为公差值 0.01 mm 的两条平行直线之间 0.01

续表

公差	示例	识读	公差带	设计要求
直线度	刃口尺刃口的直线度 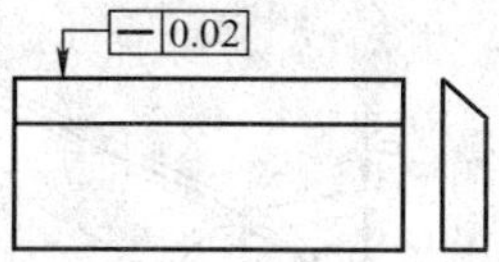	在垂直方向上棱线的直线度公差为 0.02 mm	距离为公差值 0.02 mm 的两平行平面间的区域	零件上棱线必须位于垂直方向距离为公差值 0.02 mm 的两平行平面之间 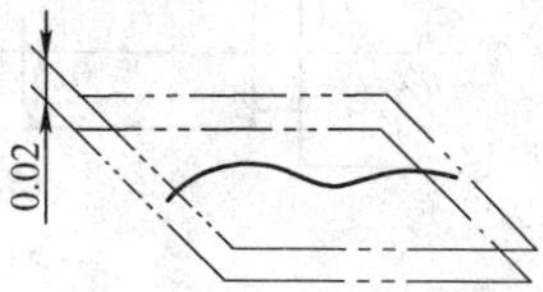
	轴线的直线度 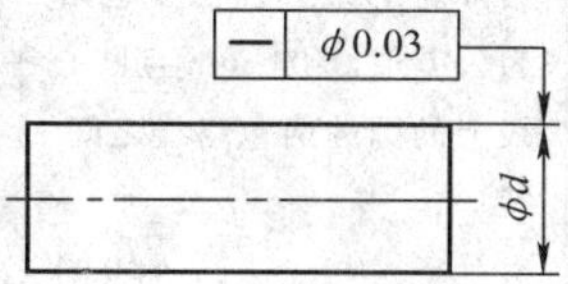	直径为 d 的圆柱，其轴线的直线度公差为 ϕ0.03 mm	直径为公差值 ϕ0.03 mm 的圆柱面内的区域	直径为 d 的圆柱的轴线必须位于直径为公差值 ϕ0.03 mm 的圆柱面内 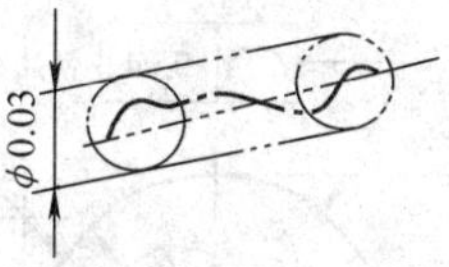
平面度	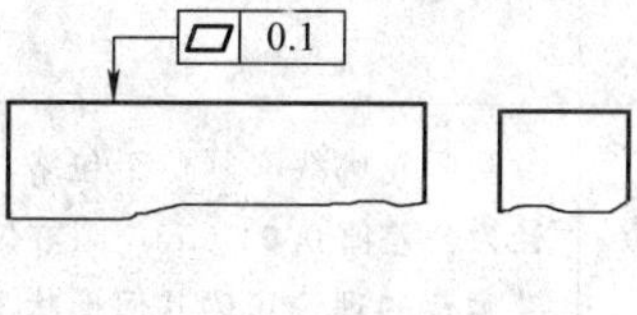	上表面的平面度公差为 0.1 mm	距离为公差值 0.1 mm 的两平行平面之间的区域	上表面必须位于距离为公差值 0.1 mm 的两平行平面之间 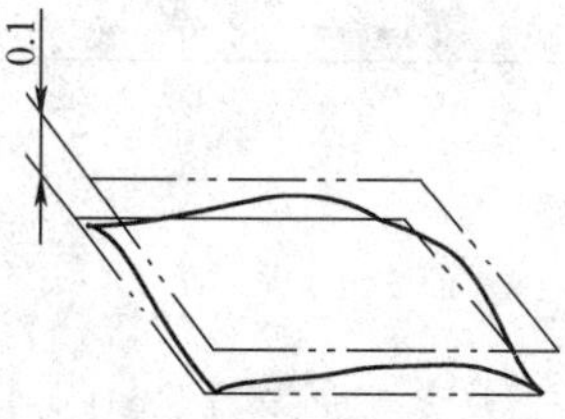
圆度	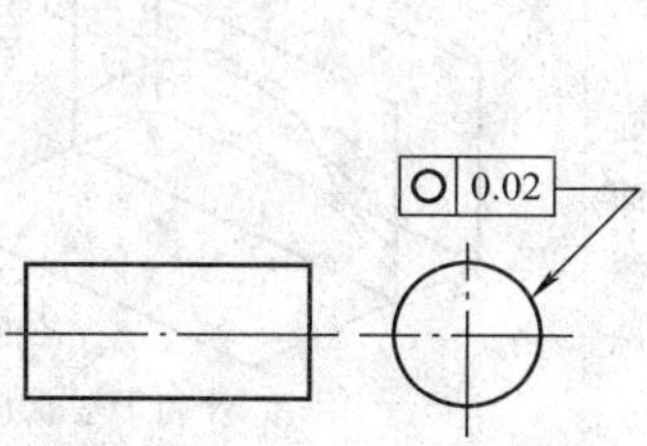	圆柱面的圆度公差为 0.02 mm	在任一正截面上半径差为公差值 0.02 mm 的两同心圆之间的区域	在垂直于轴线的任一正截面上，实际圆必须位于半径差为公差值 0.02 mm 的两同心圆之间 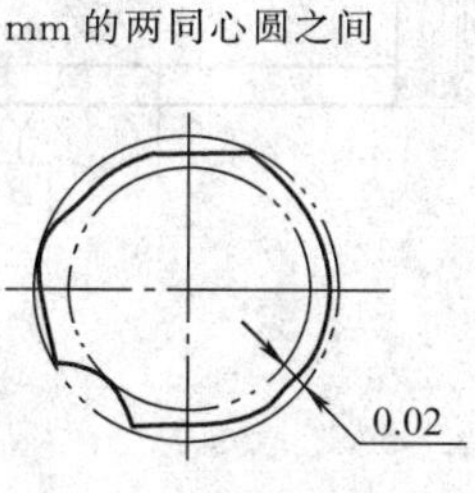

续表

公差	示例	识读	公差带	设计要求
圆柱度	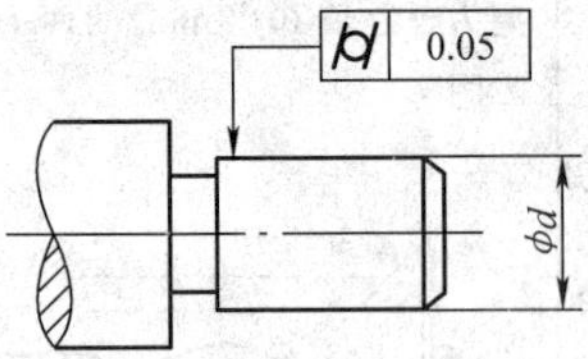 0.05　ϕd	直径为d的圆柱面的圆柱度公差为0.05 mm	半径差为公差值0.05 mm的两同轴圆柱面之间的区域	实际圆柱面必须位于半径差为公差值0.05 mm的两同轴圆柱面之间 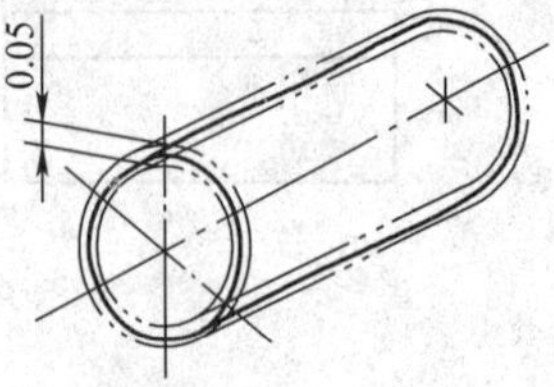 0.05
无基准的线轮廓度	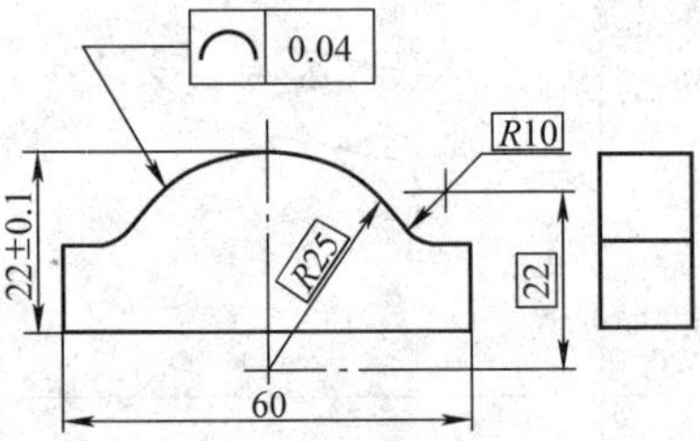 0.04　R10　22±0.1　R25　22　60	外形轮廓的线轮廓度公差为0.04 mm	包络一系列直径为公差值0.04 mm的圆的两包络线之间的区域，诸圆圆心应位于理论正确几何形状上	在平行于正投影面的任一截面上，实际轮廓线必须位于包络一系列直径为公差值0.04 mm且圆心在理想轮廓线上的圆的两包络线之间 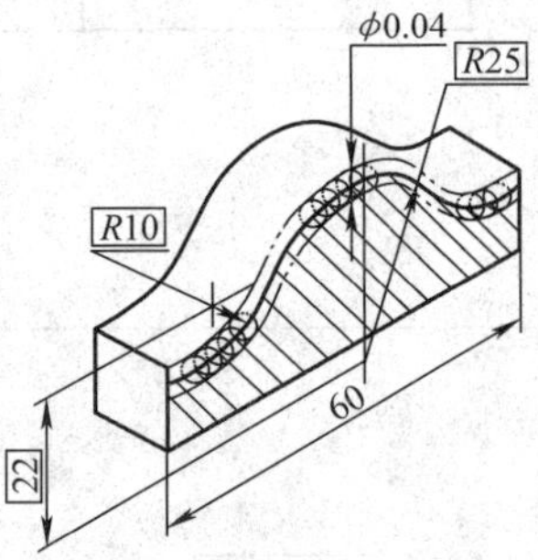 ϕ0.04　R25　R10　60　22
有基准的线轮廓度	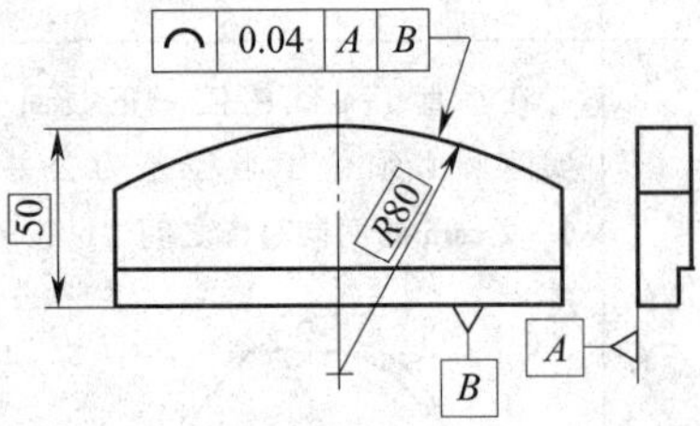 0.04 A B　50　R80　B　A	外形轮廓相对基准A、B的线轮廓度公差值为0.04 mm	包络一系列直径为公差值0.04 mm的圆的两包络线之间的区域，诸圆圆心应位于由基准平面A和基准平面B确定的被测要素理论正确几何形状上	实际轮廓线必须位于包络一系列直径为公差值0.04 mm，圆心位于由基准确定的理论正确几何形状上的圆的两包络线之间 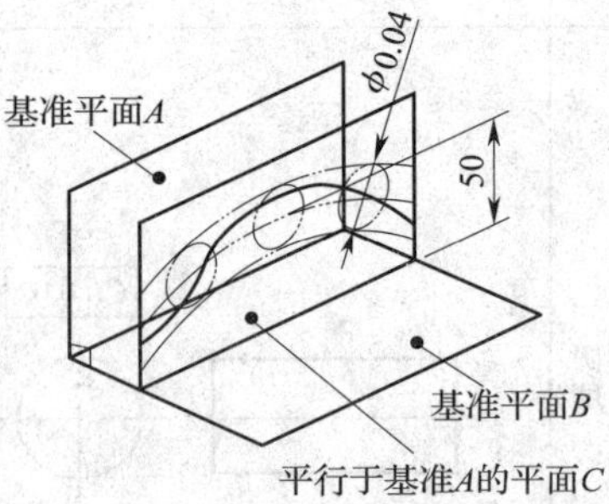 基准平面A　ϕ0.04　50　基准平面B　平行于基准A的平面C

续表

公差	示例	识读	公差带	设计要求
无基准的面轮廓度	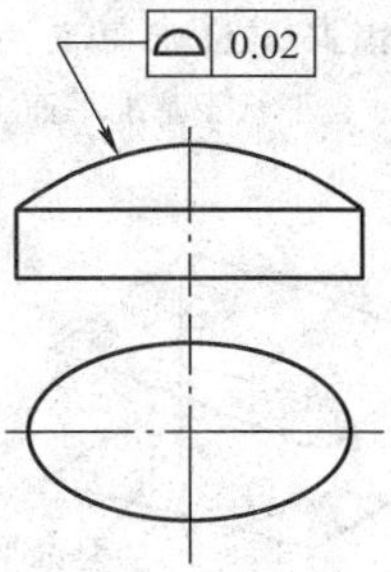 0.02	上椭圆面的面轮廓度公差为 0.02 mm	包络一系列直径为公差值 0.02 mm 的球的两包络面之间的区域，诸球球心应位于被测要素理论正确几何形状上	实际轮廓面必须位于包络一系列直径为公差值 0.02 mm，球心位于理论正确几何形状上的球的两包络面之间 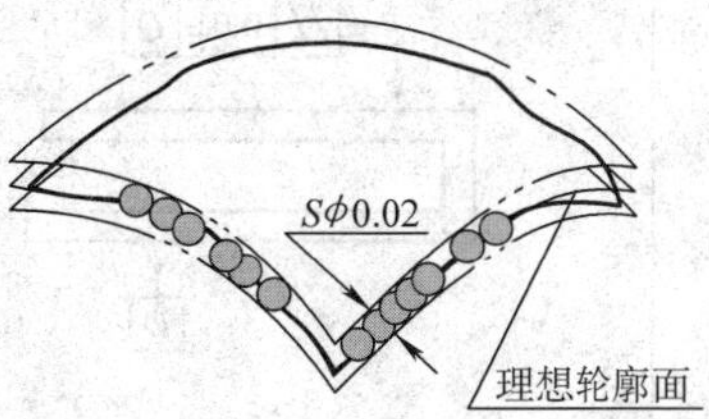 $S\phi0.02$ 理想轮廓面
有基准的面轮廓度	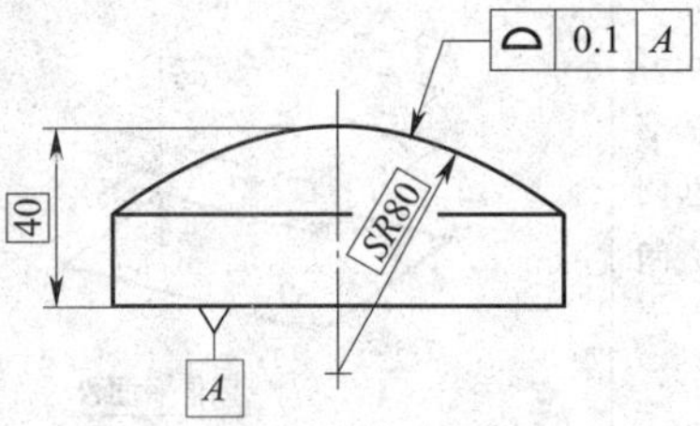 0.1 A 40 SR80 A	上轮廓面相对基准 A 的面轮廓度公差值为 0.1 mm	包络一系列直径为公差值 0.1 mm 的球的两包络面之间的区域，诸球球心应位于由基准平面 A 确定的被测要素理论正确几何形状上	实际轮廓面必须位于包络一系列直径为公差值 0.1 mm，球心位于由基准 A 确定的理论正确几何形状上的球的两包络面之间 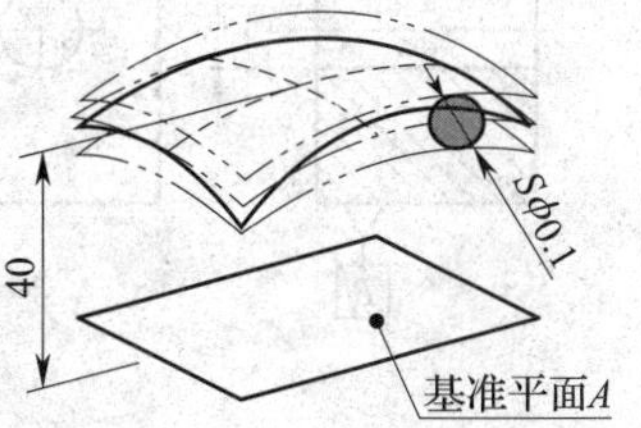 $S\phi0.1$ 40 基准平面A

二、方向公差

方向公差限制实际被测要素相对于基准要素在方向上的变动。

方向公差的被测要素和基准一般为平面或轴线，因此，方向公差有面对面公差、线对面公差、面对线公差和线对线公差等。

1. 平行度公差

当被测要素与基准的理想方向成 0°角时，为平行度公差。

2. 垂直度公差

当被测要素与基准的理想方向成 90°角时，为垂直度公差。

3. 倾斜度公差

当被测要素与基准的理想方向成其他任意角度时，为倾斜度公差。

4. 线轮廓度公差（有基准）

理想轮廓线的形状、方向由理论正确尺寸和基准确定，详见表 3—5 中有基准的线轮廓度公差。

5. 面轮廓度公差（有基准）

理想轮廓面的形状、方向由理论正确尺寸和基准确定，详见表 3—5 中有基准的面轮廓度公差。

方向公差其余各项目的应用和解读见表 3—6。

表 3—6　　方向公差的应用和解读

公差	示例	识读	公差带	设计要求
平行度	面对面的平行度 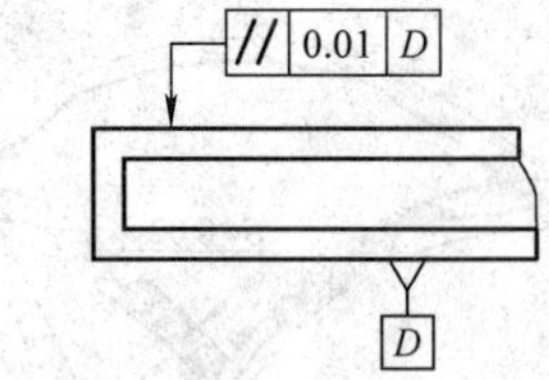	上平面对底面 D 的平行度公差为 0.01 mm	距离为公差值 0.01 mm，且平行于基准平面 D 的两平行平面之间的区域	上平面必须位于距离为公差值 0.01 mm 且平行于基准平面 D 的两平行平面之间 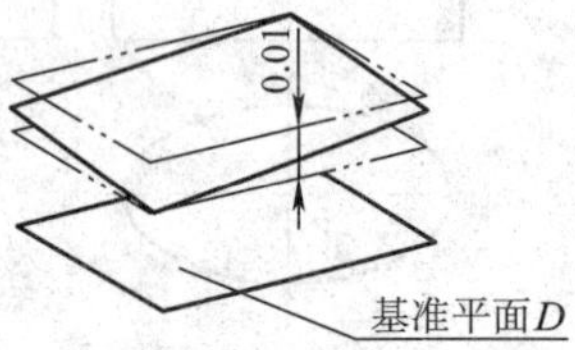 基准平面D
	线对面的平行度 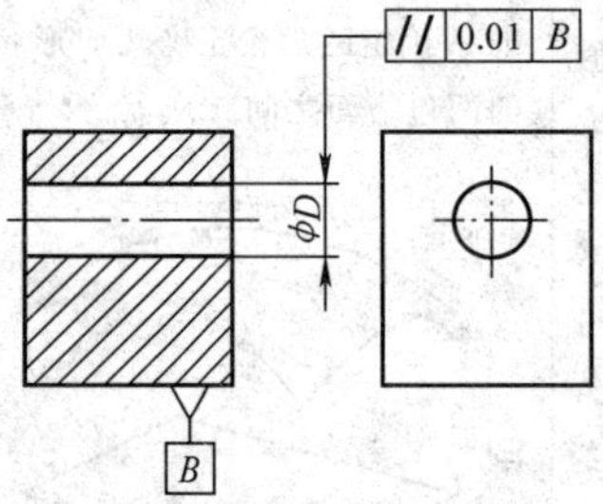	ϕD 孔的轴线对底面 B 的平行度公差为 0.01 mm	距离为公差值 0.01 mm，且平行于基准平面 B 的两平行平面之间的区域	ϕD 孔的轴线必须位于距离为公差值 0.01 mm 且平行于基准平面 B 的两平行平面之间 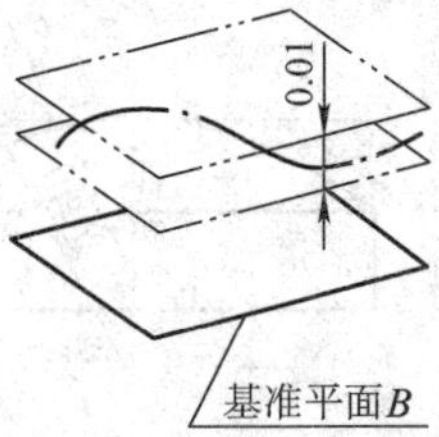 基准平面B
	面对线的平行度 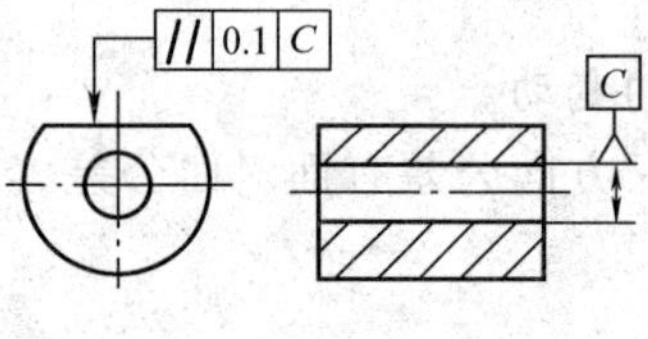	上平面对孔轴线的平行度公差为 0.1 mm	距离为公差值 0.1 mm，且平行于基准轴线 C 的两平行平面之间的区域	上平面必须位于距离为公差值 0.1 mm 且平行于基准轴线 C 的两平行平面之间 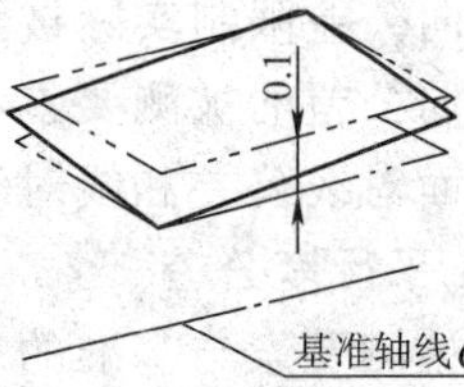 基准轴线C
	给定一个方向线对线的平行度 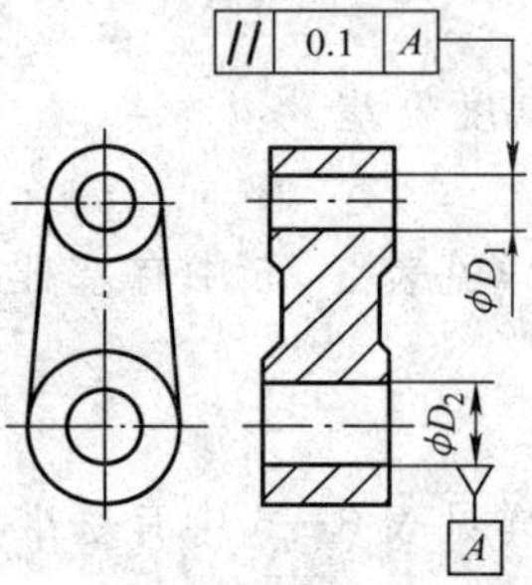	ϕD_1 孔的轴线对 ϕD_2 孔的轴线 A 在垂直方向上的平行度公差为 0.1 mm	距离为公差值 0.1 mm，且平行于基准轴线 A 的两平行平面之间的区域	ϕD_1 孔的轴线必须位于距离为公差值 0.1 mm 且平行于基准轴线 A 的两平行平面之间 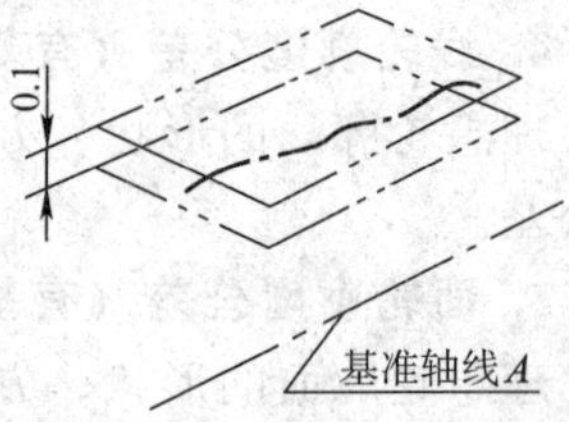 基准轴线A

续表

公差	示例	识读	公差带	设计要求
平行度	在任意方向上线对线的平行度 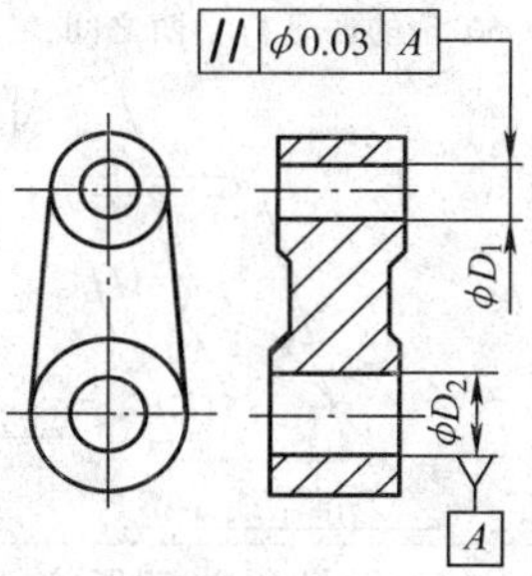 // ϕ0.03 A；ϕD_1；ϕD_2；A	ϕD_1 孔的轴线对 ϕD_2 孔的轴线 A 的平行度公差为 ϕ0.03 mm	直径为公差值 0.03 mm，且轴线平行于基准轴线 A 的圆柱面内的区域	ϕD_1 孔的轴线必须位于直径为公差值 0.03 mm 且轴线平行于基准轴线 A 的圆柱面内 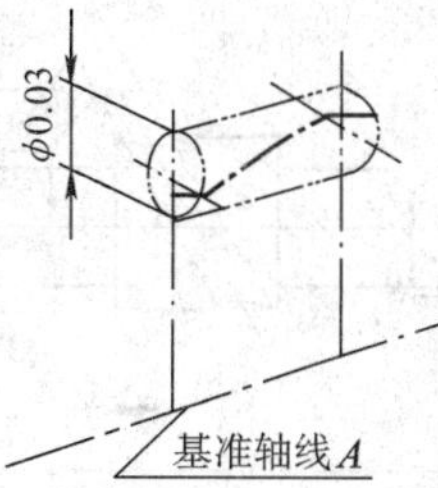 ϕ0.03；基准轴线A
垂直度	面对面的垂直度 ⊥ 0.08 A；A	右侧面对底面 A 的垂直度公差为 0.08 mm	距离为公差值 0.08 mm，且垂直于基准平面 A 的两平行平面之间的区域	右侧面必须位于距离为公差值 0.08 mm 且垂直于基准平面 A 的两平行平面之间 0.08；基准平面A
	面对线的垂直度 两端面；⊥ 0.05 A；ϕD；A 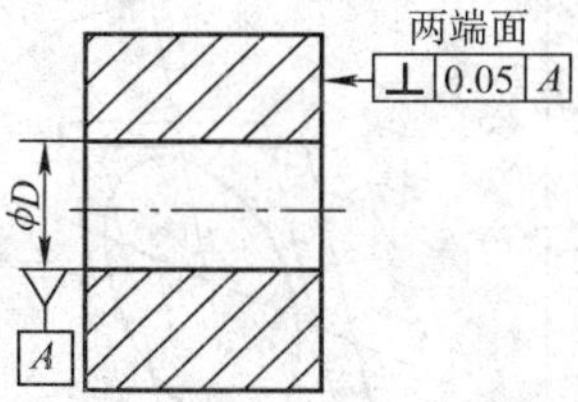	两端面对 ϕD 孔轴线 A 的垂直度公差为 0.05 mm	距离为公差值 0.05 mm，且垂直于基准轴线 A 的两平行平面之间的区域	被测端面必须位于距离为公差值 0.05 mm 且垂直于基准轴线 A 的两平行平面之间 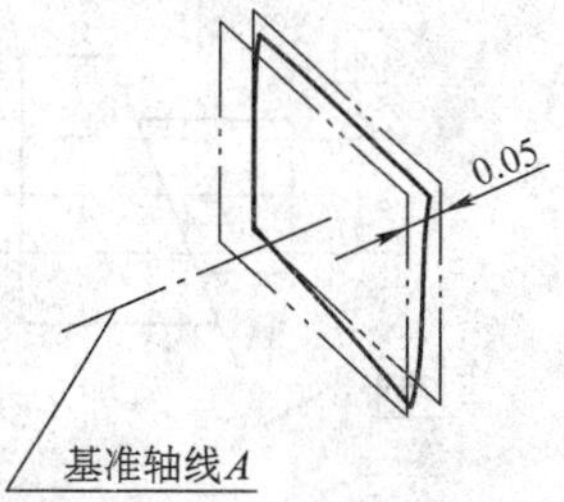 0.05；基准轴线A
	在任意方向上线对面的垂直度 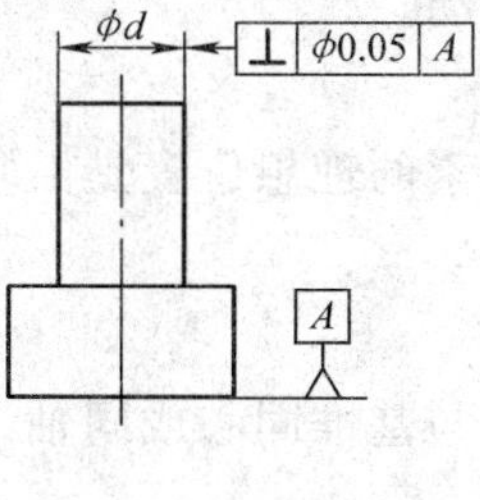 ϕd；⊥ ϕ0.05 A；A	ϕd 圆柱的轴线对基准面 A 的垂直度公差为 ϕ0.05 mm	直径为公差值 ϕ0.05 mm，且垂直于基准平面 A 的圆柱面内的区域	ϕd 圆柱的轴线必须位于直径为公差值 ϕ0.05 mm 且垂直于基准平面 A 的圆柱面内 基准平面A；ϕ0.05 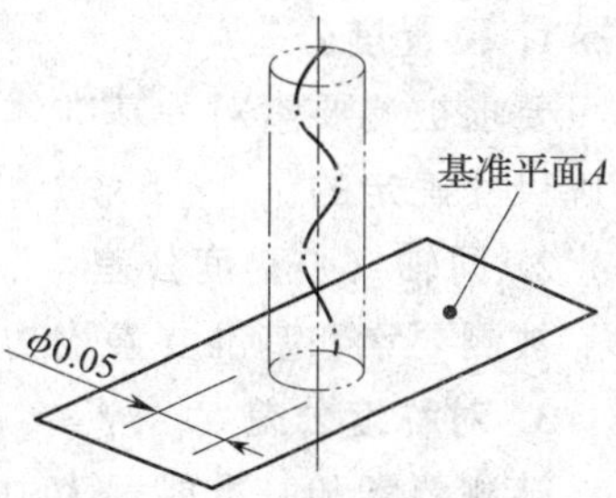

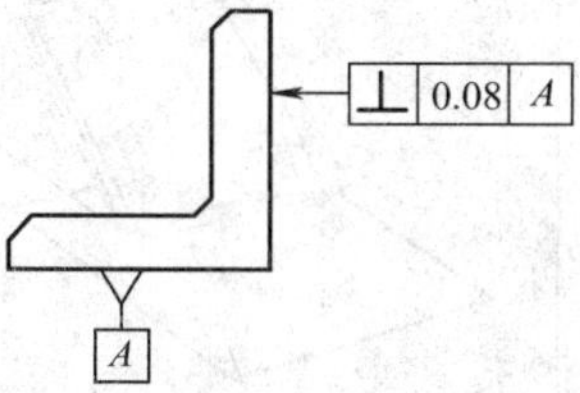

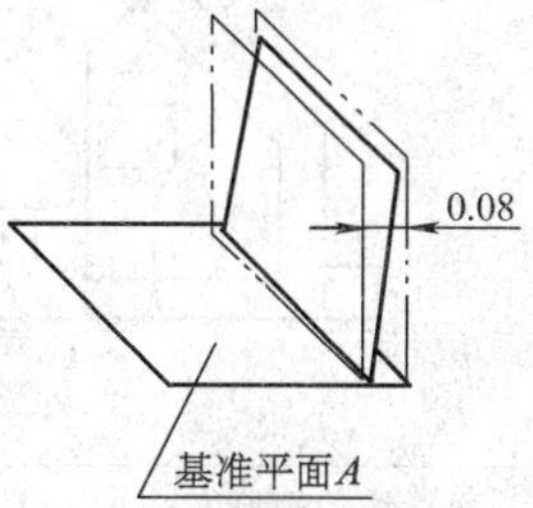

续表

公差	示例	识读	公差带	设计要求
倾斜度	线对线的倾斜度 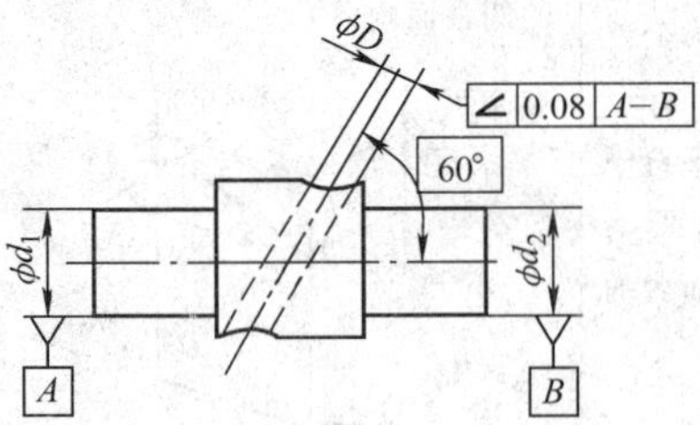 ϕD　∠ 0.08 A—B　60°　ϕd_1　ϕd_2　A　B	ϕD 孔轴线对基准 ϕd_1 和 ϕd_2 外圆的公共轴线 $A-B$ 的倾斜度公差为 0.08 mm	距离为公差值 0.08 mm，且与基准轴线 $A-B$ 成 60°角的两平行平面之间的区域	ϕD 孔轴线必须位于距离为公差值 0.08 mm 且与基准轴线 $A-B$ 成 60°角的两平行平面之间 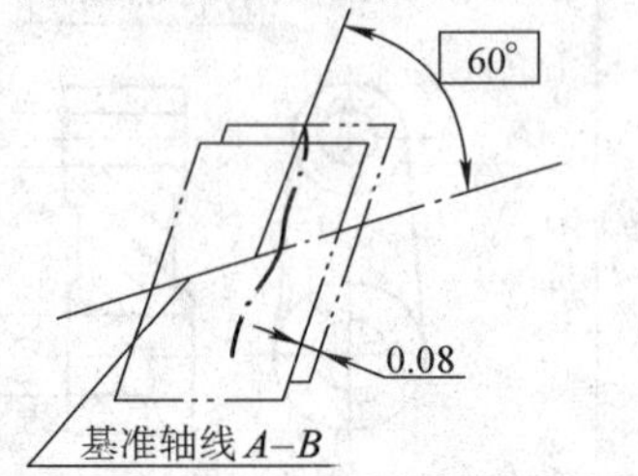 60°　0.08　基准轴线 A—B
	面对面的倾斜度 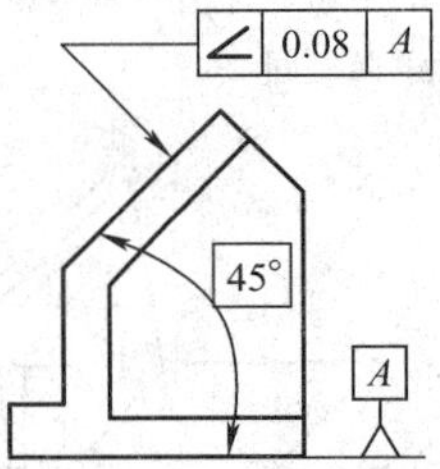 ∠ 0.08 A　45°　A	斜面对基准面 A 的倾斜度公差为 0.08 mm	距离为公差值 0.08 mm，且与基准平面 A 成 45°角的两平行平面之间的区域	斜面必须位于距离为公差值 0.08 mm 且与基准平面 A 成 45°角的两平行平面之间 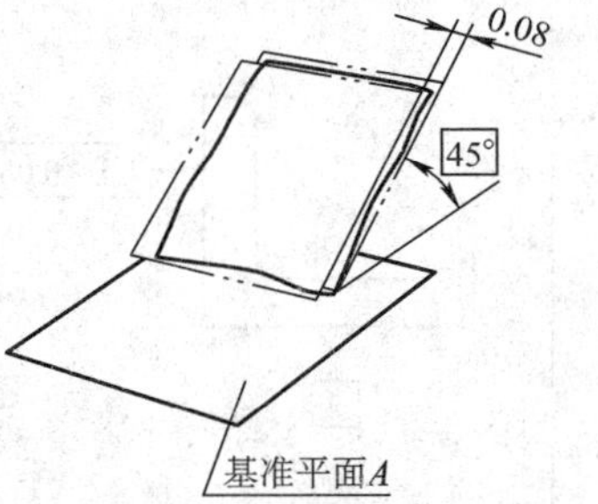 0.08　45°　基准平面A
	面对线的倾斜度 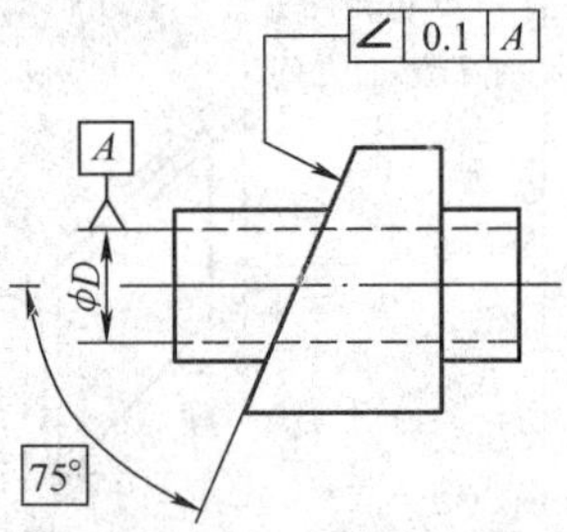 ∠ 0.1 A　A　ϕD　75°	斜面对基准轴线 A 的倾斜度公差为 0.1 mm	距离为公差值 0.1 mm，且与基准轴线 A 成 75°角的两平行平面之间的区域	斜面必须位于距离为公差值 0.1 mm 且与基准轴线 A 成 75°角的两平行平面之间 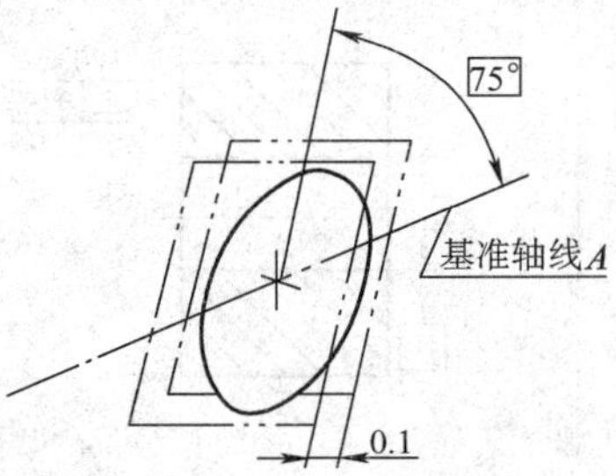 75°　基准轴线A　0.1

三、位置公差

位置公差限制实际被测要素相对于基准要素在位置上的变动。

1. 位置度公差

要求被测要素对一基准体系保持一定的位置关系。被测要素的理想位置是由基准和理论正确尺寸确定的。

2. 同轴（心）度公差

被测要素和基准要素均为轴线，要求被测要素的理想位置与基准同心或同轴。

3. 对称度公差

被测要素和基准要素为中心平面或轴线，要求被测要素理想位置与基准一致。

4. 线轮廓度公差（有基准）

理想轮廓线的形状、方向、位置由理论正确尺寸和基准确定，详见表 3—5 中有基准的线轮廓度公差。

5. 面轮廓度公差（有基准）

理想轮廓面的形状、方向、位置由理论正确尺寸和基准确定，详见表 3—5 中有基准的面轮廓度公差。

位置公差其余各项目的应用和解读见表 3—7。

表 3—7　　位置公差的应用和解读

公差	示例	识读	公差带	设计要求
同轴（心）度	轴线对轴线的同轴度 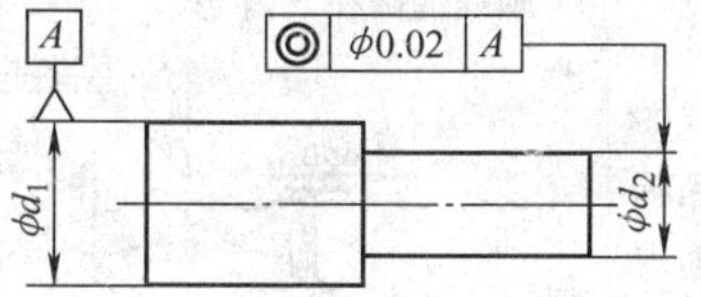 A　◎ ϕ0.02 A　ϕd_1　ϕd_2	ϕd_2 圆柱的轴线对基准轴线 A（ϕd_1 圆柱的轴线）的同轴度公差为 ϕ0.02 mm	直径为公差值 ϕ0.02 mm，且与基准轴线同轴的圆柱面内的区域	ϕd_2 圆柱的轴线必须位于直径为公差值 ϕ0.02 mm 且与基准轴线 A 同轴的圆柱面内 ϕ0.02　基准轴线A 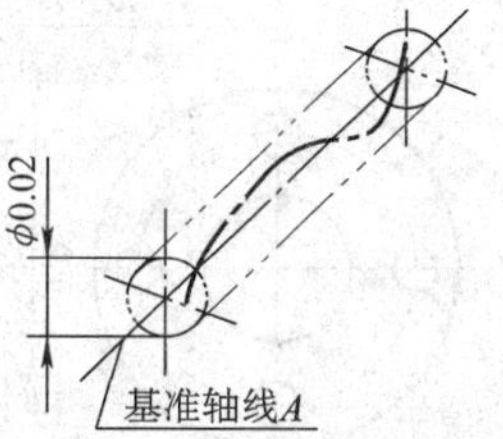
	圆心对圆心的同轴（心）度 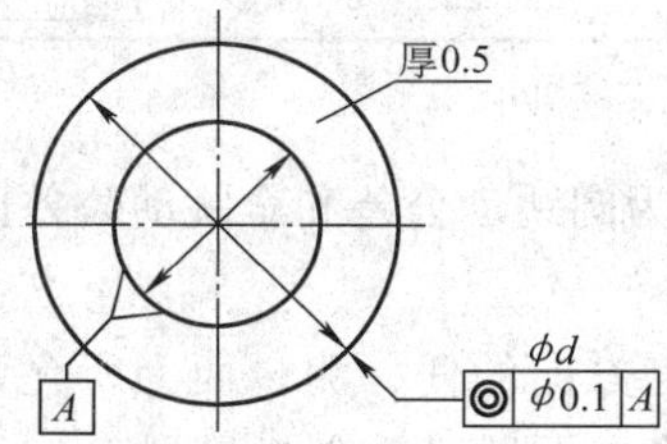 厚0.5　A　ϕd　◎ ϕ0.1 A	ϕd 圆心对基准圆心 A 的同心度公差为 ϕ0.1 mm	直径为公差值 ϕ0.1 mm，且与基准圆心 A 同心的圆内的区域	ϕd 圆的圆心必须位于直径为公差值 ϕ0.1 mm 且与基准圆心 A 同心的圆内 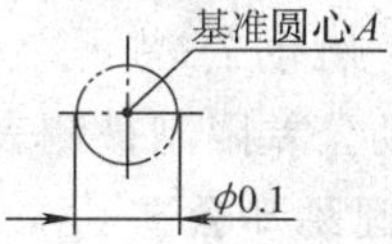 基准圆心A　ϕ0.1
对称度	中心平面对中心平面的对称度 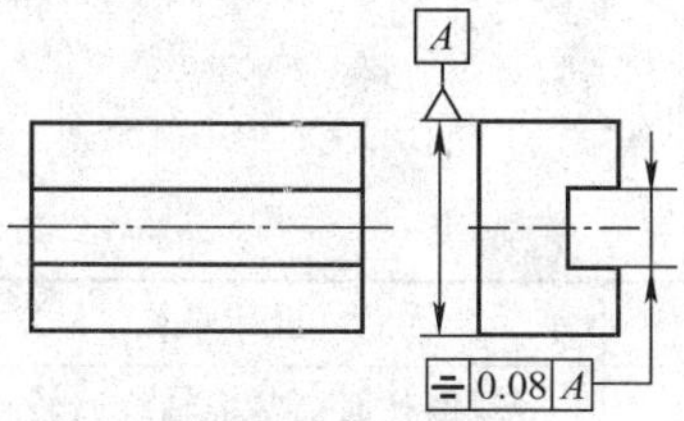 A　⌯ 0.08 A	槽的中心平面对上、下面的基准中心平面 A 的对称度公差为 0.08 mm	距离为公差值 0.08 mm，且相对基准中心平面 A 对称配置的两平行平面之间的区域	槽的中心平面必须位于距离为公差值 0.08 mm 且相对基准中心平面 A 对称配置的两平行平面之间 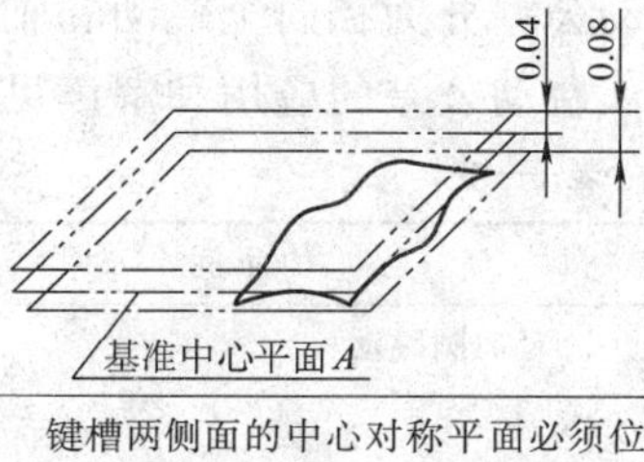 0.04　0.08　基准中心平面A
	中心平面对轴线的对称度 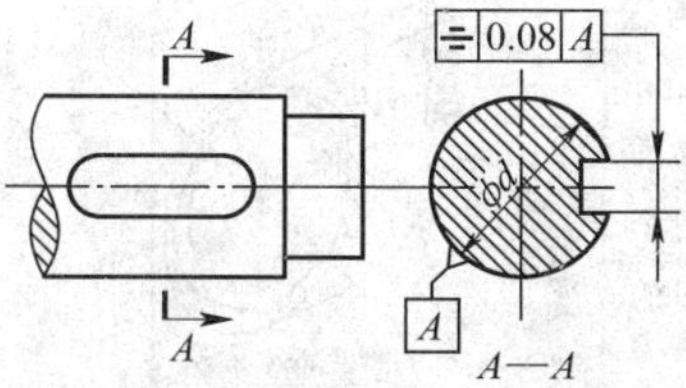 A　⌯ 0.08 A　ϕd　A　A—A	键槽两侧面的中心对称平面对 ϕd 外圆的轴线 A 的对称度公差为 0.08 mm	距离为公差值 0.08 mm，且相对基准轴线 A 对称配置的两平行平面之间的区域	键槽两侧面的中心对称平面必须位于距离为公差值 0.08 mm 且相对基准轴线 A 对称配置的两平行平面之间 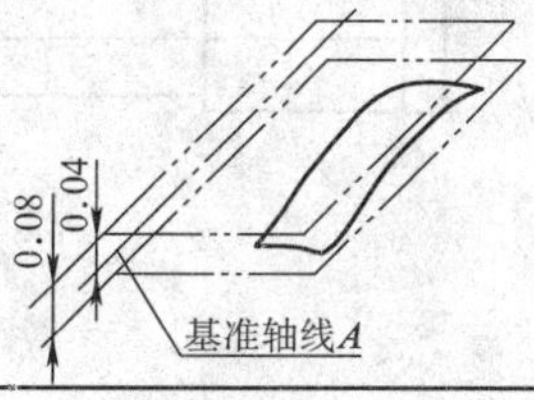 0.08　0.04　基准轴线A

续表

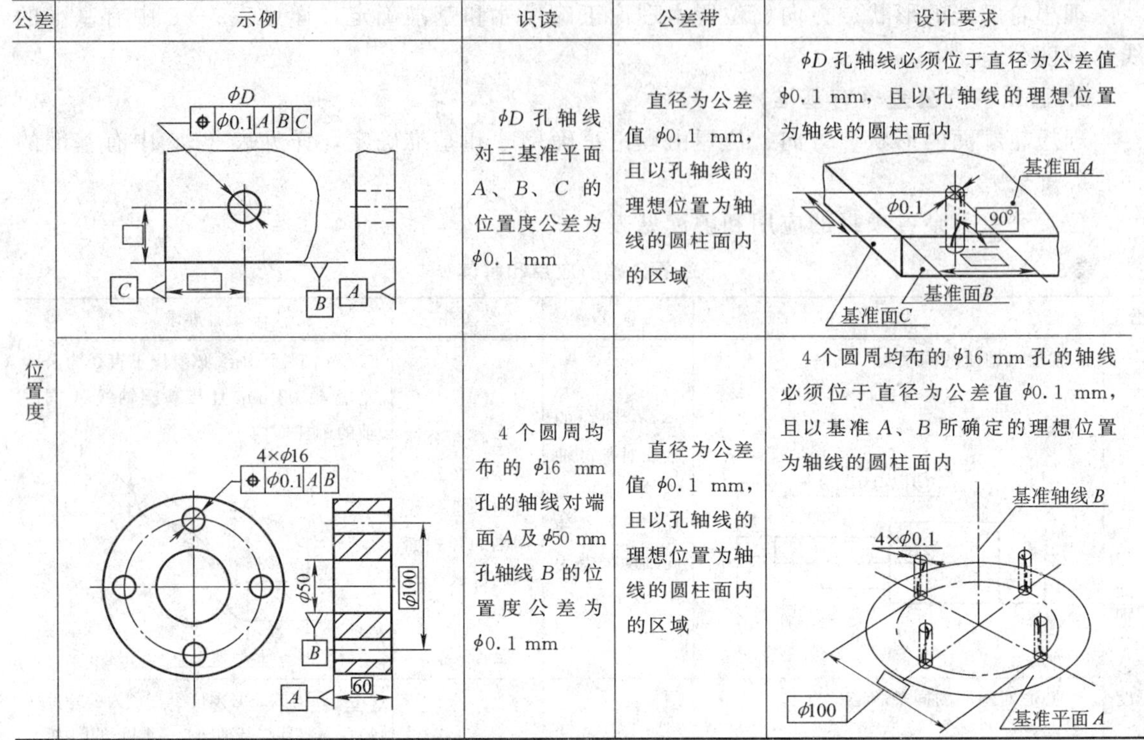

公差	示例	识读	公差带	设计要求
位置度		ϕD 孔轴线对三基准平面 A、B、C 的位置度公差为 ϕ0.1 mm	直径为公差值 ϕ0.1 mm，且以孔轴线的理想位置为轴线的圆柱面内的区域	ϕD 孔轴线必须位于直径为公差值 ϕ0.1 mm，且以孔轴线的理想位置为轴线的圆柱面内
		4 个圆周均布的 ϕ16 mm 孔的轴线对端面 A 及 ϕ50 mm 孔轴线 B 的位置度公差为 ϕ0.1 mm	直径为公差值 ϕ0.1 mm，且以孔轴线的理想位置为轴线的圆柱面内的区域	4 个圆周均布的 ϕ16 mm 孔的轴线必须位于直径为公差值 ϕ0.1 mm，且以基准 A、B 所确定的理想位置为轴线的圆柱面内

四、跳动公差

跳动公差限制被测表面对基准轴线的变动。跳动公差分为圆跳动公差和全跳动公差两种。

1. 圆跳动公差

圆跳动公差是被测表面绕基准轴线回转一周时，在给定方向的任一测量面上所允许的跳动量。圆跳动公差根据给定测量方向可分为径向圆跳动、轴向圆跳动和斜向圆跳动三种。

2. 全跳动公差

全跳动公差是被测表面绕基准轴线连续回转时，在给定方向上所允许的最大跳动量。全跳动公差分为径向全跳动和轴向全跳动两种。

跳动公差的应用和解读见表 3—8。

表 3—8　　跳动公差的应用和解读

公差	示例	识读	公差带	设计要求
圆跳动	径向圆跳动	ϕd_2 圆柱面对基准轴线 A 的径向圆跳动公差为 0.05 mm	在垂直于基准轴线 A 的任一测量平面内，半径差为公差值 0.05 mm 且圆心在基准轴线上的两个同心圆之间的区域	ϕd_2 圆柱面绕基准轴线回转一周时，在垂直于基准轴线的任一测量平面内的径向跳动量均不得大于公差值 0.05 mm

续表

公差	示例	识读	公差带	设计要求
圆跳动	轴向圆跳动 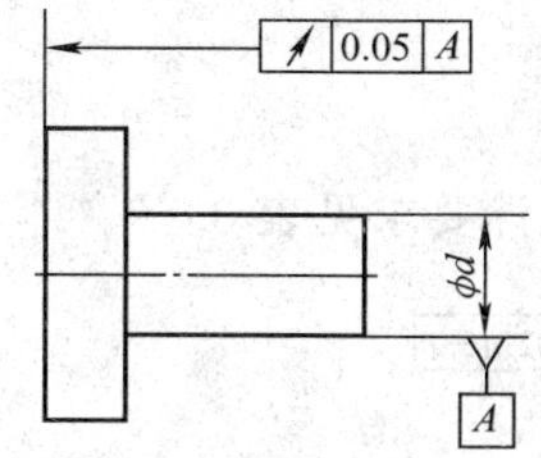	左端面对基准轴线 A 的轴向圆跳动公差为 0.05 mm	在与基准轴线 A 同轴的任一直径位置的测量圆柱面上，沿素线方向宽度为 0.05 mm 的圆柱面区域	左端面绕基准轴线回转一周时，在与基准轴线同轴的任一直径位置的测量圆柱面上的轴向跳动量均不得大于公差值 0.05 mm 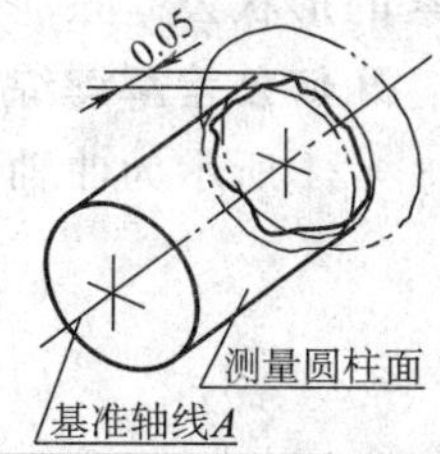
圆跳动	斜向圆跳动 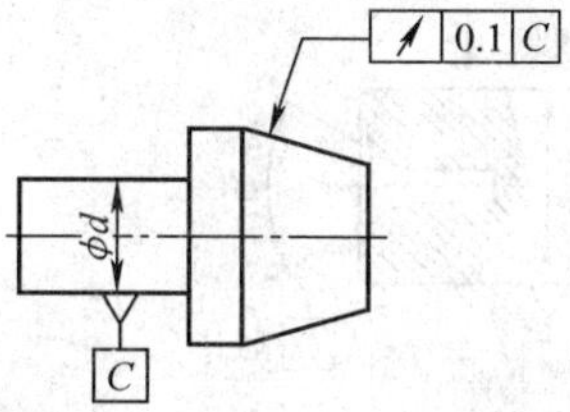	圆锥面对基准轴线 C 的斜向圆跳动公差为 0.1 mm	在与基准轴线 C 同轴的任一测量圆锥面上，沿素线方向宽度为 0.1 mm 的圆锥面区域（测量圆锥面的素线与被测圆锥面垂直）	圆锥面绕基准轴线回转一周时，在与基准轴线同轴的任一测量圆锥面（素线与被测面垂直）上的跳动量均不得大于公差值 0.1 mm 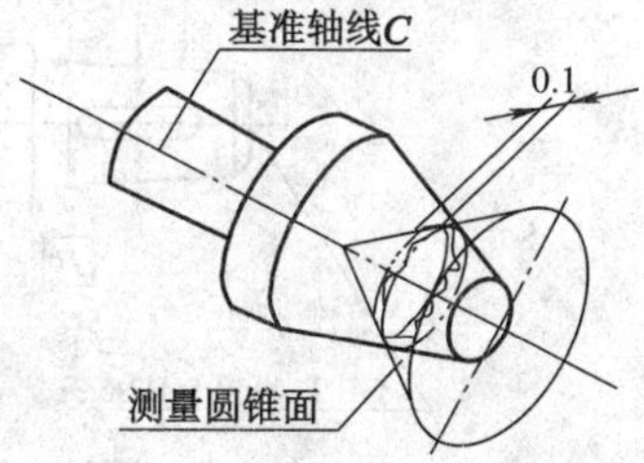
全跳动	径向全跳动 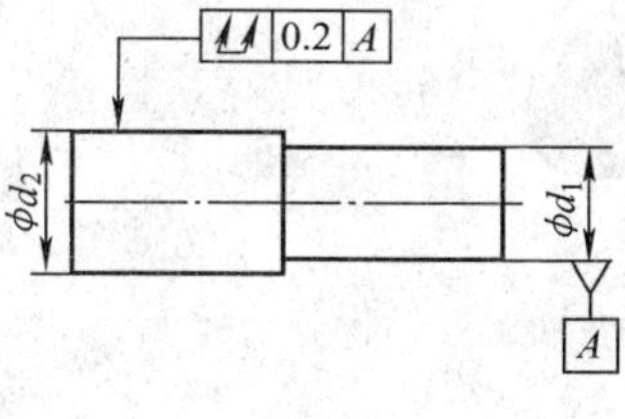	ϕd_2 圆柱面对基准轴线 A 的径向全跳动公差为 0.2 mm	半径差为公差值 0.2 mm，且与基准轴线 A 同轴的两个圆柱面之间的区域	ϕd_2 圆柱面绕基准轴线连续回转，同时指示器相对于圆柱面做轴向移动，在 ϕd_2 整个圆柱表面上的径向跳动量不得大于公差值 0.2 mm 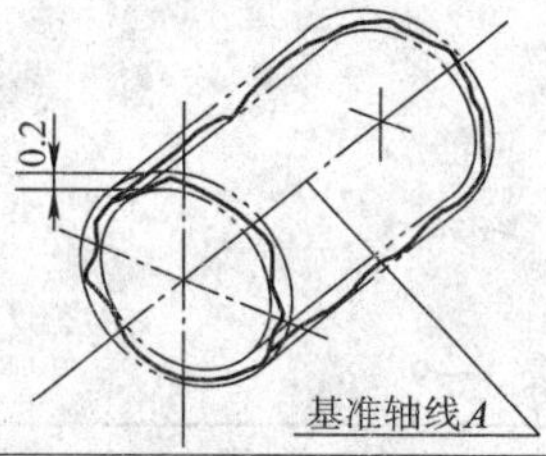
全跳动	轴向全跳动 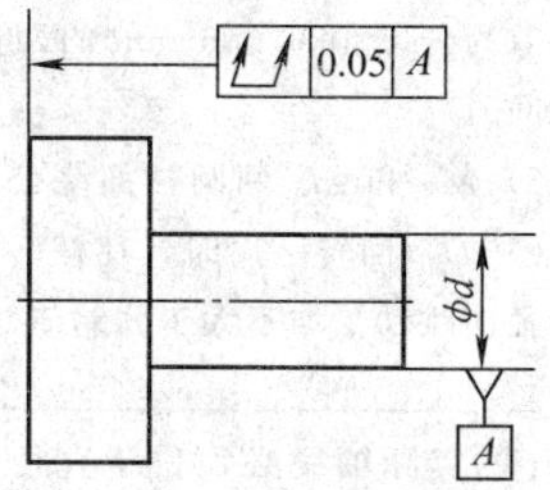	左端面对基准轴线 A 的轴向全跳动公差为 0.05 mm	距离为公差值 0.05 mm，且与基准轴线垂直的两平行平面之间的区域	左端面绕基准轴线 A 连续回转，同时指示器相对于端面做径向移动，在整个端面上的轴向跳动量不得大于公差值 0.05 mm 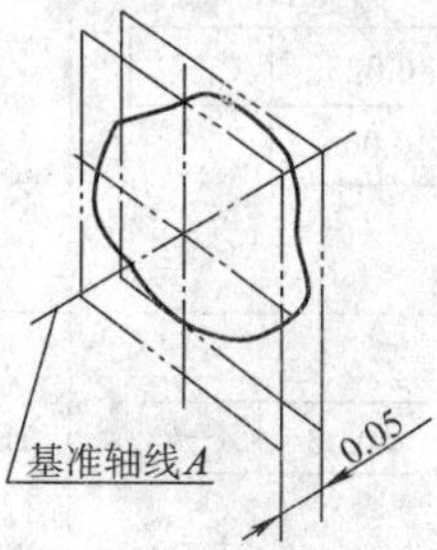

五、几何公差之间的关系

如果功能需要，可以规定一种或多种几何特征的公差以限定要素的几何误差，限定要素某种类型几何误差的几何公差，也能限制该要素其他类型的几何误差，如：

要素的位置公差可同时限制该要素的位置误差、方向误差和形状误差。

要素的方向公差可同时限制该要素的方向误差和形状误差。

要素的形状公差只能限制要素的形状误差。

六、几何公差解读综合举例

图 3—21 所示为曲轴，图中所标注的几何公差的识读和设计要求见表 3—9。

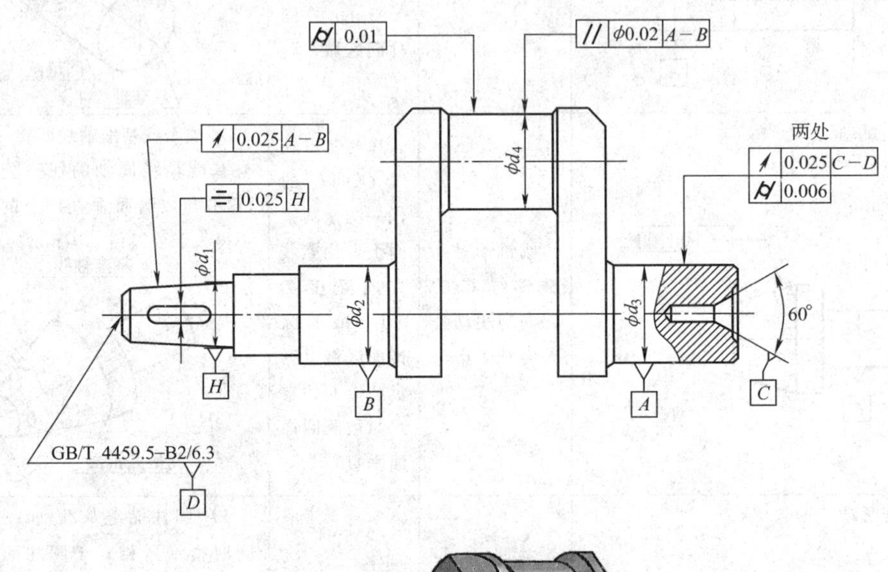

图 3—21　曲轴

表 3—9　　**曲轴几何公差的识读和设计要求**

代号	识读	设计要求
两处 圆跳动 0.025 C—D 圆柱度 0.006	曲轴的两个支承轴颈 ϕd_2 和 ϕd_3 圆柱面有两项要求： (1) ϕd_2 和 ϕd_3 两圆柱面的圆柱度公差为 0.006 mm (2) ϕd_2 和 ϕd_3 圆柱面对两端中心孔的公共轴线（$C-D$）的径向圆跳动公差为 0.025 mm	(1) ϕd_2 和 ϕd_3 的实际圆柱面必须位于半径差为公差值 0.006 mm 的两同轴圆柱面之间 (2) ϕd_2 和 ϕd_3 两圆柱面绕公共基准轴线（$C-D$）回转一周时，在任一测量平面内的径向跳动量均不大于公差值 0.025 mm
// ϕ0.02 A—B	ϕd_4 圆柱面的轴线对两支承轴颈 ϕd_2 圆柱面和 ϕd_3 圆柱面的公共轴线（$A-B$）的平行度公差为 ϕ0.02 mm	ϕd_4 的实际轴线必须位于直径为公差值 0.02 mm，且轴线平行于公共轴线（$A-B$）的圆柱面内

续表

代号	识读	设计要求
⌭ 0.01	ϕd_4 圆柱面的圆柱度公差为 0.01 mm	ϕd_4 实际圆柱面必须位于半径差为公差值 0.01 mm 的两同轴圆柱面之间
↗ 0.025 A—B	圆锥面对两支承轴颈 ϕd_2 和 ϕd_3 圆柱面的公共轴线（$A-B$）的斜向圆跳动公差为 0.025 mm	圆锥面绕公共基准轴线 $A-B$ 回转一周时，在垂直于圆锥面素线的任一测量圆锥面上的跳动量均不大于公差值 0.025 mm
⌯ 0.025 H	键槽的中心平面对圆锥面轴线的对称度公差为 0.025 mm	键槽的中心平面必须位于距离为公差值 0.025 mm 的两平行平面之间，且这两个平面对称配置在圆锥面基准轴线的两侧

§3—4 几何误差的检测

几何误差是被测实际要素对其理想要素的变动量。检测时根据测得的几何误差是否在几何公差的范围内，得出零件合格与否的结论。

为能正确检测几何误差，便于选择合理的检测方案，国家标准 GB/T 1958—2004《产品几何量技术规范（GPS）形状和位置公差　检测规定》中，规定了几何误差的五条检测原则及应用这五条原则的 108 种检测方法。检测几何误差时，根据被测对象的特点和客观条件，可以按照这五条原则，在 108 种检测方法中选择一种最合理的方法。也可根据实际生产条件，采用标准规定以外的检测方法和检测装置，但要保证能获得正确的检测结果。

一、形状误差的检测

1. 直线度误差的检测

直线度误差的测量仪器有刀口尺、水平仪、自准直仪等。刀口尺与被测要素直接接触，从漏光缝的大小判断直线度误差。自准直仪通过反光镜进行测量。

（1）用刀口尺测量

图 3—22 所示为用刀口尺测量表面轮廓线的直线度误差。将刀口尺的刃口与实际轮廓紧贴，实际轮廓线与刃口之间的最大间隙就是直线度误差，间隙值可由两种方法获得：

1）当直线度误差较大时，可用塞尺直接测出。

2）当直线度误差较小时，可通过与标准光隙比较的方法估读出误差值。

（2）用指示表测量

图 3—23 所示为用指示表测量圆柱轴线的直线度误差。测量时将工件安装在平行于平板的两顶尖之间，指示表的测量杆在测量面上垂直于被测圆柱面的轴线，沿铅垂轴截面的两条素线测量，同时记录两指示表在各测点的读数差（绝对值），取各测点读数差一半的最大值为该轴截面轴线的直线度误差。按上述方法测量若干个轴截面，取其中最大的误差值作为该圆柱轴线的直线度误差。

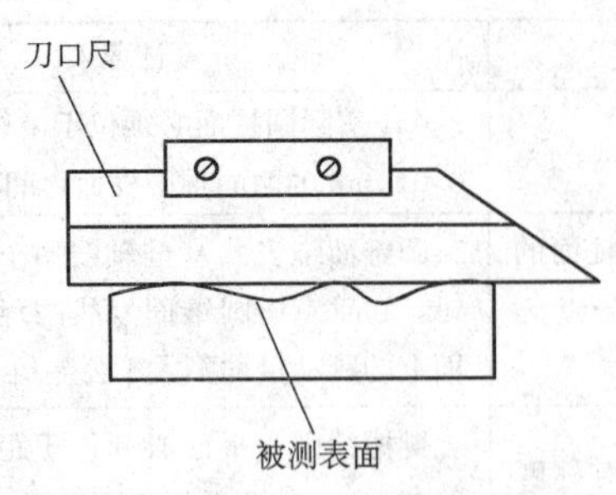

图 3—22　用刀口尺测量表面轮廓线的直线度误差

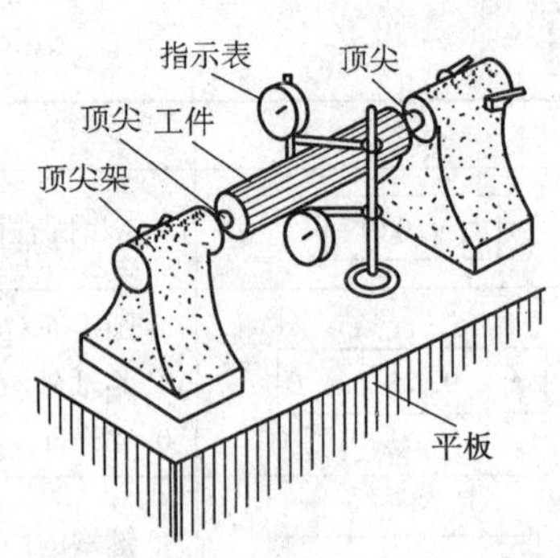

图 3—23　用指示表测量圆柱轴线的直线度误差

2. 平面度误差的检测

图 3—24 所示为用指示表测量平面度误差。测量时将工件支承在平板上，指示表的测量杆要与工件表面垂直，借助指示表调整被测平面对角线上的 a 与 b 两点，使之等高。再调整另一对角线上的 c 与 d 两点，使之等高。然后移动指示表测量平面上各点，指示表的最大与最小读数之差即为该平面的平面度误差。

3. 圆度误差的检测

检测外圆表面的圆度误差时，可用千分尺测出同一正截面的最大直径差，此差值的一半即为该截面的圆度误差。测量若干个正截面，取其中最大的误差值作为该外圆表面的圆度误差。

圆柱孔的圆度误差可用内径百分表检测，其测量方法与上述相同。

图 3—25 所示为用指示表测量圆锥面的圆度误差。测量时应使圆锥面的轴线垂直于测量截面，即指示表的测量杆与被测圆锥面的轴线垂直，同时固定轴向位置。在工件回转一周过程中，指示表读数的最大差值的一半即为该截面的圆度误差。按上述方法测量若干个截面，取其中最大的误差值作为该圆锥面的圆度误差。

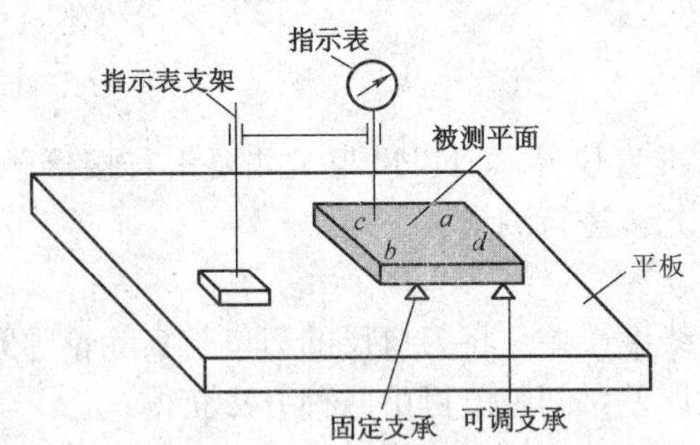

图 3—24　用指示表测量平面度误差

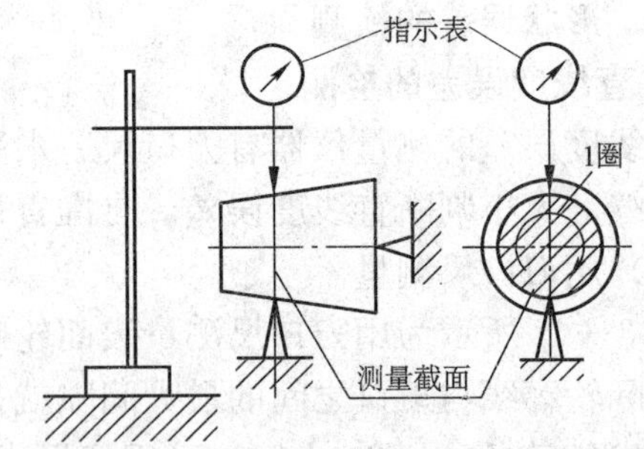

图 3—25　用指示表测量圆锥面的圆度误差

4. 圆柱度误差的检测

图 3—26 所示为用指示表测量某工件圆柱表面的圆柱度误差。测量时，将工件放在平板上的 V 形架内（V 形架的长度大于被测圆柱面长度）。指示表的测量杆要与被测圆柱面的轴线垂直，在工件回转一周过程中，测出一个正截面上的最大与最小读数。按上述方法，连续测量若干正截面，取各截面内所测得的所有读数中最大与最小读数的差值的一半，作为该圆柱面的圆柱度误差。为准确测量，通常使用夹角为 90°和 120°的两个 V 形架分别测量。

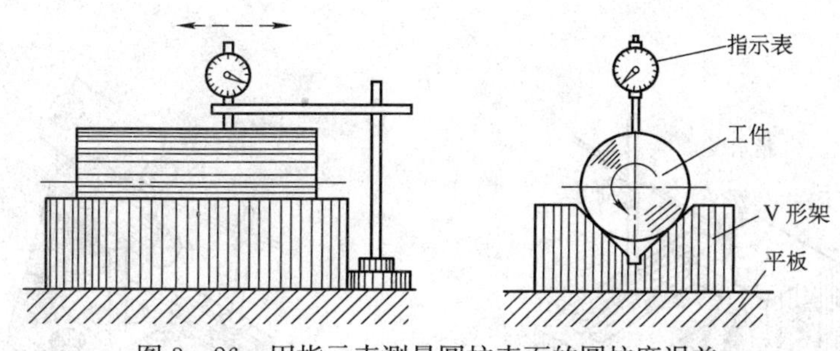

图 3—26　用指示表测量圆柱表面的圆柱度误差

二、方向、位置、跳动误差的检测

在方向、位置、跳动误差的检测中，被测实际要素的方向或（和）位置是根据基准来确定的，而理想基准要素是不存在的，在实际测量中，通常用模拟法来体现基准，即用有足够精确形状的表面来体现基准平面、基准轴线、基准中心平面等。

图 3—27a 表示用检验平板来体现基准平面。

图 3—27b 表示用可胀式或与孔无间隙配合的圆柱心轴来体现孔的基准轴线。

图 3—27c 表示用 V 形架来体现圆柱基准轴线。

图 3—27d 表示用与实际轮廓成无间隙配合的平行平面定位块的中心平面来体现基准中心平面。

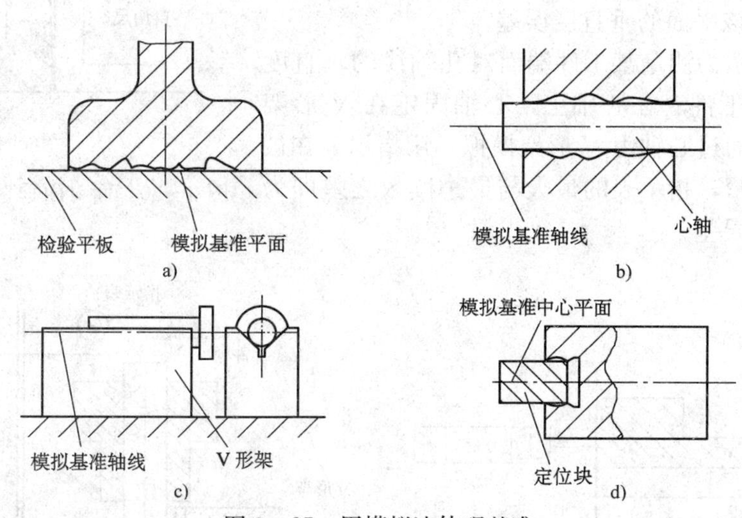

图 3—27　用模拟法体现基准

1. 平行度误差的检测

图 3—28 所示为用指示表测量面对面的平行度误差。测量时将工件放置在平板上，用指示表测量被测平面上各点（指示表的测量杆与被测工件表面垂直），指示表的最大与最小读数之差即为该工件的平行度误差。

图 3—29 所示为测量某工件孔轴线对底平面的平行度误差。测量时将工件直接放置在平板上，被测孔轴线由心轴模拟，指示表测量杆与心轴轴线垂直。在测量距离为 L_2 的两个位置上测得的读数分别为 M_1 和 M_2，则平行度误差为$\frac{L_1}{L_2}|M_1-M_2|$，其中 L_1 为被测孔轴线的长度。

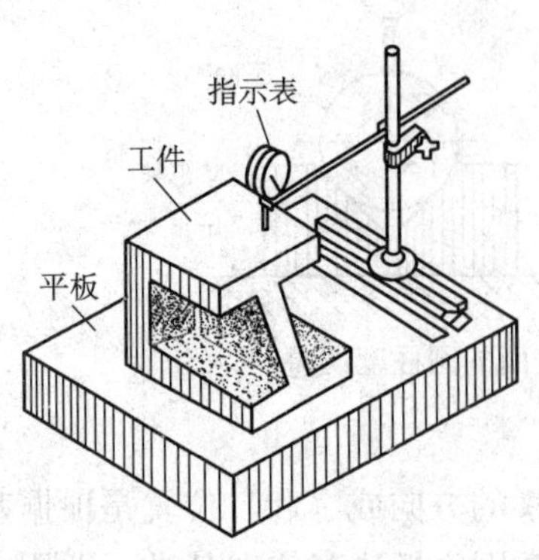

图 3—28 面对面平行度误差的检测

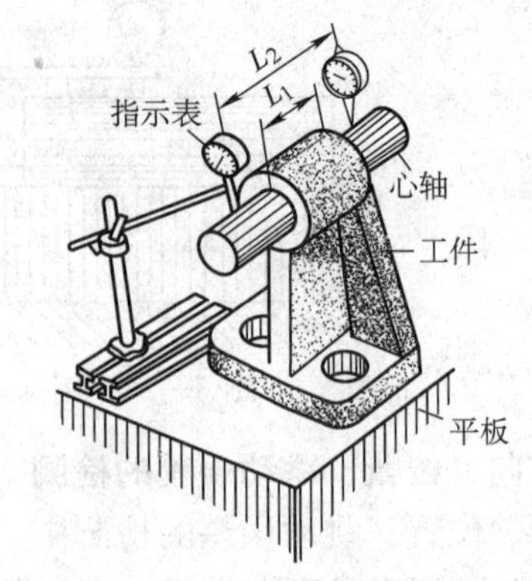

图 3—29 线对面平行度误差的检测

2. 垂直度误差的检测

图 3—30 所示为用精密直角尺检测面对面的垂直度误差。检测时将工件放置在平板上，精密直角尺的短边置于平板上，长边靠在被测平面上，用塞尺测量直角尺长边与被测平面之间的最大间隙 f。移动直角尺，在不同位置上重复上述测量，取测得 f 的最大值 $f_{\max}$ 作为该平面的垂直度误差。

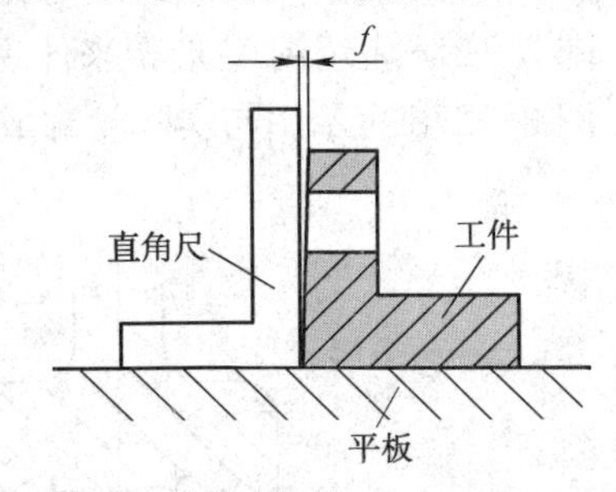

图 3—30 面对面垂直度误差的检测

图 3—31 所示为测量某工件端面对孔轴线的垂直度误差。测量时将工件套在心轴上，心轴固定在 V 形架内，基准孔轴线通过心轴由 V 形架模拟。用指示表在被测端面各点上测量，指示表的最大与最小读数之差即为该端面的垂直度误差。

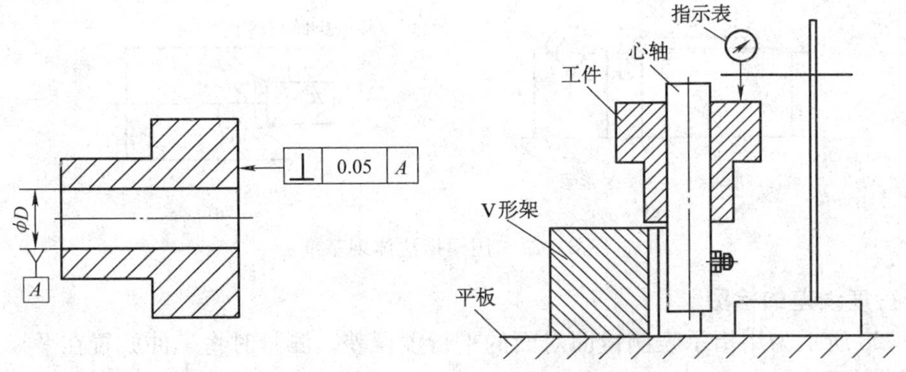

图 3—31 面对线垂直度误差的检测

3. 同轴度误差的检测

图 3—32 所示为测量某台阶轴 ϕd 轴线对两端 ϕd_1 轴线组成的公共轴线的同轴度误差。测量时将工件放置在两个等高 V 形架上，沿铅垂轴截面的两条素线测量，同时记录两指示表在各测点的读数差（绝对值），取各测点读数差的最大值为该轴截面轴线的同轴度误差。转动工件，按上述方法测量若干个轴截面，取其中最大的误差值作为该工件的同轴度误差。

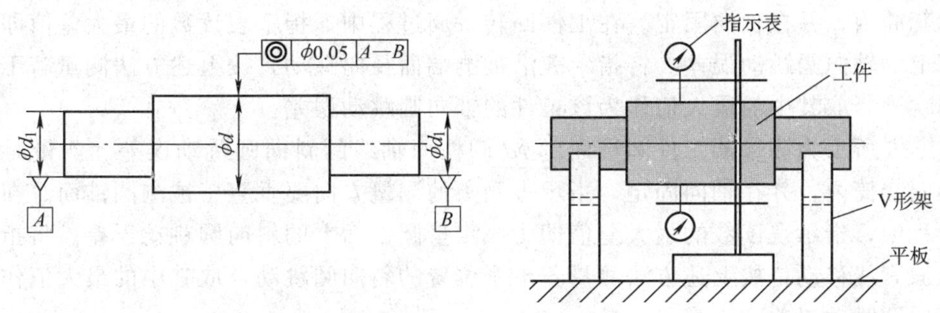

图 3—32　同轴度误差的检测

4. 对称度误差的检测

图 3—33 所示为测量某轴上键槽中心平面对 ϕd 轴线的对称度误差。基准轴线由 V 形架模拟，键槽中心平面由定位块模拟。测量时调整工件，使定位块沿径向与平板平行并用指示表读数，然后将工件旋转 180°后重复上述测量，取两次读数的差值作为该测量截面的对称度误差。按上述方法测量若干个轴截面，取其中最大的误差值作为该工件的对称度误差。

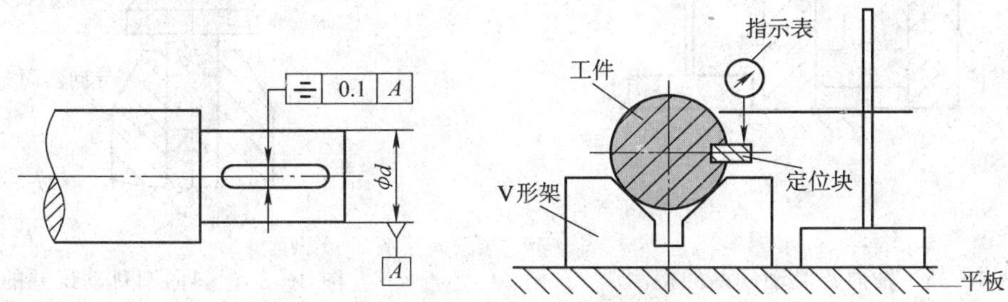

图 3—33　对称度误差的检测

5. 圆跳动误差的检测

图 3—34 所示为测量某台阶轴 ϕd 圆柱面对两端中心孔轴线组成的公共轴线的径向圆跳动误差。测量时工件安装在两同轴顶尖之间，在工件回转一周过程中，指示表读数的最大差值即该测量截面的径向圆跳动误差。按上述方法测量若干正截面，取各截面测得的跳动量的最大值作为该工件的径向圆跳动误差。

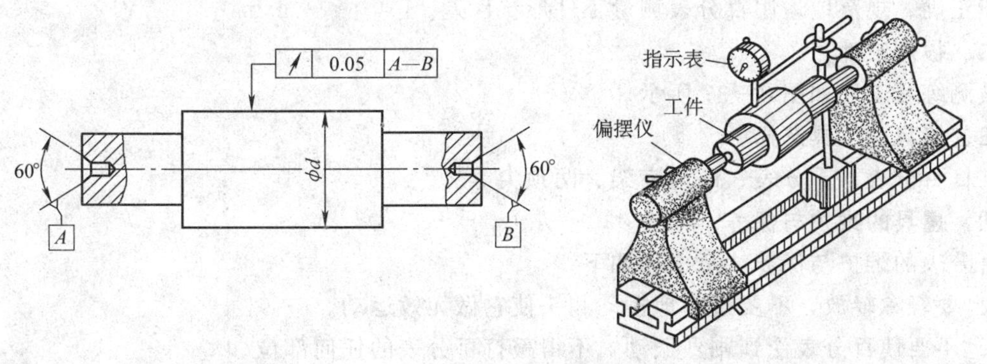

图 3—34　径向圆跳动误差的检测

图 3—35 所示为测量某工件端面对 ϕd 圆柱面轴线的轴向圆跳动误差。测量时将工件支承在导向套筒内，并在轴向固定。在工件回转一周过程中，指示表读数的最大差值即为该测量圆柱面上的轴向圆跳动误差。将指示表沿被测端面径向移动，按上述方法测量若干个位置的轴向圆跳动，取其中的最大值作为该工件的轴向圆跳动误差。

图 3—36 所示为测量某工件圆锥面对 ϕd 圆柱面轴线的斜向圆跳动误差。测量时将工件支承在导向套筒内，并在轴向固定。指示表测头的测量方向要垂直于被测圆锥面。在工件回转一周过程中，指示表读数的最大差值即为该测量圆锥面上的斜向圆跳动误差。将指示表沿被测圆锥面素线移动，按上述方法测量若干个位置的斜向圆跳动，取其中的最大值作为该圆锥面的斜向圆跳动误差。

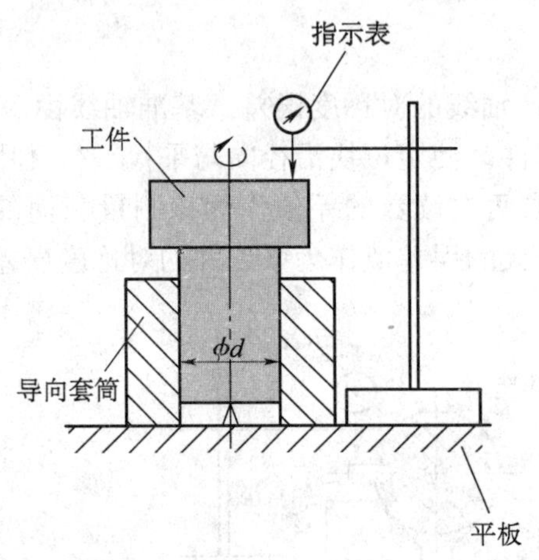

图 3—35 轴向圆跳动误差的检测

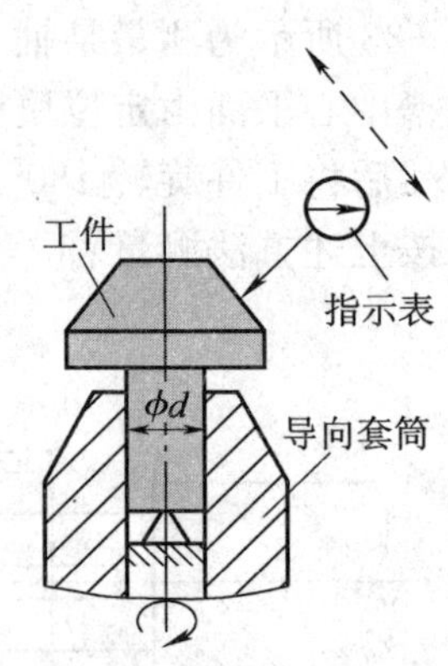

图 3—36 斜向圆跳动误差的检测

阶段性实习训练四 典型工件的形状误差测量

一、实训目的

能正确、规范地运用百分表测量工件形状误差。

二、被测工件

被测练习工件如图 3—37 所示。

三、量具、工具选择

杠杆百分表、千分表、磁力表架、两顶尖等。

四、量具的维护与保养

百分表的维护与保养注意事项如下。

1. 要轻拿轻放，不要过多地拨动测头使它做无效运动。
2. 不要使百分表受到剧烈振动，不得敲打百分表的任何部位。
3. 不要拆卸百分表的后盖。

4. 不使用时，应将测量杆放松，使百分表处于自由状态。
5. 百分表应放置在干燥、无磁场、无腐蚀性气体的地方保存。
6. 百分表要严格实行周期检查。

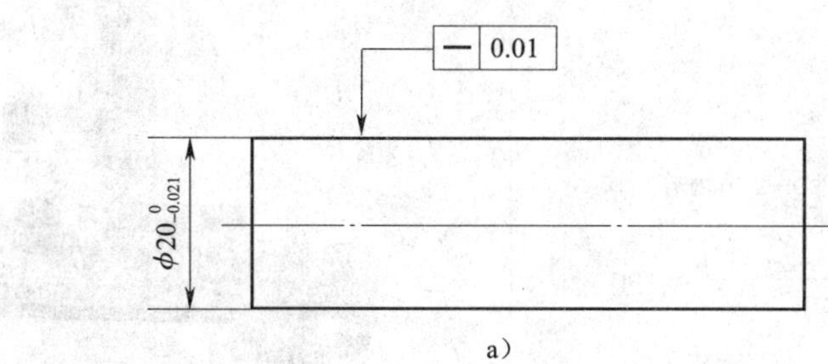

a）

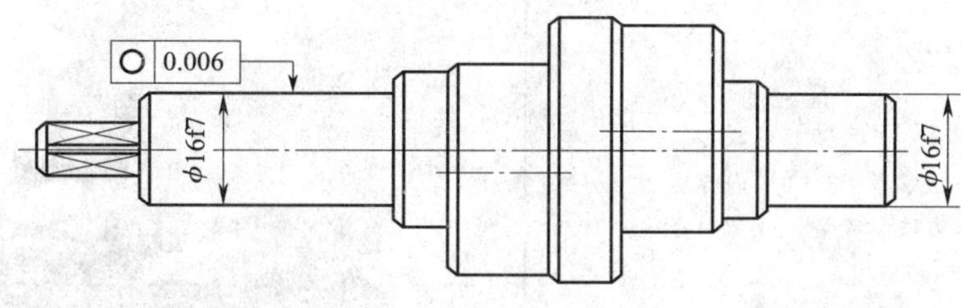

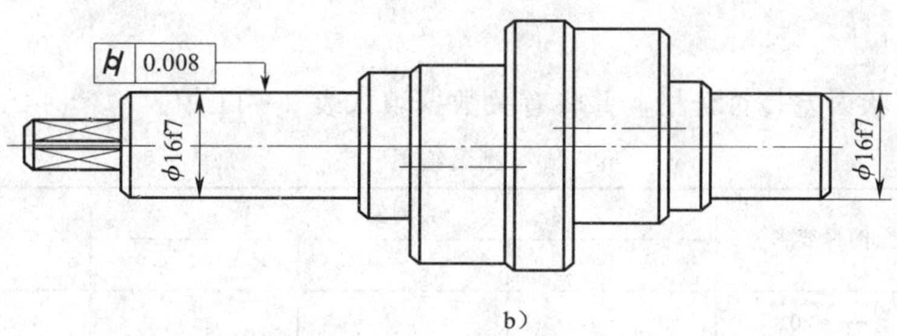

b）

图 3—37　被测练习工件

五、测量方法与步骤

测量方法与步骤见表 3—10。

表 3—10　**测量方法与步骤**

测量方法与步骤	图示
检查百分表：前盖要透明，没有破裂和脱落，后盖密封好；测量杆处于自由状态时，指针应位于从“0”开始逆时针方向 30°至 90°之间；拨动测量杆，测量杆应移动平稳、灵活；拨动测量杆几次，指针应回到原位；检查测量杆的行程应在正常范围内 百分表调“0”：使指针保持不动，转动表盘使其上的“0”线与指针重合	

续表

测量方法与步骤	图示
测量直线度（具体方法参考§3—4节内容）	
安置千分表 测量圆度（具体方法参考§3—4节内容） 测量圆柱度（具体方法参考§3—4节内容）	

六、完成测量

判断工件形状误差是否合格，并将有关数据填入表3—11中。

表3—11　　测量结果

测量项目	图样要求	实测值			结果值	结论
		1	2	3		
直线度	— 0.01					
圆度	○ 0.006					
圆柱度	⌭ 0.008					

阶段性实习训练五　典型工件的方向误差、位置误差和跳动误差测量

一、实训目的

能正确、规范地测量工件方向、位置和跳动误差。

二、被测工件

被测练习工件如图3—38所示。

三、量具、工具选择

百分表、平板、表架、精密直角尺、塞尺等。

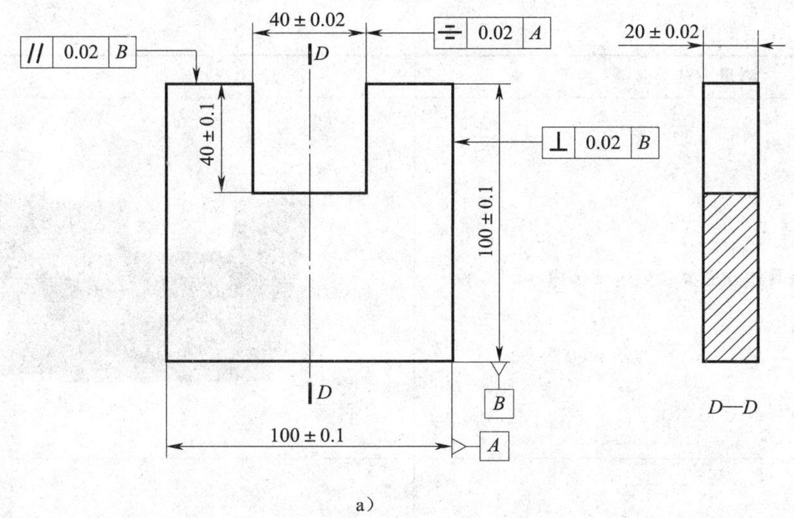

a）

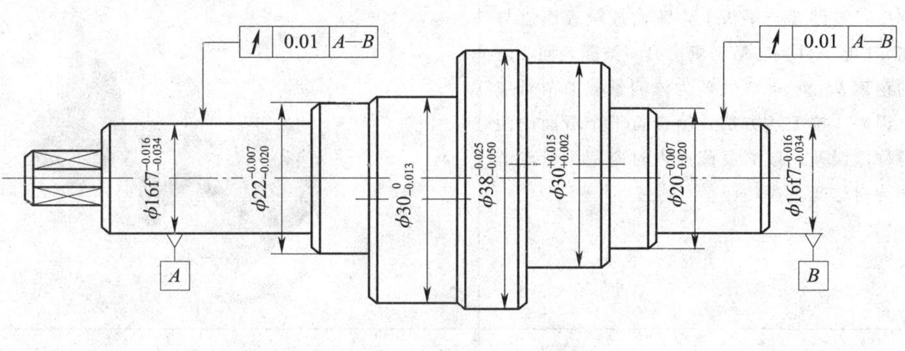

b）

图 3—38　被测练习工件

四、测量方法与步骤

测量方法与步骤见表 3—12。

表 3—12　　测量方法与步骤

测量方法与步骤	图示
检测平行度（具体方法参考§3—4 节内容）	

测量方法与步骤	图示
检测垂直度（具体方法参考§3—4节内容）	
检测对称度：零件置于平板上，测出被测表面1与平板的距离a，将工件翻转后，测出另一被测表面2与平板之间的距离b，则a、b之差为该测量截面两对应点的对称度误差。按上述方法，测量若干个截面内两对应点的对称度误差。取测量截面内对应两测量点的最大差值作为对称度误差	
检测径向圆跳动（具体方法参考§3—4节内容）	

五、完成测量

将有关数据填入表3—13中。

表 3—13 测量结果

测量项目	图样要求	实测值			结果值	结论
		1	2	3		
平行度	// 0.02 B					
垂直度	⊥ 0.02 B					
对称度	≡ 0.02 A					
径向圆跳动	↗ 0.01 A−B					
	↗ 0.01 A−B					

习题

1. 什么是被测要素？什么是基准要素？

2. 什么是组成要素？什么是导出要素？

3. 几何公差有哪些项目？它们的符号是什么？

4. 什么是几何公差带？几何公差带由哪几个要素确定？

5. 画图说明几何公差代号和基准代号的组成。

6. 将下列要求标注在习题图 3—1 所示的图样上。

(1) 对称度公差：120° V 形槽的中心平面对距离 $60_{-0.03}^{0}$ mm 的两平面的中心平面的对称度公差为 0.04 mm。

(2) 平面度公差：两处 b 表面的平面度公差为 0.01 mm。

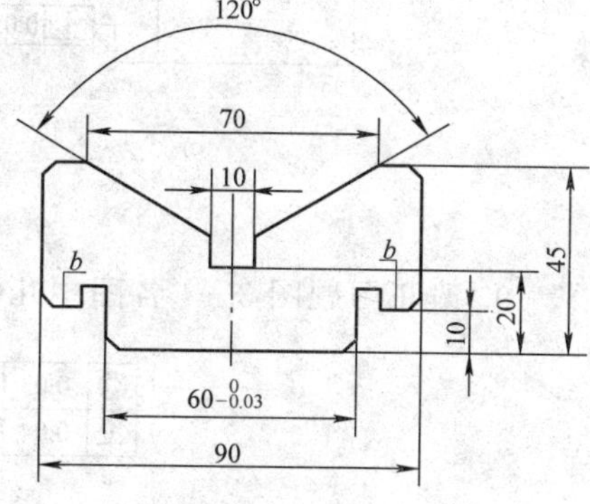

习题图 3—1

7. 将下列各项几何公差要求标注在习题图 3—2 所示的图样上。

(1) 左端面的平面度公差为 0.01 mm。

(2) 右端面对左端面的平行度公差为 0.02 mm。

(3) ϕ70 mm 孔的轴线对左端面的垂直度公差为 ϕ0.02 mm。

(4) ϕ210 mm 圆柱面的轴线对 ϕ70 mm 孔的轴线的同轴度公差为 ϕ0.03 mm。

(5) 4×ϕ20H8 孔的轴线对左端面（第一基准）及 ϕ70 mm 孔的轴线的位置度公差为 ϕ0.15 mm。

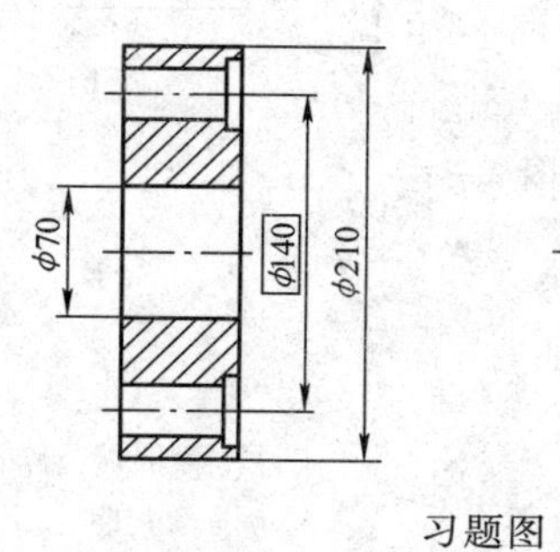

习题图 3—2

8. 说明习题图 3—3 中所标注的几何公差要求。

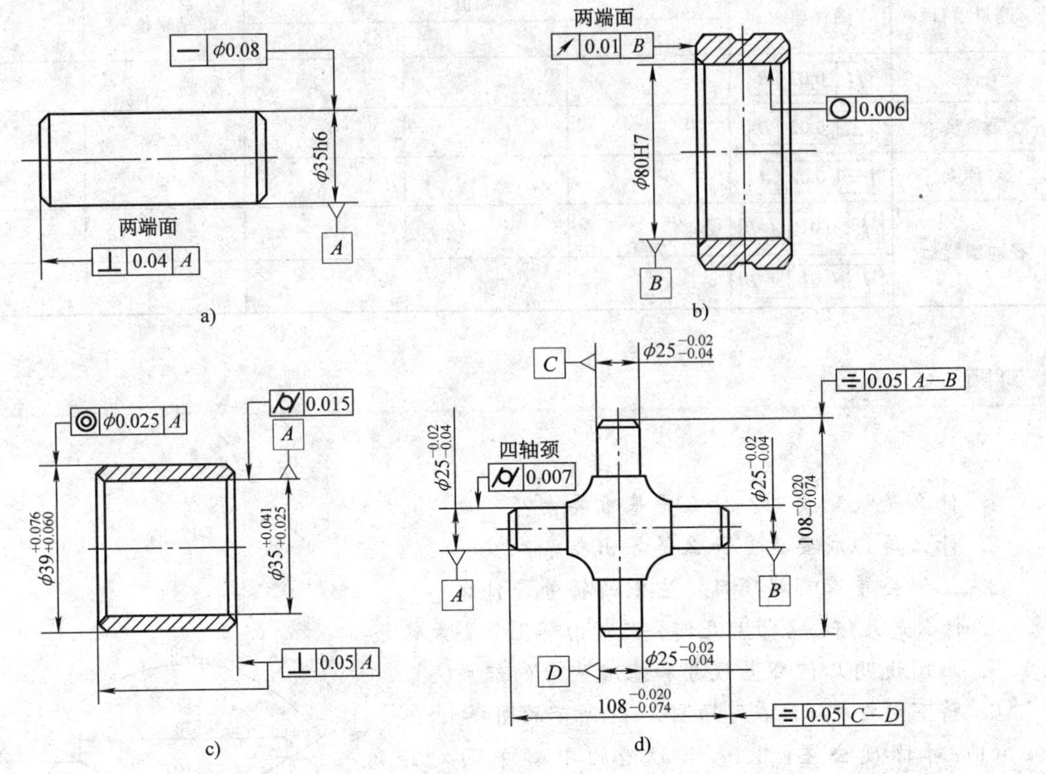

习题图 3—3

9. 改正习题图 3—4 各图中几何公差标注上的错误（不得改变几何公差项目）。

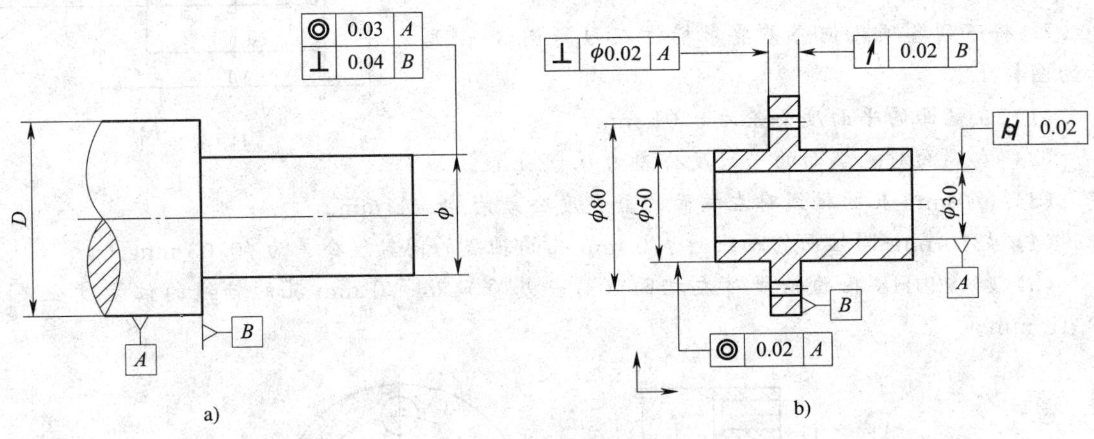

习题图 3—4

第四章 表面结构要求

1. 理解表面结构要求的概念，了解表面结构要求对零件使用性能的影响。

2. 了解评定表面结构要求的各参数的含义。

3. 理解并掌握表面结构符号、代号所表示的含义，并能识读图样中表面结构代号的意义。

4. 了解表面结构要求的选用原则和检测方法。

5. 了解表面粗糙度的评定标准及基本检测方法。

6. 掌握表面结构代号的标注方法。

7. 能用标准粗糙度样块检测零件的表面粗糙度数值。

§4—1 表面结构要求的基本术语和评定参数

表面结构要求包括零件表面的表面结构参数、加工工艺、表面纹理及方向、加工余量、传输带、取样长度等。

一、表面结构要求的概念

经过机械加工后的零件表面会留有许多高低不平的凸峰和凹谷，如图 4—1 所示。表面质量与加工方法、刀刃形状和切削用量等各种因素都有密切关系。它对零件摩擦、磨损、配合性质、疲劳强度、接触刚度等都有显著影响。

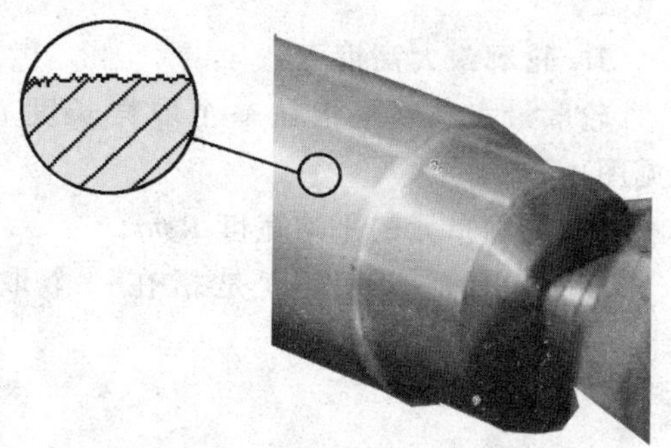

图 4—1　经过机械加工后的零件表面

1. 对摩擦、磨损的影响

当两个表面做相对运动时，一般情况下表面越粗糙，其摩擦因数、摩擦阻力越大，磨损也越快。

2. 对配合性质的影响

对间隙配合，粗糙表面会因峰尖很快磨损而使间隙很快增大；对过盈配合，粗糙表面的峰顶被挤平，使实际过盈减小，影响连接强度。

3. 对疲劳强度的影响

表面越粗糙，微观不平的凹痕就越深，在交变应力的作用下易产生应力集中，使表面出现疲劳裂纹，从而降低零件的疲劳强度。

4. 对接触刚度的影响

表面越粗糙，表面间的实际接触面积就越小，单位面积受力就越大，使峰顶处的局部塑性变形增大，接触刚度降低，从而影响机器的工作精度和抗振性能。

此外，表面质量还影响零件表面的抗腐蚀性及结合表面的密封性和润滑性能等。

总之，表面质量直接影响零件的使用性能和寿命。因此，应对零件的表面质量加以合理规定。

二、表面结构要求的评定参数

表面结构要求的评定参数有 *R* 参数（表面粗糙度参数）、*W* 参数（波纹度参数）、*P* 参数（原始轮廓参数）。本书仅介绍 *R* 参数（表面粗糙度参数）的两个高度参数 *Ra* 和 *Rz*。

1. 算术平均偏差 *Ra*

算术平均偏差是指在一个取样长度 *lr* 内轮廓上各点至轮廓中线距离的算术平均值，如图 4—2 所示。其表达式为

$$Ra = \frac{1}{n}(Y_1 + Y_2 + \cdots + Y_n)$$

式中，Y_1、Y_2、…、Y_n 分别为轮廓上各点至轮廓中线的距离。

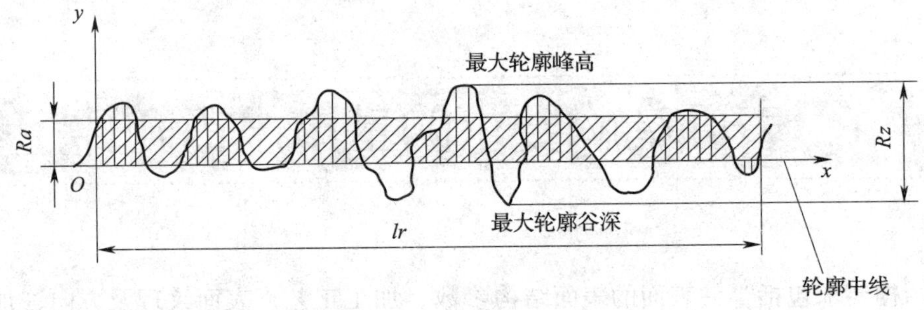

图 4—2　算术平均偏差 *Ra* 和轮廓最大高度 *Rz*

2. 轮廓最大高度 *Rz*

轮廓最大高度是指在一个取样长度 *lr* 内，最大轮廓峰高与最大轮廓谷深之和的高度（见图 4—2）。

3. 轮廓单元的平均宽度 *Rsm*

轮廓单元的平均宽度是指在一个取样长度 *lr* 内，轮廓单元宽度 *Xs* 的平均值，如图 4—3 所示。

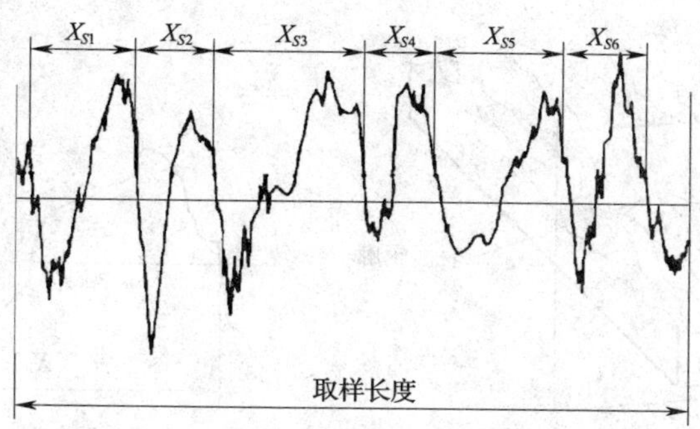

图 4—3　轮廓单元的平均宽度 *Rsm*

表面结构评定的相关术语

1. 取样长度（*lr*）

取样长度是指用于判别具有表面粗糙度特征的一段基准线长度。标准规定取样长度按表面粗糙程度选取相应的数值，在取样长度范围内，一般应有不少于 5 个以上的轮廓峰和轮廓谷。

2. 评定长度（*ln*）

评定长度是指在评定表面粗糙度时所必需的一段长度，它可以包括一个或几个取样长度。一般情况下，按标准推荐取 $ln=5lr$。若被测表面均匀性好，可选用小于 $5lr$ 的评定长度；反之，应选用大于 $5lr$ 的评定长度。

3. 极限值判断规则

完工零件的表面按检验规范测得轮廓参数值后，需与图上给定的极限值比较，以判断其是否合格。极限值判断规则有两种：

（1）16％规则

运用本规则时，当被检表面测得的全部参数值中超过极限值的个数不多于总个数的 16％时，该表面是合格的。

（2）最大规则

运用本规则时，被检的整个表面上测得的参数值一个也不应超过给定的极限值。

16％规则是所有表面结构要求标注的默认规则，即当参数代号后未注定“max”字样时，均默认为应用 16％规则。否则，则为应用最大规则。

4. 表面轮廓

表面轮廓是指平面与实际表面相交所得的轮廓，如图 4—4a 所示。

从图中可知，该平面与实际表面垂直，与刀痕方向也垂直。其轮廓是一个含有不同波长的轮廓曲线。

5. 轮廓单元（X_S）

轮廓单元指轮廓峰和相邻轮廓谷的组合，如图 4—4b 所示。

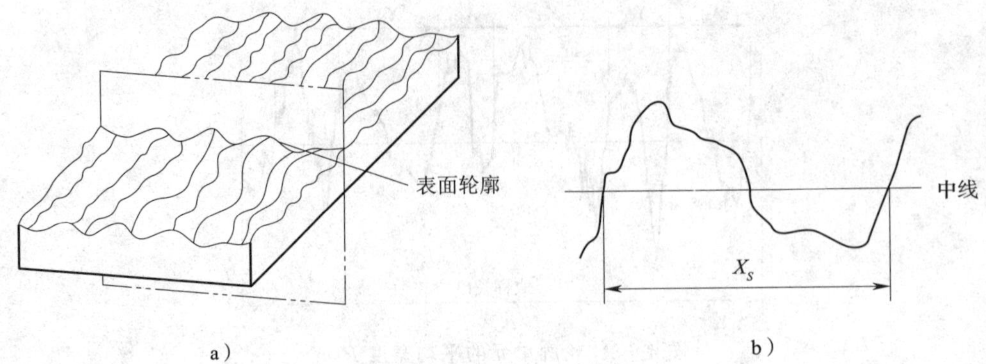

图 4—4　表面轮廓和轮廓单元

a）表面轮廓　b）轮廓单元

6. λs 轮廓滤波器（短波滤波器）

它是滤掉比表面粗糙度波长更短的波的滤波器。即确定表面粗糙度与比它更短的波的成分之间相交界限的滤波器。

7. λc 轮廓滤波器（长波滤波器）

它是确定表面粗糙度与波纹度成分之间相交界限的滤波器。

8. 传输带

传输带是指两个滤波器的截止波长之间的波长范围。

§4—2　表面结构要求的标注

一、表面结构的符号及代号

1. 表面结构符号

表面结构符号的含义见表 4—1。

表 4—1　　　　表面结构符号的含义

符号	说明
	基本图形符号：仅用于简化代号标注，没有补充说明时不能单独使用
	扩展图形符号：表示用去除材料方法获得的表面，如通过机械加工获得的表面
	扩展图形符号：表示不去除材料的表面，如铸、锻、冲压成形、热轧、冷轧、粉末冶金等；也用于保持上道工序形成的表面，不管这种状况是通过去除材料或不去除材料形成的
	完整图形符号：当要求标注表面结构特征的补充信息时，应在原符号上加一横线

2. 表面结构代号

国家标准中，表面结构代号中各参数注写位置如图 4—5 所示。

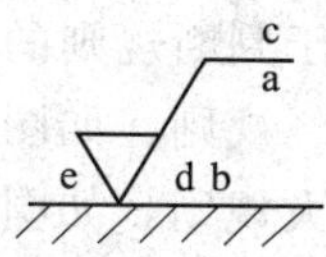

图 4—5　表面结构代号

(1) 表面结构要求在完整图形符号上的标注位置

在完整图形符号周围的各个指定位置上分别标注下列技术要求：

1) 位置 a。注写表面结构的单一要求。标注表面结构参数代号、极限值和传输带或取样长度。为了避免误解，在参数代号和极限值间应插入空格。传输带或取样长度后应有一斜线“/”，之后是表面结构参数代号，最后是数值。

2) 位置 b。当需要注写两个表面结构要求时，在此处标注。若需要注写第三个或更多个表面结构要求，图形符号应在垂直方向扩大，以空出足够的空间。扩大图形符号时，a 和 b 的位置随之上移。

3) 位置 c。标注加工方法、表面处理、涂层或其他加工工艺要求，如车、磨、镀等加工表面。

4) 位置 d。标注表面纹理和方向。

5) 位置 e。标注加工余量（以 mm 为单位）。

(2) 表面结构要求极限值的标注

按 GB/T 131—2006 的规定，在完整图形符号上标注幅度参数极限值，其给定数值分为下列两种情况：

1) 标注极限值中的一个数值且默认为上限值

在完整的图形符号上，幅度参数的符号及极限值应一起标注。当只单向标注一个数值时，则默认为它是幅度参数的上限值。标注图例如图 4—6 所示（默认传输带，默认评定长度$ln=5lr$，极限值判断规则默认为 16%）。

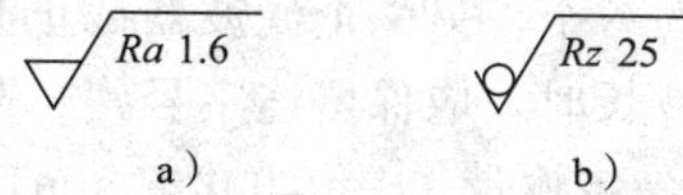

图 4—6　幅度参数值默认为上限值的标注

a) 去除材料　b) 不去除材料

2) 同时标注上、下限值

需要在完整图形符号上同时标注幅度参数上、下限值时，应分成两行标注幅度参数符号和上、下限值。上限值标注在上方，并在传输带的前面加注符号 U。下限值标注在下方，并在传输带的前面加注符号 L。当传输带采用默认的标准化值而省略标注时，则在上方和下方幅度参数符号的前面加注符号 U 和 L，标注示例如图 4—7 所示（去除材料，默认传输带，默认 $ln=5lr$，默认 16%规则）。

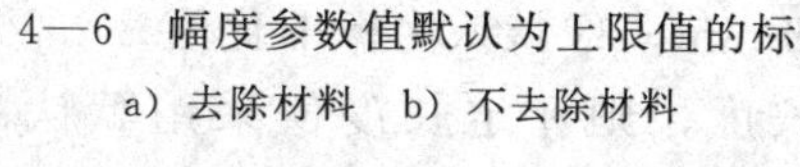

U *Ra* 3.2
L *Ra* 1.6

U *Rz* 3.2
L *Rz* 1.6

图 4—7　两个幅度参数值分别确认上、下限值的标注

对某一表面标注幅度参数的上、下限值时，在不引起歧义的情况下，可以不加写 U、L。

（3）极限值判断规则的标注

对于判断规则的论述见前面。

16%规则：如图 4—8 所示。

最大规则：如图 4—9 所示。

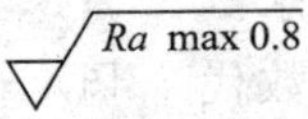

Ra max 0.8

图 4—8 确认最大规则的单个幅度参数值且默认为上限值的标注

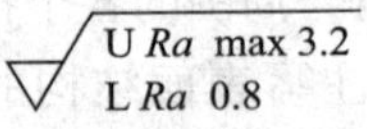

U Ra max 3.2
L Ra 0.8

图 4—9 确认最大规则的上限值和默认16%规则的下限值的标注

（4）传输带和取样长度、评定长度的标注

如果表面结构代号上没有标注传输带，则表示采用默认传输带，即默认短波滤波器和长波滤波器的截止波长（λs 和 λc）皆为标准化值。需要指定传输带时，传输带标注在幅度参数符号的前面，并用斜线“/”隔开。传输带用短波和长波滤波器的截止波长（mm）进行标注，短波滤波器的截止波长 λs 在前，长波滤波器的截止波长 λc 在后（$\lambda c = lr$），它们之间用连字号“—”隔开，标注示例如图 4—10、图 4—11、图 4—12 所示（去除材料，默认 $ln = 5lr$，幅度参数值默认为上限值，默认 16%规则）。

0.0025—0.8/Ra 3.2

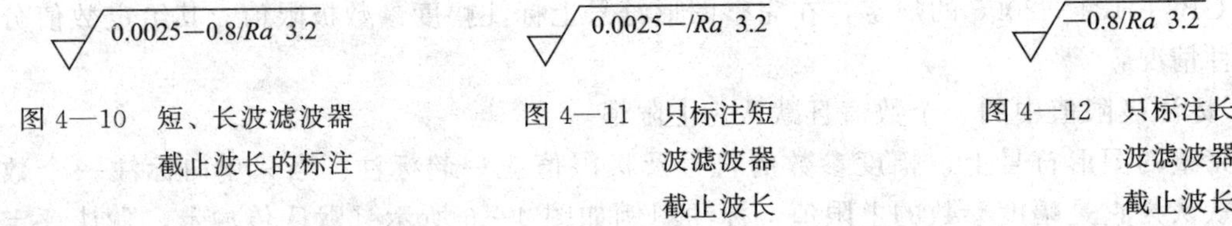

图 4—10 短、长波滤波器截止波长的标注

0.0025—/Ra 3.2

图 4—11 只标注短波滤波器截止波长

—0.8/Ra 3.2

图 4—12 只标注长波滤波器截止波长

图 4—10 的标注中，传输带 $\lambda s = 0.002\ 5$ mm，$\lambda c = lr = 0.8$ mm。在某些情况下，传输带只标注两个滤波器截止波长中的一个，另一个滤波器截止波长则采用默认的截止波长标准化值。当只标注一个滤波器截止波长时，应保留连字号“—”来区分是短波滤波器还是长波滤波器，例如图 4—11 的标注中，传输带 $\lambda s = 0.002\ 5$ mm，λc 默认为标准化值；图 4—12 的标注中，传输带 $\lambda c = lr = 0.8$ mm，λs 默认为标准化值。

设计时若采用标准评定长度，则评定长度值采用默认的标准化值而省略标注（见图 4—10、图 4—11、图 4—12）。需要指定评定长度时（在评定长度范围内的取样长度个数不等于 5），应在幅度参数符号的后面注写取样长度的个数，如图 4—13 所示（去除材料，评定长度 $ln \neq 5lr$，幅度参数值默认为上限值）。要求 $ln = 3lr$ 的标注中，$\lambda c = lr = 1$ mm，λs 默认为标准化值 0.002 5 mm，判断规则默认为 16%规则。要求 $ln = 6lr$ 的标注中，传输带为 0.008～1 mm，判断规则采用最大规则。

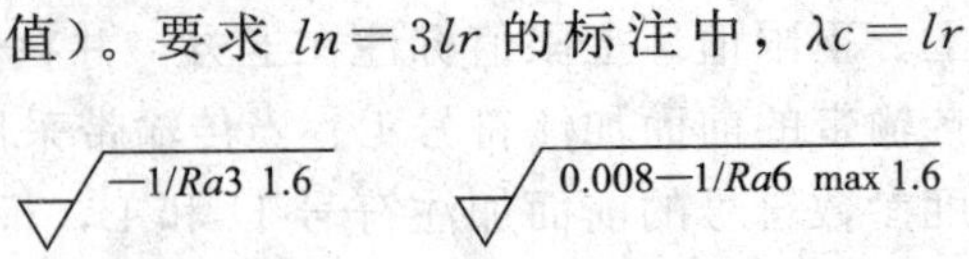

—1/Ra3 1.6
要求ln=3lr
0.008—1/Ra6 max 1.6
要求ln=6lr

图 4—13 评定长度的标注

（5）表面纹理的标注

各种典型的表面纹理及其方向用图 4—14 中规定的符号标注。如果这些符号不能清楚地表示表面纹理要求，可以在零件图上加注说明。

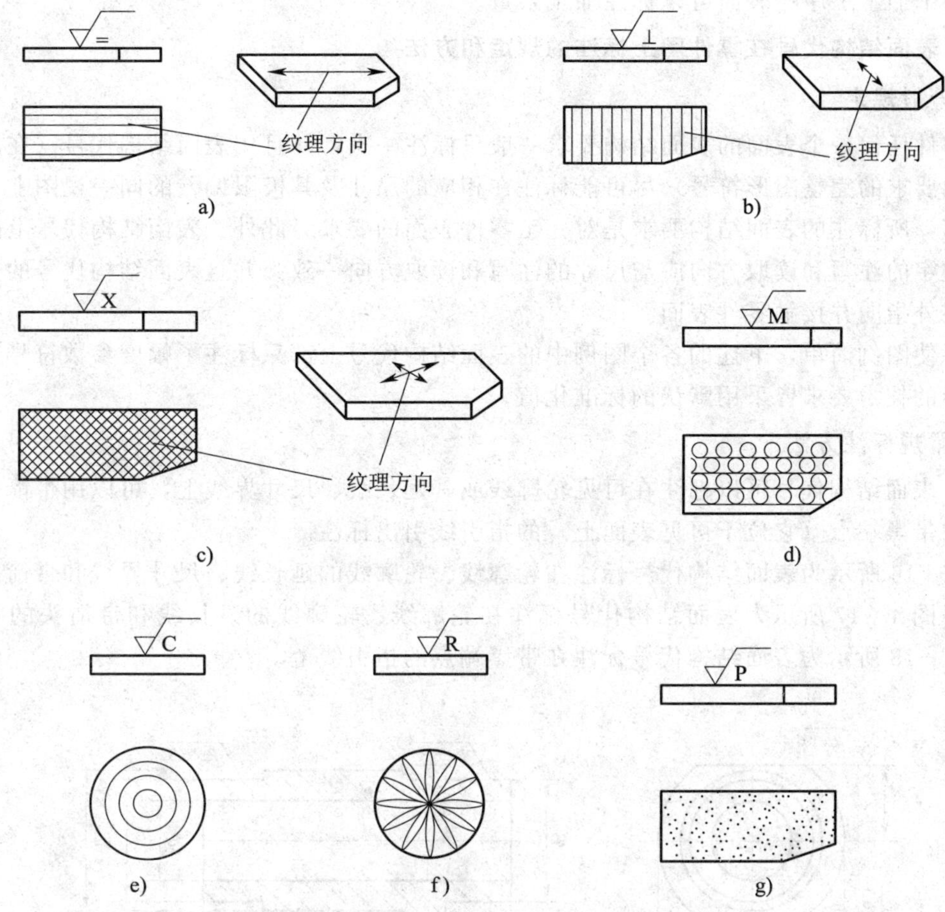

图 4—14　表面纹理及其方向的符号及标注图例

a）纹理平行于视图所在的投影面　b）纹理垂直于视图所在的投影面　c）纹理呈两斜向交叉方向

d）纹理呈多方向　e）纹理呈近似同心圆且圆心与表面中心相关

f）纹理呈近似放射状且与表面中心相关　g）纹理呈微颗粒、凸起、无方向

（6）附加评定参数和加工方法的标注

附加评定参数和加工方法的标注示例如图 4—15 所示。该图亦为上述各项技术要求在完善图形符号上标注的示例。用磨削的方法获得的表面的幅度参数上限值为 1.6 μm（采用最大规则），下限值为 0.2 μm（默认 16%规则），传输带采用 $\lambda s=0.008$ mm，$\lambda c=lr=1$ mm，评定长度值采用默认的标准化值 5。附加了间距参数 *Rsm* 0.05（mm），加工纹理垂直于视图所在的投影面。

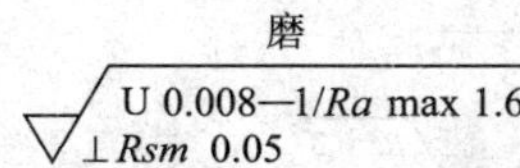

图 4—15　附加评定参数和加工方法的标注（其余技术皆采用默认）

（7）加工余量的标注

在零件图上标注的表面结构要求都是针对完工表面的要求，因此不需要标注加工余量。

对于有多个加工工序的表面可以标注加工余量。

二、表面结构代号在零件图上标注的规定和方法

1. 一般规定

对零件任何一个表面的表面结构要求一般只标注一次，并且用表面结构代号（在周围注写了技术要求的完整图形符号）尽可能标注在相应的尺寸及其极限偏差的同一视图上。除非另有说明，所标注的表面结构要求是对完工零件表面的要求。此外，表面结构代号上的各种符号和数字的注写和读取方向应与尺寸的注写和读取方向一致，并且表面结构代号的尖端必须从材料外指向并接触零件表面。

为了使图例简单，下述的各个图例中的表面结构代号上都只标注了幅度参数符号及上限值，其余的技术要求皆采用默认的标准化值。

2. 常规标注方法

（1）表面结构代号可以标注在可见轮廓线或其延长线、尺寸界线上，可以用带箭头的指引线或用带黑端点（它位于可见表面上）的指引线引出标注。

图 4—16 所示为表面结构代号标注在轮廓线、轮廓线的延长线、尺寸界线和带箭头的指引线上。图 4—17 所示为表面结构代号标注在轮廓线、轮廓线的延长线和带箭头的指引线上。图 4—18 所示为表面结构代号标注在带黑端点的指引线上。

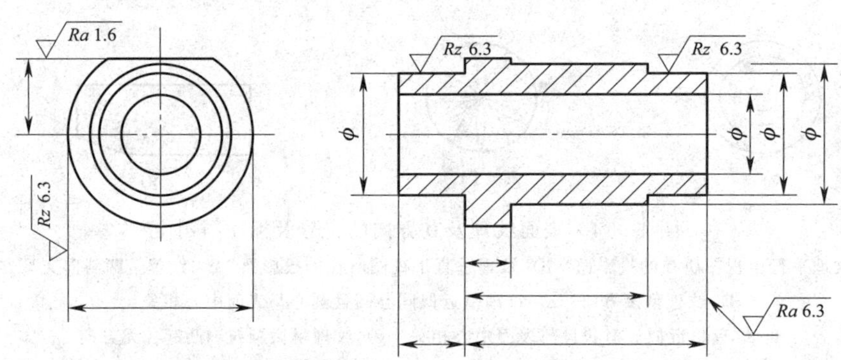

图 4—16　表面结构代号标注在轮廓线、轮廓线的延长线、尺寸界线和带箭头的指引线上

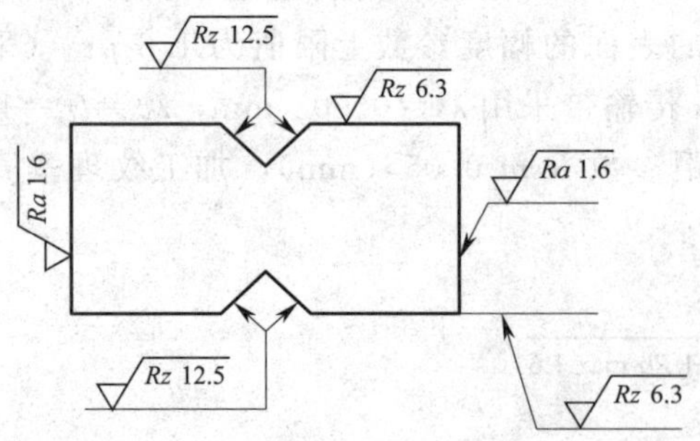

图 4—17　表面结构代号标注在轮廓线、轮廓线的延长线和带箭头的指引线上

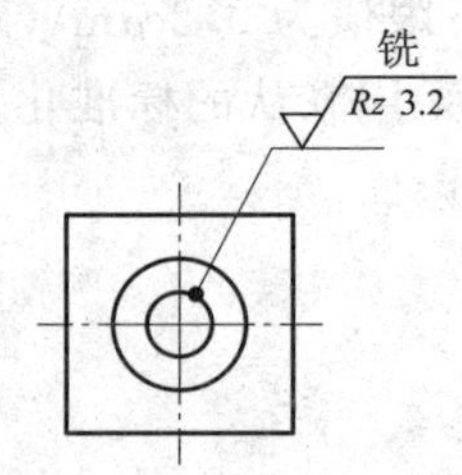

图 4—18　表面结构代号标注在带黑端点的指引线上

(2) 在不引起误解的前提下，表面结构代号可以标注在特征尺寸的尺寸线上。如图 4—19 所示，表面结构代号标注在轴的直径尺寸线上（图 a）和键槽的宽度尺寸线上（图 b）。

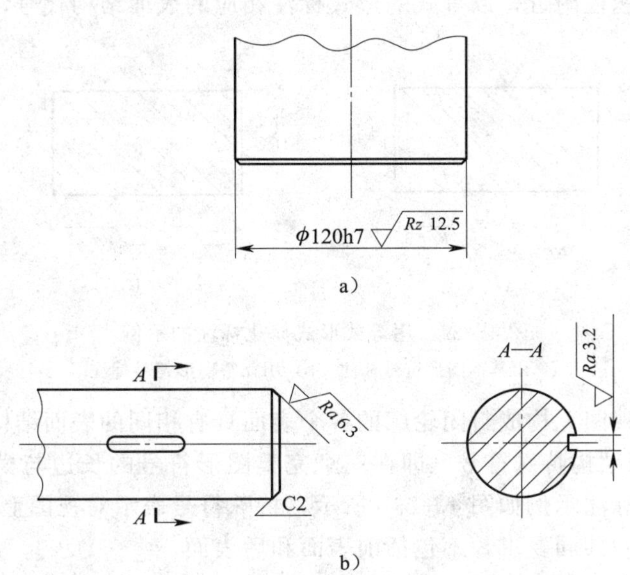

图 4—19　表面结构代号标注在特征尺寸的尺寸线上

(3) 表面结构代号可以标注在几何公差框格的上方，如图 4—20 所示。

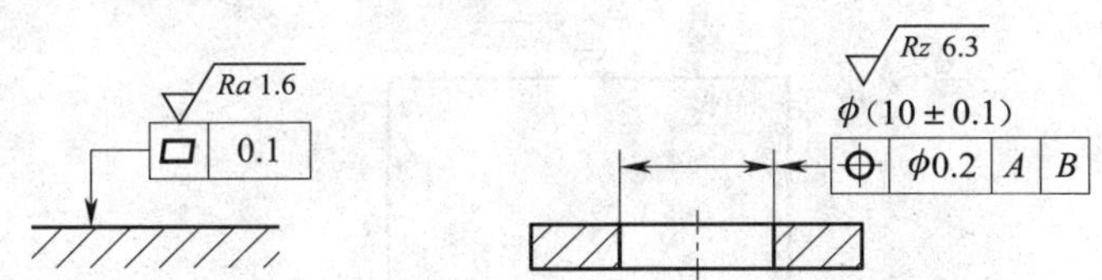

图 4—20　表面结构代号标注在几何公差框格的上方

3. 简化标注方法

(1) 当零件的某些表面（或多数表面）具有相同的表面结构要求时，则对这些表面的技术要求可以统一标注在零件图的标题栏附近，省略分别对这些表面进行标注。

采用这种简化标注法时，除了需要标注相关表面统一技术要求的表面结构代号以外，还需要在其右侧画一个圆括号，在括号内给出一个基本图形符号。标注示例见图 4—21 的右下角标注（它表示除两个已标注表面结构代号的表面以外的其余表面的表面结构要求）。

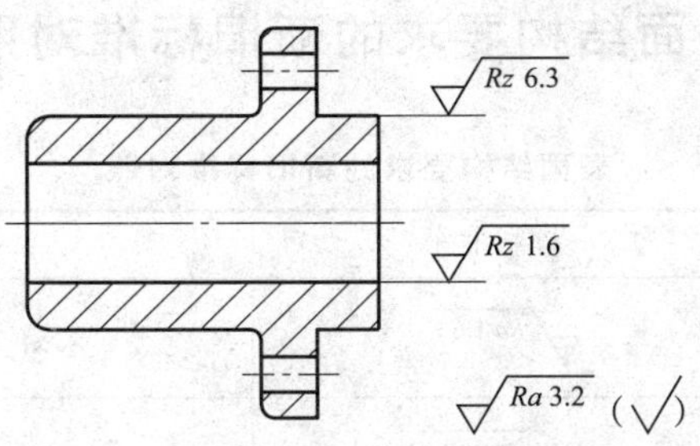

图 4—21　零件某些表面具有相同的表面结构要求时的简化标注

(2) 当零件的几个表面具有相同的表面结构要求或表面结构代号直接标注在零件某表面上受到空间限制时，可以用基本图形符号或只带一个字母的完整图形符号标注在零件这些表面上，而在图形或标题栏附近，以等式的形式标注相应的表面结构代号，如图 4—22 所示。

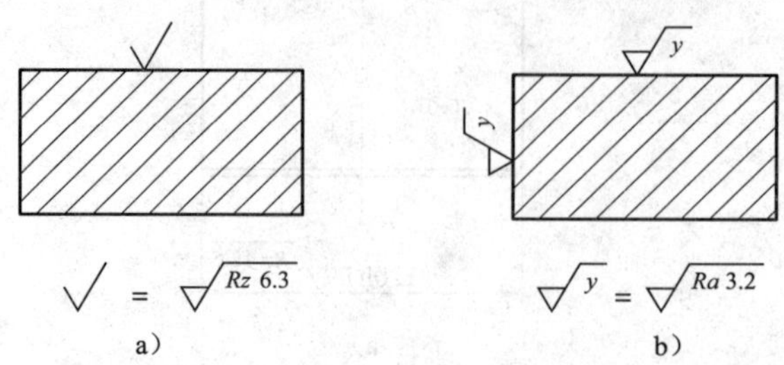

图 4—22 用等式形式简化标注的示例

a) 用基本图形符号标注 b) 用完整图形符号标注

(3) 当图样某个视图上构成封闭轮廓的各个表面具有相同的表面结构要求时，可以采用图 4—23a 所示的表面结构特殊符号（即在三个完整图形符号的长边与横线的拐角处加画一个小圆）进行标注。标注示例如图 4—23b 所示，特殊符号表示对视图上封闭轮廓周边的上、下、左、右 4 个表面的共同要求，不包括前表面和后表面。

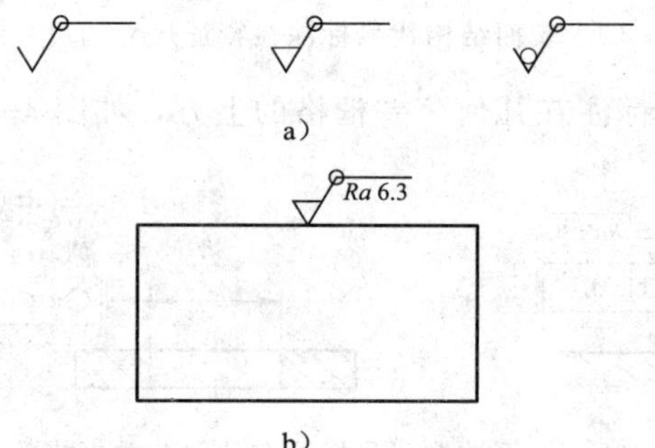

图 4—23 封闭轮廓的各个表面具有相同的表面结构要求时的简化注法

a) 表面结构特殊符号 b) 标注示例

表面结构要求的新旧标准对照

表 4—2 **表面结构要求的新旧标准对照**

旧标准	新标准	新标准简要说明
1.6	Ra 1.6	Ra 采用 16％规则
1.6max	Ra max 1.6	Ra 采用最大规则

续表

旧标准	新标准	新标准简要说明
1.6/0.8 ▽	√−0.8/*Ra* 1.6	取样长度为 0.8 mm，*Ra* 采用 16％规则
R_y 3.2/0.8 ▽	√−0.8/*Rz* 3.2	取样长度为 0.8 mm，*Rz* 采用 16％规则
R_y 1.6 6.3 ▽	√*Ra* 1.6 *Rz* 6.3	两个参数 *Ra* 和 *Rz*，采用 16％规则
3.2 1.6 ▽	√U *Ra* 3.2 L *Ra* 1.6	*Ra* 的上、下限值，采用 16％规则

注：1. 新标准中表面结构参数标注的写法已经改变，现为 *Ra*、*Rz* 等，下角标注法 R_a、R_z 等不再使用。

2. 新标准 *Rz* 代替旧标准 R_y，原 R_y 符号不再使用。

§4—3 *R* 轮廓参数（表面粗糙度参数）的选用及检测

一、*R* 轮廓参数（表面粗糙度参数）值的选用

R 轮廓参数（表面粗糙度参数）值的选择应遵循在满足表面功能要求的前提下，尽量选用较大的参数值的基本原则，以便简化加工工艺，降低加工成本。

R 轮廓参数（表面粗糙度参数）值的选择一般采用类比法，不同 *R* 轮廓参数表面的特征、加工方法及应用举例见表 4—3。

表 4—3　　不同 *R* 轮廓参数表面的特征、加工方法及应用举例

表面特征		*Ra*（μm）	加工方法	应用举例
粗糙表面	可见刀痕	＞20～40	粗车、粗刨、粗铣、钻、粗锉、锯	半成品粗加工后的表面，非配合的加工表面，如轴端面、倒角、钻孔、齿轮的侧面、带轮的侧面、键槽底面、垫圈接触面等
	微见刀痕	＞10～20		
半光表面	微见加工痕迹	＞5～10	车、铣、镗、刨、钻、锉、粗磨、粗铰	轴上不安装轴承、齿轮处的非配合表面，紧固件的自由装配表面等
		＞2.5～5	车、铣、镗、刨、磨、锉、滚压、电火花加工、粗刮	半精加工表面，箱体、支架、端盖、套筒等与其他零件接合而无配合要求的表面，需要发蓝的表面等
	看不清加工痕迹	＞1.25～2.5	车、铣、镗、刨、磨、拉、刮、滚压、铣齿	接近于精加工表面，齿轮的齿面、定位销孔、箱体上安装轴承的镗孔表面

续表

表面特征		Ra（μm）	加工方法	应用举例
光表面	可辨加工痕迹的方向	>0.63～1.25	车、铣、镗、拉、磨、刮、精铰、粗研、磨齿	要求保证定心及配合特性的表面，如锥销、圆柱销，与滚动轴承相配合的轴颈，磨削的齿轮表面，普通车床的导轨面，内、外花键定心表面等
	微辨加工痕迹的方向	>0.32～0.63	精铰、精镗、磨、刮、滚压、研磨	要求配合性质稳定的配合表面，受交变应力作用的重要零件，较高精度车床的导轨面
	不可辨加工痕迹的方向	>0.16～0.32	布轮磨、精磨、研磨、超精加工、抛光	精密机床主轴锥孔，顶尖圆锥面，发动机曲轴、凸轮轴工作表面，高精度齿轮齿面
极光表面	暗光泽面	>0.08～0.16	精磨、研磨、抛光、超精车	精密机床主轴颈表面，汽缸内表面，活塞销表面，仪器导轨面，阀的工作面，一般量规测量面等
	亮光泽面	>0.04～0.08	超精磨、镜面磨削、精抛光	精密机床主轴颈表面，滚动导轨中的钢球、滚子和高速摩擦的工作表面
	镜状光泽面	>0.01～0.04		高压柱塞泵中柱塞和柱塞套的配合表面，中等精度仪器零件配合表面
	镜面	≤0.01	镜面磨削、超精研	高精度量仪、量块的工作表面，高精度仪器摩擦机构的支承表面，光学仪器中的金属镜面

R 轮廓参数值在具体选择时应考虑下列因素：

1. 在同一零件上，工作表面一般比非工作表面的表面粗糙度参数值要小。

2. 摩擦表面比非摩擦表面的表面粗糙度参数值要小；滚动摩擦表面比滑动摩擦表面的表面粗糙度参数值要小；运动速度高、压力大的摩擦表面比运动速度低、压力小的摩擦表面的表面粗糙度参数值要小。

3. 承受循环载荷的表面及易引起应力集中的结构（圆角、沟槽等），其表面粗糙度参数值要小。

4. 配合精度要求高的结合表面、配合间隙小的配合表面及要求连接可靠且承受重载的过盈配合表面，均应取较小的表面粗糙度参数值。

5. 配合性质相同时，在一般情况下，零件尺寸越小，则表面粗糙度参数值应越小；在同一精度等级时，小尺寸比大尺寸、轴比孔的表面粗糙度参数值要小；通常在尺寸公差、表面形状公差小时，表面粗糙度参数值要小。

6. 防腐性、密封性要求越高，表面粗糙度参数值应越小。

二、*R* 轮廓参数（表面粗糙度参数）的检测

检测表面粗糙度参数要求不严的表面时，通常采用比较法；检测精度较高，要求获得准确评定参数时，则须采用专业仪器检测表面粗糙度参数。

1. 比较法

比较法是指将被测表面与标准粗糙度样块进行比较，用目测和手摸感触来判断表面粗糙度的一种检测方法。比较时还可借助放大镜、比较显微镜等工具，以减少误差，提高判断的准确性。比较时，应使样块与被检测表面的加工纹理方向保持一致。

这种方法简便易行，适于在车间现场使用。但其评定的可靠性在很大程度上取决于检测人员的经验，往往误差较大。

2. 仪器检测法

传统的仪器检测方法有光切法、干涉法和感触法（又称针描法）。

光切法和干涉法分别是利用光切显微镜、干涉显微镜观测被测表面实际轮廓的放大光亮带和干涉条纹，再通过测量、计算获得 Rz 值的方法。

感触法（针描法）是利用电动轮廓仪（见图 4—24）测量被测表面的 Ra 值的方法。测量时使触针以一定速度划过被测表面，传感器将触针随被测表面的微小峰、谷的上下移动转化成电信号，并经过传输、放大和积分运算处理后，通过显示器或打印方式显示 Ra 值。

图 4—24　电动轮廓仪

随着电子技术的发展，利用光电传感器、微处理器、液晶显示器等先进技术制造的各种表面粗糙度测量仪在生产中的应用越来越广泛。图 4—25 所示的各种感触式微控表面粗糙度测量仪，在测量表面粗糙度时，一般都可直接显示被测表面实际轮廓的放大图形和多项表面粗糙度特性参数数值，有的还具有打印功能，可将测得的参数和图形直接打印出来，如图 4—25b 所示。

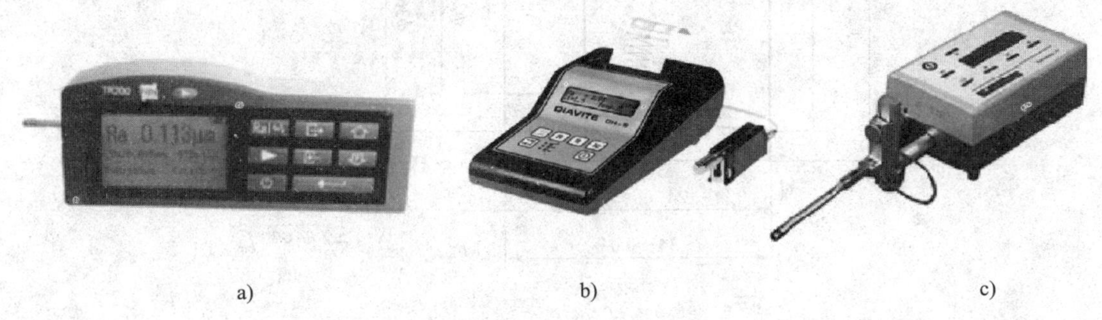

a)　　b)　　c)

图 4—25　微控表面粗糙度测量仪

在车间进行生产实习时，你是怎样检测工件表面粗糙度参数的？

阶段性实习训练六　表面粗糙度参数的检测

一、实训目的

能正确、规范地进行表面粗糙度参数的检测。

二、被测工件

两被测工件如图 4—26 所示。

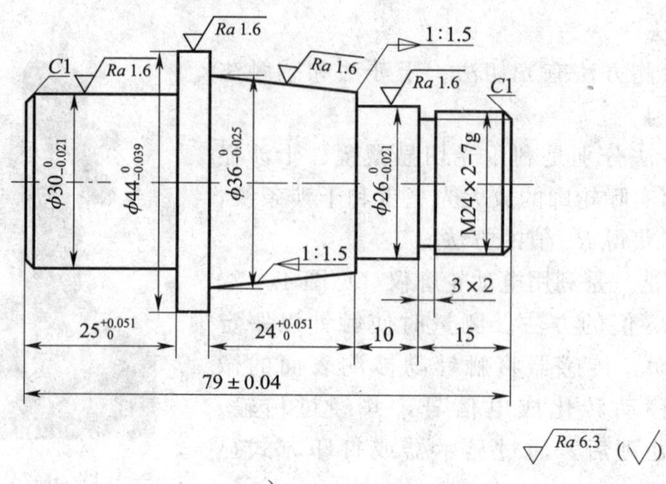

a）

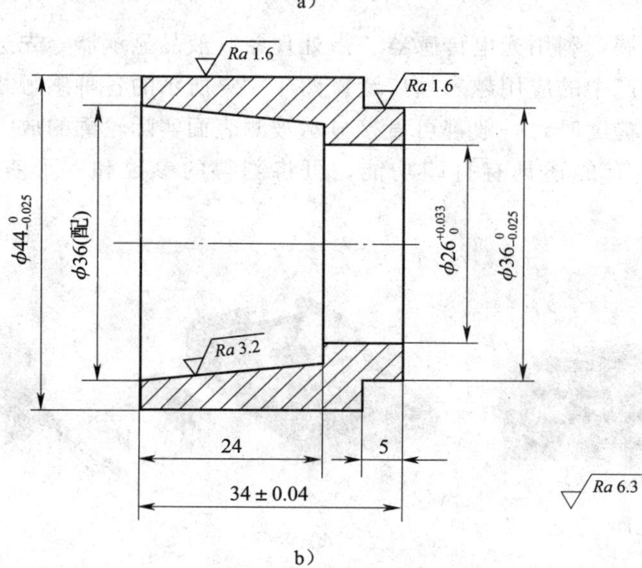

b）

图 4—26　被测工件

三、量具选择

表面粗糙度比较样块如图 4—27 所示。

图 4—27　表面粗糙度比较样块

四、量具的维护与保养

表面粗糙度比较样块用完后，用棉丝将其擦净放入盒内保存，要注意防潮，如果长时间不用应涂防锈油，防止其被腐蚀。

五、测量方法与步骤

测量方法与步骤见表 4—4。

表 4—4　　测量方法与步骤

<table>
<tr><th>测量方法与步骤</th><th>图示</th></tr>
<tr><td>视觉法：将被检验表面与表面粗糙度比较样块的工作面放在一起，用肉眼从各个方向观察比较，根据两个表面反射光线的强弱和色彩，判断检验表面的表面粗糙度相当于表面粗糙度比较样块上哪一块的表面粗糙度值，这块样块的表面粗糙度值就是被检验表面的表面粗糙度值</td><td>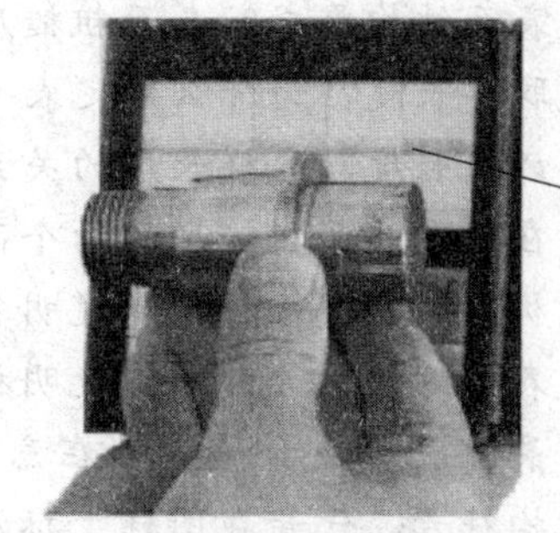
</td></tr>
<tr><td>触觉法：用手指或指甲抚摸被检验表面和表面粗糙度比较样块的工作面，凭手对二者抚摸时的感觉进行比较，来判断两表面的表面粗糙度值。如果手感觉被检验表面和样块的表面粗糙度一样，则说明两表面的表面粗糙度值相同，取样块的表面粗糙度值作为被检验表面的表面粗糙度值</td><td>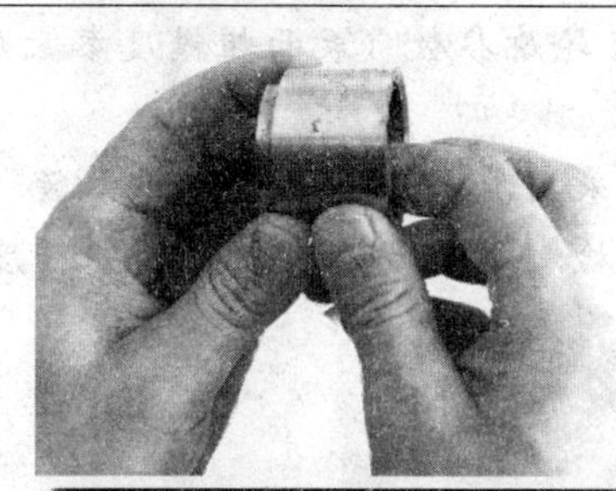
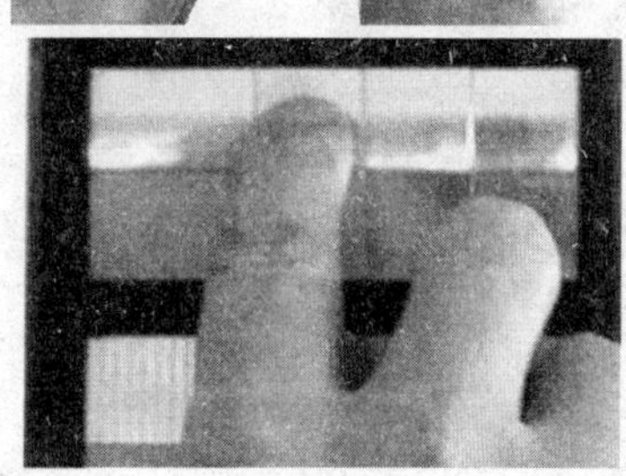</td></tr>
</table>

六、完成测量

将有关数据填入表 4—5 中。

表 4—5　　测量结果

<table>
<tr><th colspan="2" rowspan="2">图样要求</th><th colspan="3">实测值</th><th rowspan="2">平均值</th><th rowspan="2">结论</th></tr>
<tr><th>1</th><th>2</th><th>3</th></tr>
<tr><td rowspan="2">件 a</td><td>√Ra 1.6
（4 处）</td><td></td><td></td><td></td><td></td><td></td></tr>
<tr><td>√Ra 6.3
（6 处）</td><td></td><td></td><td></td><td></td><td></td></tr>
<tr><td rowspan="3">件 b</td><td>√Ra 1.6
（2 处）</td><td></td><td></td><td></td><td></td><td></td></tr>
<tr><td>√Ra 3.2</td><td></td><td></td><td></td><td></td><td></td></tr>
<tr><td>√Ra 6.3
（3 处）</td><td></td><td></td><td></td><td></td><td></td></tr>
</table>

习题

1. 什么是表面结构要求？表面粗糙度对零件的使用性能有什么影响？

2. 什么是取样长度？为什么评定表面粗糙度时必须确定一个合理的取样长度？

3. 试说明评定长度与取样长度的关系，并说明评定长度的作用。

4. 为什么在评定表面粗糙度的两个高度参数中，标准规定优先选用 $R\mathrm{a}$？

5. 表面结构符号有哪几种？试说明各自的含义。

6. 什么是表面结构代号？画图说明标准规定各参数在符号上的标注位置。

7. 试说明最大规则和 16％规则在意义和标注上的区别。

8. 表面结构符号、代号在图样上标注时有哪些基本规定？

9. R 轮廓参数（表面粗糙度参数）的选用一般采用什么方法？其遵循的基本原则是什么？

10. 采用类比法选择 R 轮廓参数（表面粗糙度参数）值时应考虑哪些因素？

11. 检测 R 轮廓参数（表面粗糙度参数）有哪两种方法？各用于什么场合？

第五章 螺纹的公差与检测

1. 了解螺纹的种类及应用，掌握螺纹各参数的含义。
2. 理解普通螺纹结合的基本要求，了解螺纹几何参数误差对螺纹互换性的影响。
3. 了解普通螺纹公差的结构及其公差带的特点。
4. 理解螺纹标记的含义，掌握螺纹公差表格的查阅方法。
5. 理解用螺纹工作量规对螺纹进行综合检验的原理，掌握三针法测量螺纹中径的方法。

§5—1 概　述

一、螺纹的种类及应用

螺纹是指在圆柱或圆锥表面上，具有相同牙型、沿螺旋线连续凸起的牙体。在圆柱或圆锥外表面上所形成的螺纹称为外螺纹，而在圆柱或圆锥内表面上所形成的螺纹称为内螺纹，如图 5—1 所示。

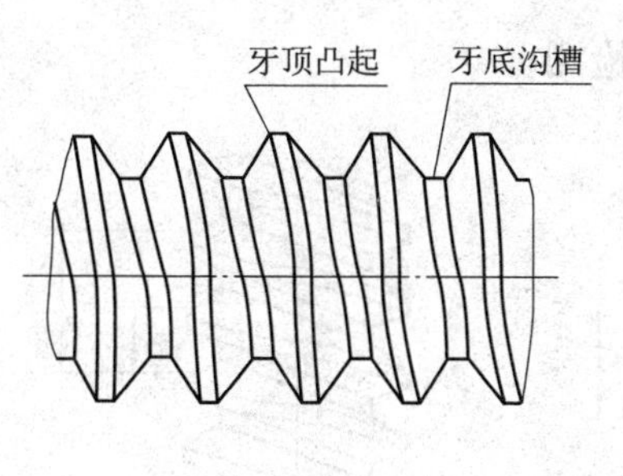

图 5—1　螺纹

a）外螺纹　b）内螺纹

螺纹结合是各种机械中应用最为广泛的一种结合形式。螺纹按其牙型可分为三角形螺纹、梯形螺纹、锯齿形螺纹和矩形螺纹四种；按用途一般可分为连接螺纹和传动螺纹两大类。常用螺纹的牙型、特征及应用见表 5—1。

表 5—1　　　　常用螺纹的牙型、特征及应用

种类		截面牙型	特征及应用
连接螺纹（三角形螺纹）	普通螺纹	60°	牙型角为 60°，同一直径按螺距大小可分为粗牙和细牙两类 普通螺纹应用最广。一般连接多用粗牙，细牙用于薄壁及受冲击、振动的零件，也常用于微调机构
	管螺纹	55°	牙型角为 55°，可分为圆柱管螺纹和圆锥管螺纹 多用于水路、油路、气路及电路系统的连接
传动螺纹	梯形螺纹	30°	牙型角为 30°，牙顶与牙底在结合时有相等的间隙 广泛应用于传力或螺旋传动机构，加工工艺性好，牙根强度高，螺旋副的对中性好
	锯齿形螺纹	3° 30°	工作面的牙型角为 3°，非工作面的牙型角为 30° 广泛应用于单向受力的传动机构。外螺纹的牙根处有圆角，可减轻应力集中，牙根强度高
	矩形螺纹		牙型为正方形，牙厚为螺距的一半 多应用于传力或螺旋传动机构，传动效率高，牙根强度较弱，螺旋副对中精度低

另外，螺纹按旋向可分为左旋和右旋两种，按螺纹牙（槽）是否分布在一条螺旋线上又可分为单线螺纹和多线螺纹，如图 5—2 所示。

本章主要介绍最常用的普通螺纹的公差与检测。

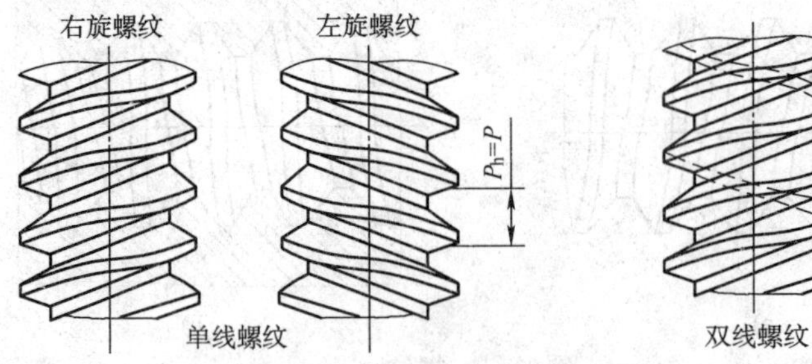

图 5—2　螺纹的旋向及线数

二、普通螺纹的基本牙型

基本牙型是指在螺纹轴线平面内，由理论尺寸、角度和削平高度所形成的内、外螺纹共有的理论牙型。普通螺纹的基本牙型如图 5—3 所示。此图是轴向截面的示意图，它既可以看作外螺纹也可以看作内螺纹的基本牙型。

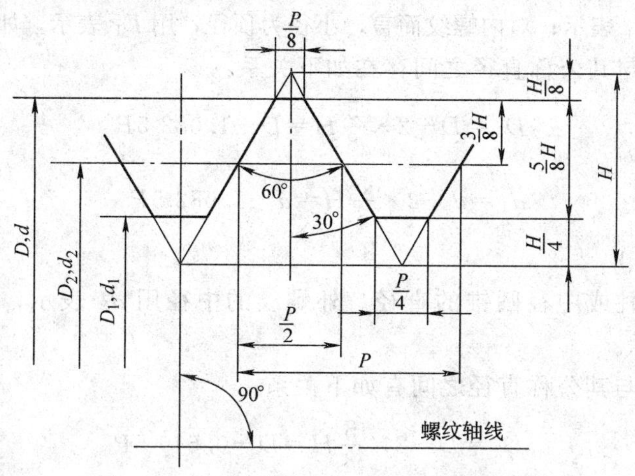

图 5—3　普通螺纹的基本牙型

D—内螺纹大径　d—外螺纹大径　D_2—内螺纹中径　d_2—外螺纹中径

D_1—内螺纹小径　d_1—外螺纹小径　P—螺距　H—原始三角形高度

三、普通螺纹的主要参数

1. 原始三角形高度（H）、牙型高度

原始三角形高度是指由原始三角形底边到与此底边相对的顶点间的径向距离，如图 5—3 中的 H。

牙型高度是指从一个螺纹牙体的牙顶到其牙底间的径向距离，如图 5—3 中的$\frac{5}{8}H$。

2. 大径（D，d）

普通螺纹的大径是指与外螺纹牙顶或内螺纹牙底相切的假想圆柱或圆锥的直径。对外螺纹而言，大径为顶径，用 d 表示；对内螺纹而言，大径为底径，用 D 表示，如图 5—4 所示。

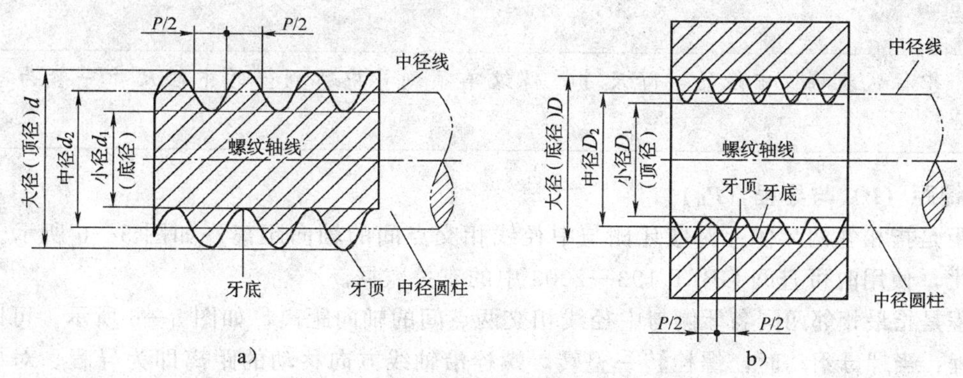

图 5—4　普通螺纹的大径、中径和小径

a）外螺纹　b）内螺纹

国家标准规定，对于普通螺纹，大径即其公称直径。普通螺纹的公称直径已系列化，可按国家标准 GB/T 193—2003《普通螺纹　直径与螺距系列》中的有关标准选取。

3. 小径（D_1，d_1）

普通螺纹的小径是指与外螺纹牙底或内螺纹牙顶相切的假想圆柱或圆锥的直径。对外螺纹而言，小径为底径，用 d_1 表示；对内螺纹而言，小径为顶径，用 D_1 表示，如图 5—4 所示。

普通螺纹的小径与其公称直径之间存在如下关系：

$$D_1 = D - 2 \times \frac{5}{8} H = D - 1.0825P$$

$$d_1 = d - 2 \times \frac{5}{8} H = d - 1.0825P \tag{5—1}$$

4. 中径（D_2，d_2）

中径是指中径圆柱或中径圆锥的直径。外螺纹的中径用 d_2 表示，内螺纹的中径用 D_2 表示，如图 5—4 所示。

普通螺纹的中径与其公称直径之间有如下关系：

$$D_2 = D - 2 \times \frac{3}{8} H = D - 0.6495P$$

$$d_2 = d - 2 \times \frac{3}{8} H = d - 0.6495P \tag{5—2}$$

普通螺纹小径和中径的尺寸可由公式计算，也可在 GB/T 196—2003《普通螺纹 公称尺寸》的表中查取。

5. 单一中径（D_{2a}，d_{2a}）

普通螺纹的单一中径是指一个假想圆柱或圆锥的直径，该圆柱或圆锥的母线通过实际螺纹上牙槽宽度等于 1/2 基本螺距的地方。通常采用最佳量针或量球进行测量。

当没有螺距误差时，单一中径与中径的数值相等；当有螺距误差时，单一中径与中径数值不相等，如图 5—5 所示，图中 ΔP 为螺距误差。

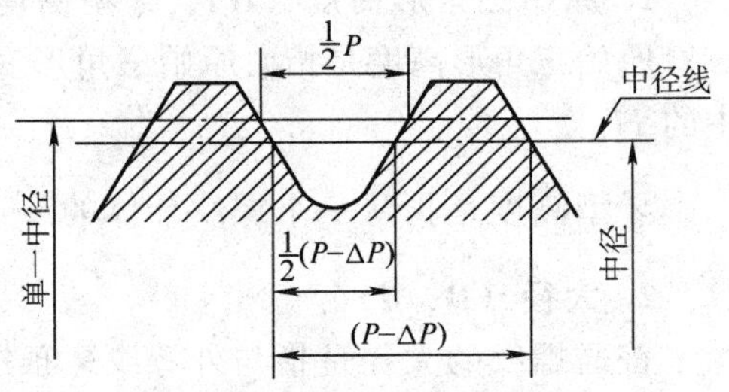

图 5—5　螺纹的单一中径

特别提示：

单一中径代表螺纹中径的实际尺寸，螺纹单项测量中所测得的中径尺寸一般为单一中径的尺寸。

6. 螺距（P）与导程（P_h）

螺距是指相邻两牙体上对应牙侧与中径线相交点间的轴向距离，如图 5—6 所示。螺距已标准化，使用时可查阅 GB/T 193—2003 中的有关数据。

导程是指最相邻两同名牙侧与中径线相交两点间的轴向距离，如图 5—6 所示。可以这样理解导程：当螺母不动时，螺栓转一整转，螺栓沿轴线方向移动的距离即为导程。对单线螺纹，导程等于螺距；对多线螺纹，导程等于螺距与螺纹线数 n 的乘积，即 $P_h = Pn$。

7. 螺纹升角（ϕ）

螺纹升角是指在中径圆柱或中径圆锥上，螺旋线的切线与垂直于螺纹轴线平面的夹角，如图 5—7 中的 ϕ。从图中螺纹中径圆柱展开图可以看出，它与导程和中径之间的关系为

$$\tan\phi=\frac{P_h}{\pi d_2} \tag{5—3}$$

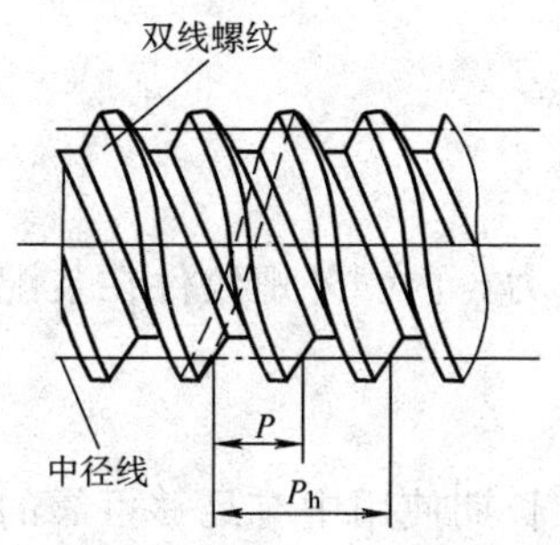

图 5—6　螺纹的螺距和导程

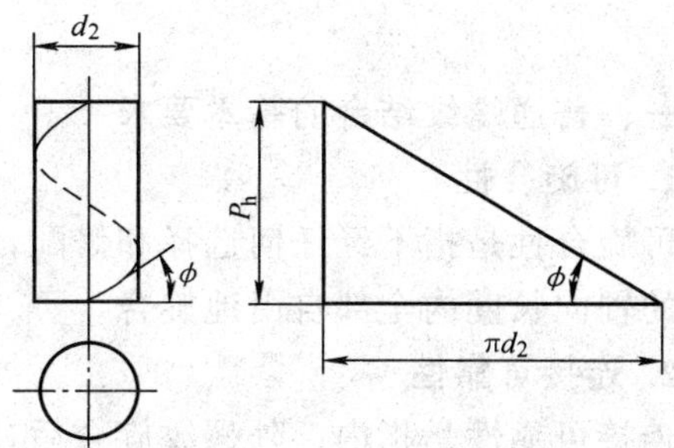

图 5—7　螺纹升角

8. 牙型角（α）、牙型半角（$\alpha/2$）和牙侧角（α_1，α_2）

牙型角是指在螺纹牙型上，两相邻牙侧间的夹角，如图 5—8a 中的 α。

牙型半角是指牙型角的一半，如图 5—8a 中的 $\alpha/2$。

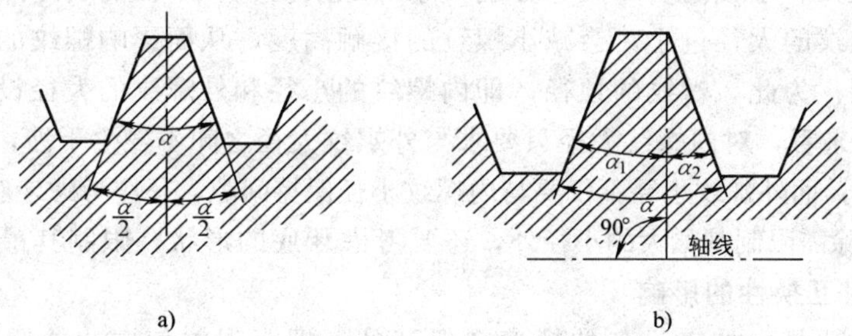

图 5—8　牙型角、牙型半角和牙侧角

牙侧角是指在螺纹牙型上，牙侧与螺纹轴线的垂线间的夹角，如图 5—8b 中的 α_1 和 α_2。对于普通螺纹，在理论上，$\alpha=60°$，$\alpha/2=30°$，$\alpha_1=\alpha_2=30°$。

9. 螺纹接触高度

螺纹接触高度是指在两个同轴配合螺纹的牙型上，外螺纹牙顶至内螺纹牙顶间的距离，即内、外螺纹的牙型重叠径向高度，如图 5—9 所示。

10. 螺纹旋合长度

螺纹旋合长度是指两个相互配合螺纹的有效螺纹相互接触的轴向长度，如图 5—9 所示。

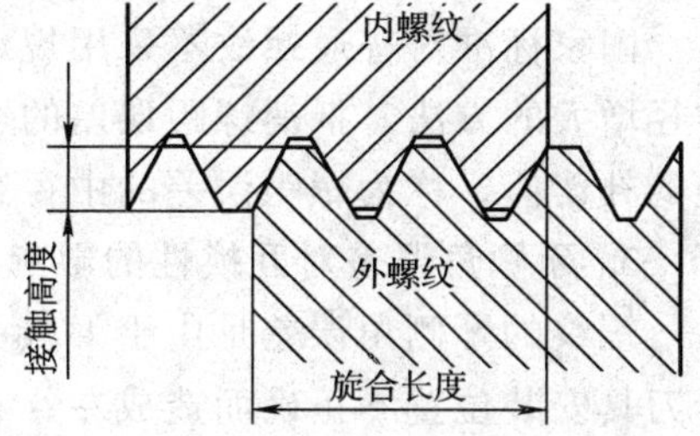

图 5—9　螺纹接触高度和旋合长度

你在日常生活中或实习生产中都见到过哪些类型的螺纹零件？试举例说明。

§5—2　螺纹几何参数误差对螺纹互换性的影响

一、普通螺纹结合的基本要求

1. 可旋合性

可旋合性是指不经任何选择和修配，无须特别施加外力，内、外螺纹件在装配时就能在给定的轴向长度内全部自由地旋合。

2. 连接可靠性

连接可靠性是指内、外螺纹旋合后，接触均匀，且在长期使用中有足够可靠的连接力。

二、螺纹几何参数误差对螺纹互换性的影响

1. 螺纹大、小径误差对互换性的影响

从加工工艺和使用强度上考虑，实际加工出的内螺纹大径和外螺纹小径的牙底处均略呈圆弧状，为了防止旋合时在该处发生干涉，螺纹结合时规定在大径和小径上不准接触，因此，规定内螺纹的大、小径的实际尺寸分别大于外螺纹的大、小径的实际尺寸。但是内螺纹的小径过大或外螺纹的大径过小，会减小螺纹的接触高度，从而影响螺纹的连接可靠性，所以也必须加以限制。为此，螺纹的顶径，即内螺纹的小径和外螺纹的大径设有公差。

从互换性角度来看，对内螺纹大径只要求与外螺纹大径之间不发生干涉，因此内螺纹只需限制其最小的大径，而外螺纹小径不仅要与内螺纹小径保持间隙，还应考虑牙底对外螺纹强度的影响，所以外螺纹除需限制其最大的小径外，还要考虑牙底的形状，限制其最小的圆弧半径。

2. 螺距误差对互换性的影响

螺距的精度主要是由加工设备的精度来保证的。螺距误差使内、外螺纹的结合发生干涉，影响可旋合性，并且在螺纹旋合长度内使实际接触的牙数减少，影响螺纹的连接可靠性。螺距误差包括两部分，即与旋合长度有关的累积误差和与旋合长度无关的局部误差。从互换性角度看，螺距的累积误差是主要的。

国家标准对普通螺纹不采用规定螺距公差的办法，而是采取将外螺纹中径减小或内螺纹中径增大的方法，抵消螺距误差的影响，以保证达到旋合的目的。这种由螺距误差换算的中径的补偿值，称为螺距误差的中径当量，用 f_P 或 F_P 表示。

3. 牙侧角误差对互换性的影响

螺纹的牙侧角误差是由于刀具刃磨不正确而引起牙型角存在误差（即 $\alpha_{实际} \neq \alpha$），或由于刀具安装位置不正确而造成左、右牙侧角不相等（即 $\alpha_1 \neq \alpha_2$）形成的误差，也可能是由于上述两个因素共同形成的，如图 5—10 所示。牙侧角误差使内、外螺纹结合时发生干涉，而影响可旋合性，并使螺纹接触面积减小，磨损加快，从而降低螺纹的连接可靠性。

国家标准没有对普通螺纹的牙侧角规定公差，而是采取减小外螺纹中径或加大内螺纹中径的办法，使具有牙侧角误差的螺纹达到可旋合性要求。这种将牙侧角误差换算成的中径补偿值，称为牙侧角误差的中径当量，用 $f_{\alpha侧}$ 或 $F_{\alpha侧}$ 表示。

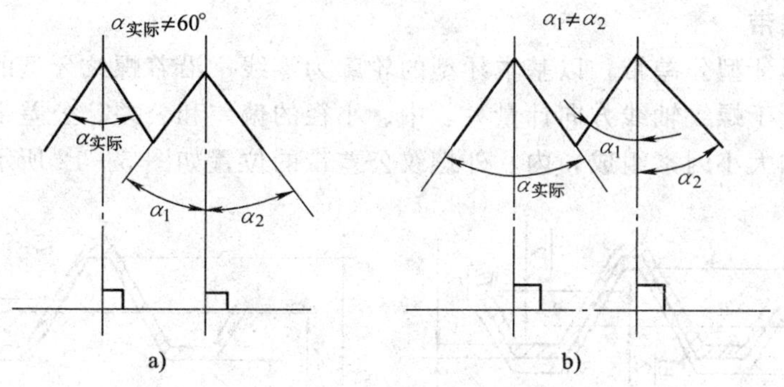

图 5—10　牙侧角误差

a）牙型角存在误差　b）左、右牙侧角不相等

4. 螺纹中径误差对互换性的影响

在制造内、外螺纹时，中径本身不可能制造得绝对准确，不可避免地会出现一定的误差。当外螺纹的中径大于内螺纹的中径时，会影响可旋合性；反之，若外螺纹中径过小，内螺纹中径过大，则配合太松，难以使牙侧良好接触，因而影响连接可靠性。由此可见，为了保证螺纹的可旋合性，应该限制外螺纹的最大中径和内螺纹的最小中径；为了保证螺纹的连接可靠性，还必须限制外螺纹的最小中径和内螺纹的最大中径。因此，要对中径规定合适的公差。

综上所述，由于规定螺纹结合在大径和小径处不接触，因而螺纹大、小径误差是不影响螺纹配合性质的，而螺距、牙侧角误差可换算成螺纹中径的当量值来处理，所以螺纹中径是影响螺纹互换性的主要参数。

§5—3　普通螺纹的公差与配合

一、螺纹公差的结构

螺纹公差制是由公差等级系列和基本偏差系列组成的。公差等级确定公差带的大小，基本偏差确定公差带的位置，两者组合可得到各种螺纹公差。

螺纹公差带与旋合长度组成螺纹精度等级，螺纹精度是衡量螺纹质量的综合指标，分精密、中等和粗糙三级。

螺纹公差的结构如图 5—11 所示。

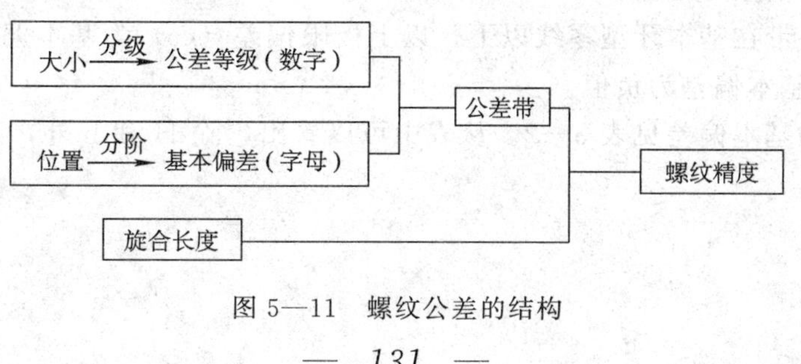

图 5—11　螺纹公差的结构

二、螺纹公差带

螺纹公差带即牙型公差带，以基本牙型的轮廓为零线，沿着螺纹牙型的牙侧、牙顶和牙底分布，并在垂直于螺纹轴线方向计量大、中、小径的偏差和公差。公差带由其相对于基本牙型的位置因素和大小因素组成，内、外螺纹公差带的位置如图 5—12 所示。

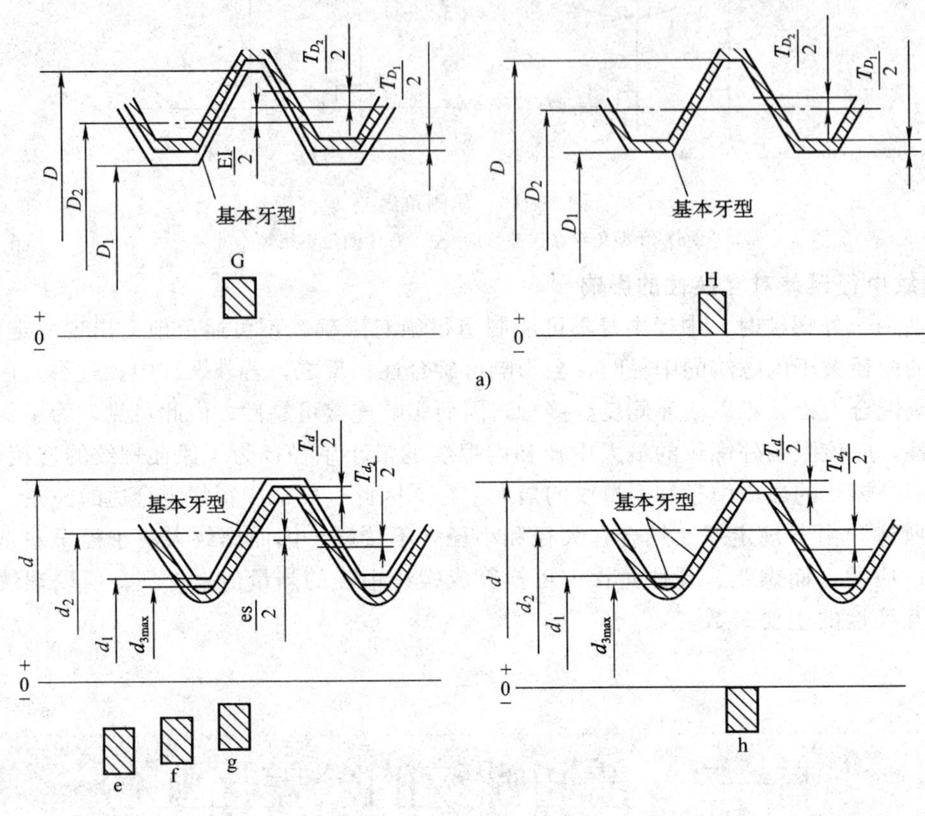

图 5—12　内、外螺纹公差带的位置

a）内螺纹公差带位置　b）外螺纹公差带位置

EI—内螺纹下极限偏差　es—外螺纹上极限偏差　T_D（T_d）—内（外）螺纹公差

1. 螺纹公差带的位置和基本偏差

国家标准 GB/T 197—2003 对内螺纹的公差带规定了 G 和 H 两种位置，对外螺纹的公差带规定了 e、f、g、h 四种位置，如图 5—12 所示。

内螺纹的公差带在基本牙型零线以上，以下极限偏差（EI）为基本偏差，H 的基本偏差为零，G 的基本偏差为正值。

外螺纹的公差带在基本牙型零线以下，以上极限偏差（es）为基本偏差，h 的基本偏差为零，e、f、g 的基本偏差为负值。

内、外螺纹的基本偏差见表 5—2。从表中可以看出，除 H 和 h 外，其余基本偏差数值均与螺距有关。

表 5—2　　内、外螺纹的基本偏差　　μm

螺距 P（mm）	基本偏差					
	内螺纹 D_1、D_2		外螺纹 d、d_2			
	G EI	H EI	e es	f es	g es	h es
0.2	+17	0	—	—	−17	0
0.25	+18	0	—	—	−18	0
0.3						
0.35	+19	0	—	−34	−19	0
0.4						
0.45	+20	0	—	−35	−20	0
0.5	+20	0	−50	−36	−20	0
0.6	+21	0	−53	−36	−21	0
0.7	+22	0	−56	−38	−22	0
0.75						
0.8	+24	0	−60	−38	−24	0
1	+26	0	−60	−40	−26	0
1.25	+28	0	−63	−42	−28	0
1.5	+32	0	−67	−45	−32	0
1.75	+34	0	−71	−48	−34	0
2	+38	0	−71	−52	−38	0
2.5	+42	0	−80	−58	−42	0
3	+48	0	−85	−63	−48	0
3.5	+53	0	−90	−70	−53	0
4	+60	0	−95	−75	−60	0
4.5	+63	0	−100	−80	−63	0
5	+71	0	−106	−85	−71	0
5.5	+75	0	−112	−90	−75	0
6	+80	0	−118	−95	−80	0

2. 螺纹公差带的大小和公差等级

标准规定螺纹公差带的大小由公差值 T 确定，并按其大小分为若干等级。螺纹公差等级见表 5—3。

表 5—3　　螺纹公差等级

螺纹直径	公差等级
内螺纹小径 D_1	4、5、6、7、8
内螺纹中径 D_2	4、5、6、7、8
外螺纹大径 d	4、6、8
外螺纹中径 d_2	3、4、5、6、7、8、9

内螺纹的小径和外螺纹的大径各公差等级的公差分别见表 5—4 和表 5—5。从表中可以看出螺纹顶径的公差值除与公差等级有关外，还与螺距的大小有关。

表 5—4　　内螺纹小径公差（T_{D_1}）　　μm

螺距 P（mm）	公差等级				
	4	5	6	7	8
0.2	38	—	—	—	—
0.25	45	56	—	—	—
0.3	53	67	85	—	—
0.35	63	80	100	—	—
0.4	71	90	112	—	—
0.45	80	100	125	—	—
0.5	90	112	140	180	—
0.6	100	125	160	200	—
0.7	112	140	180	224	—
0.75	118	150	190	236	—
0.8	125	160	200	250	315
1	150	190	236	300	375
1.25	170	212	265	335	425
1.5	190	236	300	375	475
1.75	212	265	335	425	530
2	236	300	375	475	600
2.5	280	355	450	560	710
3	315	400	500	630	800
3.5	355	450	560	710	900
4	375	475	600	750	950
4.5	425	530	670	850	1 060
5	450	560	710	900	1 120
5.5	475	600	750	950	1 180
6	500	630	800	1 000	1 250

表 5—5　　外螺纹大径公差（T_d）　　μm

螺距 P（mm）	公差等级		
	4	6	8
0.2	36	56	—
0.25	42	67	—
0.3	48	75	—
0.35	53	85	—

续表

螺距 P（mm）	公差等级		
	4	6	8
0.4	60	95	—
0.45	63	100	—
0.5	67	106	—
0.6	80	125	—
0.7	90	140	—
0.75			
0.8	95	150	236
1	112	180	280
1.25	132	212	335
1.5	150	236	375
1.75	170	265	425
2	180	280	450
2.5	212	335	530
3	236	375	600
3.5	265	425	670
4	300	475	750
4.5	315	500	800
5	335	530	850
5.5	355	560	900
6	375	600	950

内、外螺纹中径公差分别见表5—6和表5—7。从表中可看出螺纹中径的公差值除与公差等级有关外，还与螺纹的公称直径和螺距有关。

表5—6　　内螺纹中径公差（T_{D_2}）　　μm

公称直径 D（mm）		螺距 P（mm）	公差等级				
>	≤		4	5	6	7	8
0.99	1.4	0.2	40	—	—	—	—
		0.25	45	56	—	—	—
		0.3	48	60	75	—	—
1.4	2.8	0.2	42	—	—	—	—
		0.25	48	60	—	—	—
		0.35	53	67	85	—	—
		0.4	56	71	90	—	—
		0.45	60	75	95	—	—

续表

公称直径 D（mm）		螺距 P（mm）	公差等级				
>	≤		4	5	6	7	8
2.8	5.6	0.35	56	71	90	—	—
		0.5	63	80	100	125	—
		0.6	71	90	112	140	—
		0.7	75	95	118	150	—
		0.75	75	95	118	150	—
		0.8	80	100	125	160	200
5.6	11.2	0.75	85	106	132	170	—
		1	95	118	150	190	236
		1.25	100	125	160	200	250
		1.5	112	140	180	224	280
11.2	22.4	1	100	125	160	200	250
		1.25	112	140	180	224	280
		1.5	118	150	190	236	300
		1.75	125	160	200	250	315
		2	132	170	212	265	335
		2.5	140	180	224	280	355
22.4	45	1	106	132	170	212	—
		1.5	125	160	200	250	315
		2	140	180	224	280	355
		3	170	212	265	335	425
		3.5	180	224	280	335	450
		4	190	236	300	375	475
		4.5	200	250	315	400	500
45	90	1.5	132	170	212	265	335
		2	150	190	236	300	375
		3	180	224	280	355	450
		4	200	250	315	400	500
		5	212	265	335	425	530
		5.5	224	280	355	450	560
		6	236	300	375	475	600
90	180	2	160	200	250	315	400
		3	190	236	300	375	475
		4	212	265	335	425	530
		6	250	315	400	500	630
		8	280	355	450	560	710

续表

公称直径 D（mm）		螺距 P（mm）	公差等级				
＞	≤		4	5	6	7	8
180	355	3	212	265	335	425	530
		4	236	300	375	475	600
		6	265	335	425	530	670
		8	300	375	475	600	750

表 5—7　　外螺纹中径公差（T_{d_2}）　　μm

公称直径 d（mm）		螺距 P（mm）	公差等级						
＞	≤		3	4	5	6	7	8	9
0.99	1.4	0.2	24	30	38	48	—	—	—
		0.25	26	34	42	53	—	—	—
		0.3	28	36	45	56	—	—	—
1.4	2.8	0.2	25	32	40	50	—	—	—
		0.25	28	36	45	56	—	—	—
		0.35	32	40	50	63	80	—	—
		0.4	34	42	53	67	85	—	—
		0.45	36	45	56	71	90	—	—
2.8	5.6	0.35	34	42	53	67	85	—	—
		0.5	38	48	60	75	95	—	—
		0.6	42	53	67	85	106	—	—
		0.7	45	56	71	90	112	—	—
		0.75	45	56	71	90	112	—	—
		0.8	48	60	75	95	118	150	190
5.6	11.2	0.75	50	63	80	100	125	—	—
		1	56	71	90	112	140	180	224
		1.25	60	75	95	118	150	190	236
		1.5	67	85	106	132	170	212	265
11.2	22.4	1	60	75	95	118	150	190	236
		1.25	67	85	106	132	170	212	265
		1.5	71	90	112	140	180	224	280
		1.75	75	95	118	150	190	236	300
		2	80	100	125	160	200	250	315
		2.5	85	106	132	170	212	265	335
22.4	45	1	63	80	100	125	160	200	250
		1.5	75	95	118	150	190	236	300
		2	85	106	132	170	212	265	335
		3	100	125	160	200	250	315	400
		3.5	106	132	170	212	265	335	425
		4	112	140	180	224	280	355	450
		4.5	118	150	190	236	300	375	475

续表

公称直径 d（mm）		螺距	公差等级						
>	≤	P（mm）	3	4	5	6	7	8	9
45	90	1.5	80	100	125	160	200	250	315
		2	90	112	140	180	224	280	355
		3	106	132	170	212	265	335	425
		4	118	150	190	236	300	375	475
		5	125	160	200	250	315	400	500
		5.5	132	170	212	265	335	425	530
		6	140	180	224	280	355	450	560
90	180	2	95	118	150	190	236	300	375
		3	112	140	180	224	280	355	450
		4	125	160	200	250	315	400	500
		6	150	190	236	300	375	475	600
		8	170	212	265	335	425	530	670
180	355	3	125	160	200	250	315	400	500
		4	140	180	224	280	355	450	560
		6	160	200	250	315	400	500	630
		8	180	224	280	355	450	560	710

对外螺纹的小径和内螺纹的大径不规定具体的公差值，只规定内、外螺纹牙底实际轮廓上的任意点均不得超越按基本偏差所确定的最大实体牙型。对于性能要求较高的螺纹紧固件，其外螺纹牙底轮廓要有圆滑连接的曲线，并要求限制最小圆弧半径。

3. 螺纹的旋合长度

螺纹结合的精度不仅与螺纹公差带的大小有关，还与螺纹的旋合长度有关。

标准规定将螺纹的旋合长度分为三组，即短旋合长度（S）、中等旋合长度（N）和长旋合长度（L）。同一组旋合长度中，由于螺纹的公称直径和螺距不同，其长度值也不同，具体数值见表5—8。

表5—8　　螺纹旋合长度　　mm

公称直径 D、d（mm）		螺距 P（mm）	旋合长度			
			S	N		L
>	≤		≤	>	≤	>
0.99	1.4	0.2	0.5	0.5	1.4	1.4
		0.25	0.6	0.6	1.7	1.7
		0.3	0.7	0.7	2	2
1.4	2.8	0.2	0.5	0.5	1.5	1.5
		0.25	0.6	0.6	1.9	1.9
		0.35	0.8	0.8	2.6	2.6
		0.4	1	1	3	3
		0.45	1.3	1.3	3.8	3.8

续表

公称直径 D、d（mm）		螺距 P（mm）	旋合长度			
			S	N		L
＞	≤		≤	＞	≤	＞
2.8	5.6	0.35	1	1	3	3
		0.5	1.5	1.5	4.5	4.5
		0.6	1.7	1.7	5	5
		0.7	2	2	6	6
		0.75	2.2	2.2	6.7	6.7
		0.8	2.5	2.5	7.5	7.5
5.6	11.2	0.75	2.4	2.4	7.1	7.1
		1	3	3	9	9
		1.25	4	4	12	12
		1.5	5	5	15	15
11.2	22.4	1	3.8	3.8	11	11
		1.25	4.5	4.5	13	13
		1.5	5.6	5.6	16	16
		1.75	6	6	18	18
		2	8	8	24	24
		2.5	10	10	30	30
22.4	45	1	4	4	12	12
		1.5	6.3	6.3	19	19
		2	8.5	8.5	25	25
		3	12	12	36	36
		3.5	15	15	45	45
		4	18	18	53	53
		4.5	21	21	63	63
45	90	1.5	7.5	7.5	22	22
		2	9.5	9.5	28	28
		3	15	15	45	45
		4	19	19	56	56
		5	24	24	71	71
		5.5	28	28	85	85
		6	32	32	95	95
90	180	2	12	12	36	36
		3	18	18	53	53
		4	24	24	71	71
		6	36	36	106	106
		8	45	45	132	132
180	355	3	20	20	60	60
		4	26	26	80	80
		6	40	40	118	118
		8	50	50	150	150

三、螺纹的选用公差带与配合

由 GB/T 197—2003 提供的各个公差等级的公差和基本偏差，可以组成内、外螺纹的各种公差带。螺纹公差带代号同样由表示公差等级的数字和表示基本偏差的字母组成，与光滑圆柱形工件的公差带代号的区别在于：其公差等级数字在前，基本偏差字母在后，如 6H、6g 等。

在生产中，如果全部使用上述公差带，将给量具、刃具的生产、供应及螺纹的加工和管理造成很多困难。为了减少量具、刃具的规格和数量，标准推荐了常用公差带作为选用公差带，并在其中给出了“优先”“其次”和“尽可能不用”的选用顺序，内、外螺纹选用公差带分别见表 5—9 和表 5—10。

表 5—9　　内螺纹选用公差带

精度	公差带位置 G			公差带位置 H		
	S	N	L	S	N	L
精密				4H	5H	6H
中等	(5G)	*6G	(7G)	*5H	*6H（框）	*7H
粗糙		(7G)	(8G)		7H	8H

表 5—10　　外螺纹选用公差带

精度	公差带位置 e			公差带位置 f			公差带位置 g			公差带位置 h		
	S	N	L	S	N	L	S	N	L	S	N	L
精密								(4g)	(5g4g)	(3h4h)	*4h	(5h4h)
中等		*6e	(7e6e)		*6f		(5g6g)	*6g（框）	(7g6g)	(5h6h)	6h	(7h6h)
粗糙		(8e)	(9e8e)					8g	(9g8g)			

注：1. 大量生产的精制紧固件螺纹，推荐采用带方框的公差带。

2. 带 * 的公差带应优先选用，不带 * 的公差带应其次选用，括号内的公差带应尽可能不用。

从表中可以看出，对内、外螺纹，按精密、中等、粗糙三个精度等级列出了 S 组、N 组、L 组三种旋合长度下的选用公差带。表中只有一种公差带代号的，表示中径公差带和顶径（即外螺纹大径 d 或内螺纹小径 D_1）公差带相同；有两种公差带代号的，前者表示中径公差带，后者表示顶径公差带。

选用时，通常可按以下原则考虑：

精密级用于精密螺纹，当要求配合性质变动较小时选用；中等级应用于一般用途；粗糙级在对精度要求不高或制造比较困难时选用。

从理论上讲，内、外螺纹的公差带可以任意组合，但为了保证有足够的接触高度，完工后的螺纹最好组成 H/h、H/g 或 G/h 的配合。一般常用 H/h 配合（最小间隙为零），H/g、G/h 配合常用于要求易装拆或高温下工作的螺纹。

四、螺纹在图样上的标记

普通螺纹在图样上的标记包括螺纹代号、螺纹公差带代号和螺纹旋合长度代号。

螺纹代号：粗牙普通螺纹用字母 M 及公称直径表示；细牙普通螺纹用字母 M 及公称直径×螺距表示。左旋螺纹在旋合长度代号后加注 LH，右旋螺纹不加标注。

螺纹公差带代号：包括中径公差带代号和顶径公差带代号，标注在螺纹代号之后，中间用“—”分开。如中径公差带和顶径公差带代号相同，则只标一个代号；若中径公差带和顶径公差带代号不同，则分别注出，前者为中径公差带代号，后者为顶径公差带代号。

螺纹旋合长度代号：在一般情况下，不标螺纹旋合长度，其螺纹公差带按中等旋合长度确定。必要时，在螺纹公差带代号之后加注旋合长度代号 S 或 L，中间用“—”分开。特殊需要时，可注明旋合长度数值。

螺纹标记示例：

M20×2—7g6g—L—LH

表示普通螺纹，公称直径为 20 mm，细牙，螺距为 2 mm；外螺纹，中径公差带代号为 7g，顶径（大径 d）公差带代号为 6g；长旋合长度，左旋。

螺纹标记示例：

M10—7H

表示普通螺纹，公称直径为 10 mm，粗牙，查表可得螺距为 1.5 mm；内螺纹，中径和顶径（小径 D_1）公差带代号均为 7H；中等旋合长度，右旋。

螺纹标记示例：

M10×1—6H—30

表示普通螺纹，公称直径为 10 mm，细牙，螺距为 1 mm；内螺纹，中径和顶径（小径 D_1）公差带代号均为 6H；旋合长度为 30 mm，右旋。

内、外螺纹的配合在图样上标注时，其公差带代号用斜线“/”分开，分子表示内螺纹的公差带代号，分母表示外螺纹的公差带代号。例如：

M20×2—6H/6g

M20×2LH—6H/5g6g

五、普通螺纹的偏差表及应用

根据螺纹标记，由表 5—2 查出内、外螺纹中径、顶径的基本偏差 EI 或 es，再由表 5—4 至表 5—7 查出中径、顶径的公差值，则可用公式 $ES=EI+T$ 或 $ei=es-T$ 计算出另一极限偏差。也可以由附表五直接查出内、外螺纹的中径、顶径的极限偏差。

例 5—1 查出 M20×2—6H/5g6g 细牙普通螺纹的内、外螺纹的中径、顶径的极限偏差，并计算其极限尺寸。

解：

(1) 确定内、外螺纹的中径、顶径的公称尺寸

由螺纹标记可知螺纹的公称直径为 20 mm，螺距为 2 mm，因而

$$D=d=20\ \text{mm}$$

根据式 5—1、式 5—2，可知

$$D_1=D-1.0825P=20-1.0825\times2=17.835\ \text{mm}$$

$$d_1=d-1.0825P=20-1.0825\times2=17.835\ \text{mm}$$

$$D_2=D-0.6495P=20-0.6495\times2=18.701\ \text{mm}$$

$$d_2=d-0.6495P=20-0.6495\times2=18.701\ \text{mm}$$

（2）查出极限偏差

根据公称直径、螺距和公差带代号，由附表五查出

内螺纹中径 D_2（6H）：ES＝＋212 μm＝＋0.212 mm

EI＝0

内螺纹小径 D_1（6H）：ES＝＋375 μm＝＋0.375 mm

EI＝0

外螺纹中径 d_2（5g）：es＝－38 μm＝－0.038 mm

ei＝－163 μm＝－0.163 mm

外螺纹大径 d（6g）：es＝－38 μm＝－0.038 mm

ei＝－318 μm＝－0.318 mm

（3）计算内、外螺纹的极限尺寸

内螺纹：$D_{2max}=D_2+ES=18.701+(+0.212)=18.913$ mm

$D_{2min}=D_2+EI=18.701+0=18.701$ mm

$D_{1max}=D_1+ES=17.835+(+0.375)=18.210$ mm

$D_{1min}=D_1+EI=17.835+0=17.835$ mm

外螺纹：$d_{2max}=d_2+es=18.701+(-0.038)=18.663$ mm

$d_{2min}=d_2+ei=18.701+(-0.163)=18.538$ mm

$d_{max}=d+es=20+(-0.038)=19.962$ mm

$d_{min}=d+ei=20+(-0.318)=19.682$ mm

§5—4 螺纹的检测

螺纹的检测方法可分为综合检验法和单项测量法两大类。

综合检验法是指用螺纹工作量规对影响螺纹互换性的几何参数偏差的综合结果进行检验。综合检验法不能测出参数的具体数值，但检验效率较高，适用于批量生产的中等精度的螺纹。

单项测量法是指用量具或量仪测量螺纹各（或某个）参数的实际值。如用工具显微镜测量螺纹各参数，用螺纹千分尺测量螺纹中径，用单针测量法或三针测量法测量螺纹中径等。其中三针测量法测量精度较高，且在车间生产条件下使用较方便。

一、综合检验法

车间生产中，检验螺纹所用的量规称螺纹工作量规，如图 5—13 所示。

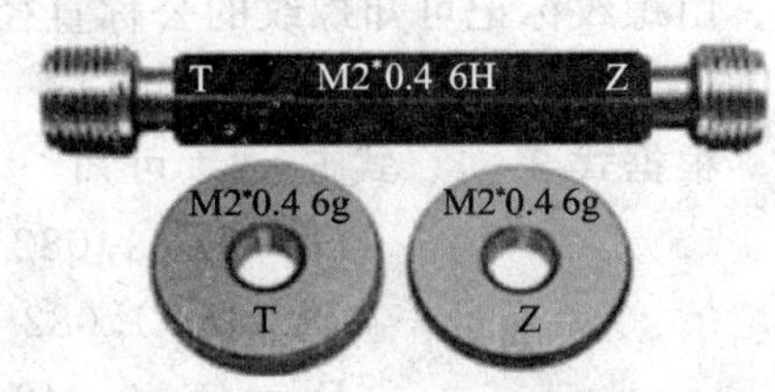

图 5—13　螺纹工作量规

1. 检验外螺纹

如图 5—14 所示是检验外螺纹大径的光滑极限卡规和检验外螺纹用的螺纹工作环规，这些量规都有通规和止规，检验方法如下：

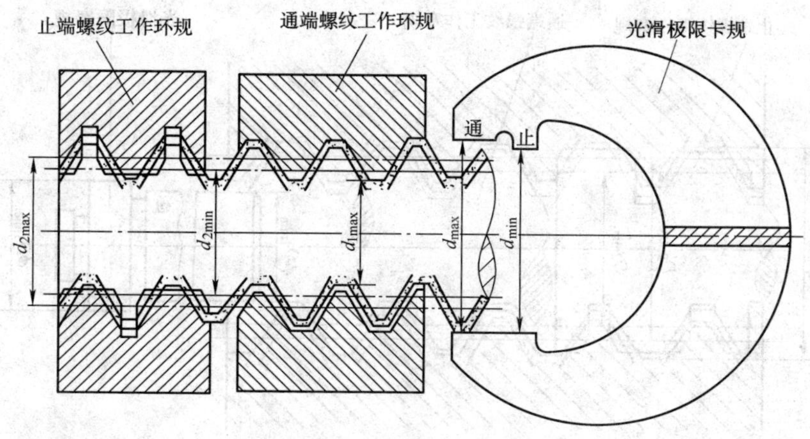

图 5—14　外螺纹的综合检验

(1) 光滑极限卡规

它用来检验外螺纹的大径尺寸。通端应通过被检外螺纹的大径，这样可以保证外螺纹的大径不大于其上极限尺寸；止端不应通过被检外螺纹的大径，以保证外螺纹大径不小于其下极限尺寸。

(2) 通端螺纹工作环规（T）

通端螺纹工作环规应有完整的牙型，其长度等于被检螺纹的旋合长度。合格的外螺纹都应被通端螺纹工作环规顺利地旋入，这样就保证了外螺纹的可旋合性，还保证了外螺纹小径不大于它的上极限尺寸。如果通规难以旋入，应对该螺纹的各部分直径、牙型角、牙侧角、螺距等参数进行检查，经修正后再用通规检验。

(3) 止端螺纹工作环规（Z）

它只用来检验外螺纹单一中径一个参数。为了尽量减少螺距误差和牙侧角误差的影响，必须使环规的中径部位与被检验的外螺纹接触，因此止端螺纹工作环规的牙型应做成截短的不完整的形式，并将止端螺纹工作环规的长度限制在 2～3.5 牙。合格的外螺纹不应完全通过止端螺纹工作环规，但允许旋合一部分。

综上所述，检验外螺纹时，当螺纹工作环规的通端能全部旋入工件，而止端不能全部旋入时，说明螺纹各基本要素符合要求。

2. 检验内螺纹

如图 5—15 所示是检验内螺纹小径用的光滑极限塞规和检验内螺纹用的螺纹工作塞规。这些量规也有通规和止规，检验方法如下：

(1) 光滑极限塞规

它用来检验内螺纹小径尺寸。通端应通过被检内螺纹的小径，而止端不应通过被检内螺纹的小径，这样就能保证内螺纹小径不小于它的下极限尺寸，同时不大于它的上极限尺寸。

(2) 通端螺纹工作塞规（T）

通端螺纹工作塞规有完整的牙型，其长度等于被检螺纹的旋合长度。合格的内螺纹应被通端螺纹工作塞规顺利地旋入，这样就保证了内螺纹的可旋合性，同时也保证了内螺纹的大径不小于其下极限尺寸。同检验外螺纹一样，如果通规难以旋入，应对该螺纹的各部分直径、牙型角、牙侧角、螺距等参数进行检查，经修正后再用通规检验。

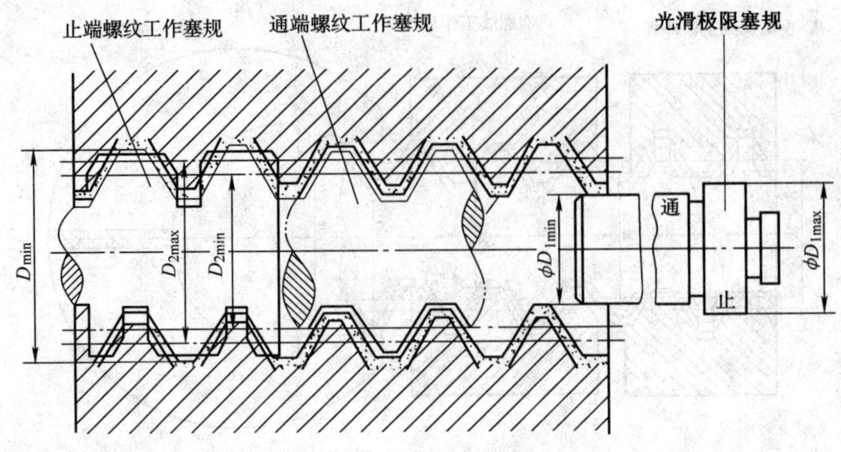

图 5—15　内螺纹的综合检验

(3) 止端螺纹工作塞规（Z）

它只用来检验内螺纹单一中径一个参数。为了尽量减少螺距误差和牙侧角误差的影响，止端螺纹工作塞规的牙型做成截短的不完整的形式，并将其工作部分的长度限制为 2～3.5 牙。合格的内螺纹不应完全通过止端螺纹工作塞规，但允许旋合一部分。

同样的，检验内螺纹合格的条件是螺纹工作塞规的通端能全部旋入工件，而止端不能全部旋入。

二、单项测量法

1. 三针测量法

三针测量法是将三根直径相同的量针，放在螺纹牙沟槽的中间，用接触式量仪和测微量具测出三根量针外素线之间的跨距 M（见图 5—16），根据已知的螺距 P、牙型半角 $\alpha/2$ 及量针直径 d_0 可以算出螺纹中径 d_2。

外螺纹中径 d_2 的计算公式为

$$d_2 = M - d_0\left(1 + \frac{1}{\sin\frac{\alpha}{2}}\right) + \frac{P}{2}\cot\frac{\alpha}{2} \tag{5—4}$$

对于普通螺纹，$\alpha = 60°$，则

$$d_2 \approx M - 3d_0 + 0.866P \tag{5—5}$$

三针测量法测量时应根据螺距大小选用适当的量针直径，量针应与螺纹牙侧相切并凸出牙槽。最佳直径的量针与螺纹牙侧的切点恰好位于中径上，如图 5—17 所示。选用量针时应尽量接近最佳值，以获得较高的测量精度。

由图 5—17 可得

$$d_{0(最佳)} = \frac{P}{2\cos\frac{\alpha}{2}} \tag{5—6}$$

对于普通螺纹，$\alpha = 60°$，则

$$d_{0(最佳)} = \frac{P}{\sqrt{3}} \approx 0.577P \tag{5—7}$$

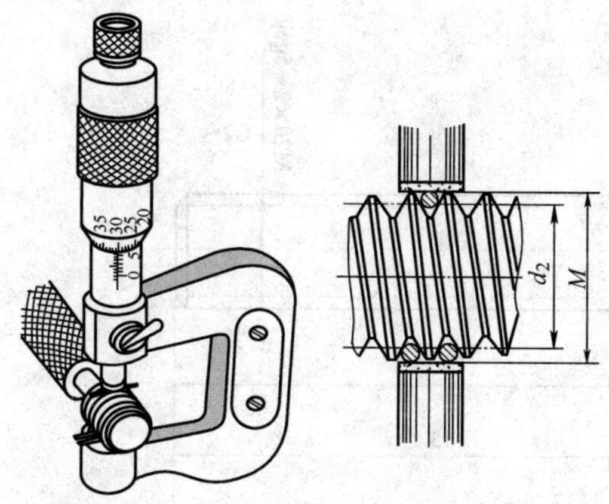

图 5—16　三针测量法测量外螺纹中径

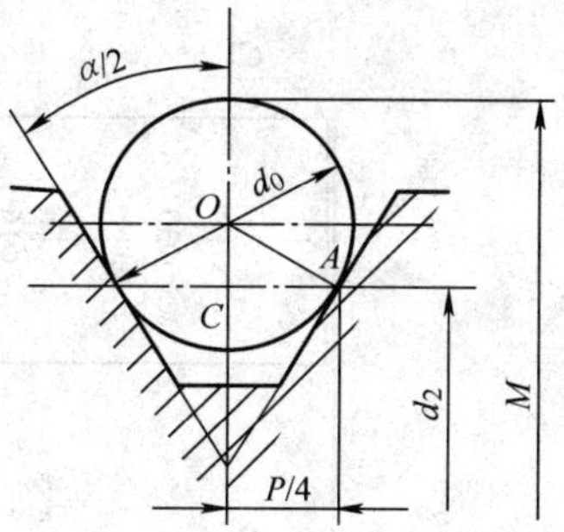

图 5—17　最佳直径的量针

将 $P=\sqrt{3}d_0$ 代入式（5—5），则普通螺纹中径的计算公式最后可简化为

$$d_2 \approx M - \frac{3}{2} d_{0(\text{最佳})} \tag{5—8}$$

例 5—2　用三针测量法测量螺栓 M20×2—5g6g 的中径尺寸，选用 $d_0=1.2$ mm 的量针，测得跨距 $M=20.43$ mm。若不计螺距误差和牙侧角误差的影响，试计算该螺栓的中径的实际尺寸，并判定该螺栓的中径尺寸是否合格。

解：

由式（5—5）得

螺栓中径的实际尺寸　$d_{2a} \approx M-3d_0+0.866P=20.43-3\times1.2+0.866\times2$

$=18.562$ mm

由例 5—1 可知

$$d_{2\max}=18.663\ \text{mm},\ d_{2\min}=18.538\ \text{mm}$$

而 18.538 mm＜18.562 mm＜18.663 mm，即 $d_{2\min}<d_{2a}<d_{2\max}$，因此，该螺栓的中径尺寸合格。

2. 用螺纹千分尺测量

螺纹千分尺是测量低精度螺纹中径的量具。其结构和特点见表 2−6。

阶段性实习训练七　螺纹的检测

一、实训目的

掌握用综合检验法、三针测量法和用螺纹千分尺测量螺纹的方法。

二、被测工件

被测工件如图 5—18 所示。

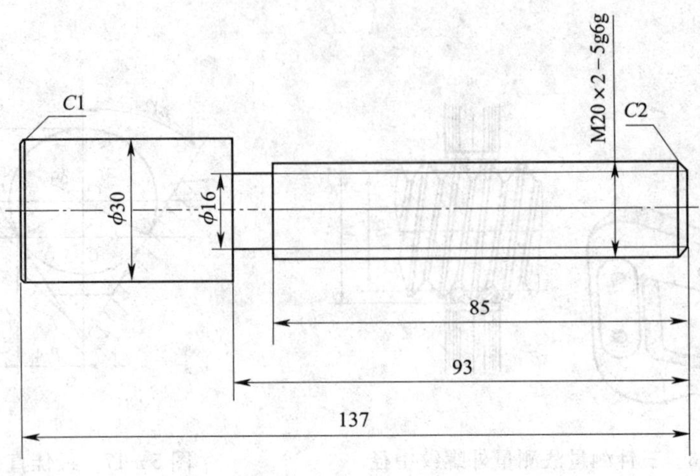

图 5—18　被测工件

三、量具选择

螺纹工作量规、量针（三根）、千分尺、螺纹千分尺、钢直尺和螺纹样板等。

四、量具的维护与保养

不得把量针与其他物品放在一起，以防被压伤。量针使用后要放入盒内保存，如果长期不用，最好涂防锈油。量针也要定期检定。

五、测量方法与步骤

由例 5—1 可知，被测外螺纹 M20×2−5g6g 的中径 d_2 的公称尺寸为 18.701 mm，上极限尺寸为18.663 mm，下极限尺寸为 18.538 mm。

测量方法与步骤见表 5—11。

表 5—11　　　　**测量方法与步骤**

测量方法与步骤	图示
测量螺距：用钢直尺沿着外螺纹轴线的方向量出 5 个牙的螺距总长；读出钢直尺上 5 个螺距的长度 L；计算出外螺纹的螺距： $P=L/5$ 测量牙型角：把螺纹样板沿着工件轴线的方向嵌入螺旋槽中，用光隙法检测外螺纹的牙型角 螺纹样板是一种带有不同螺距的基本牙型的薄片，主要以比较法检验螺纹的牙型和螺距	10　30　钢直尺 螺纹样板

测量方法与步骤	图示
综合检验法：螺纹工作量规有通端和止端，使用中要注意区分，不能搞混。如果通端难以旋入，应对螺纹的各直径尺寸、牙型角和螺距等进行检查，经修正后再用通端检验	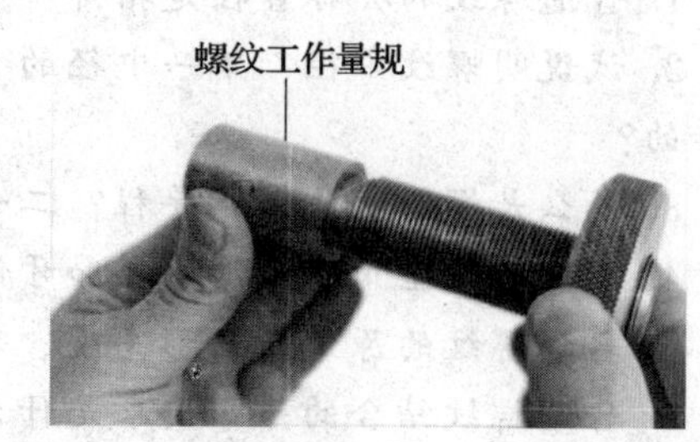
三针测量法测量中径：选取最佳量针直径 $d_0=1.154$ mm；把选择好的三针放置在螺纹两侧相对应的螺旋槽内；用千分尺量出两边量针顶点之间的距离 M；根据公式 $M\approx d_2+3d_0-0.866P$，可计算出被测螺纹中径 d_2	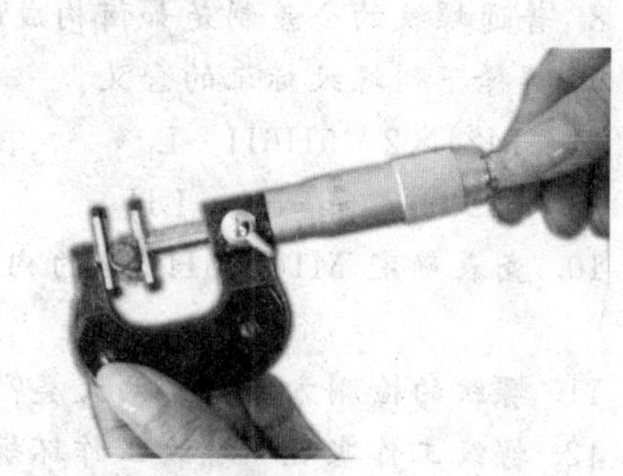
螺纹千分尺测量中径：清洁被测螺纹表面；根据被测螺纹的螺距和牙型角，选择测量头，将测量头准确、牢靠地分别插入千分尺的测杆和砧座的孔内；校对千分尺“0”位；旋转千分尺棘轮，使测头与螺纹两牙侧良好接触，当棘轮发出“咔咔”的响声后，停止旋转，此时的最大尺寸即螺纹中径尺寸	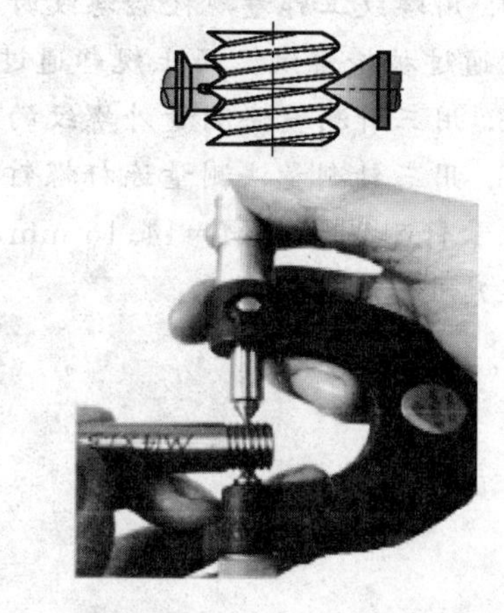

六、完成测量

将有关数据填入表 5—12 中。

表 5—12　　测量结果

测量项目	要求	实测值			平均值	结论
		1	2	3		
M 值	20.268～20.393 mm					
中径	18.538～18.663 mm					

习题

1. 普通螺纹的公称直径是指哪一个直径？内、外螺纹的顶径分别为哪一个直径？

2. 试说明螺纹中径、单一中径的含义，二者在什么情况下是相等的？什么情况下是不相等的？

3. 什么是螺距？什么是导程？二者之间存在什么关系？

4. 试说明牙型角、牙型半角和牙侧角的含义，其中对螺纹互换性影响较大的是哪一个？

5. 普通螺纹的原始三角形高度、牙型高度和螺纹接触高度之间有什么关系？

6. 普通螺纹结合的基本要求是什么？

7. 简要说明螺距误差和牙侧角误差对螺纹互换性的影响。

8. 普通螺纹的公差制是如何构成的？普通螺纹的公差带有何特点？

9. 解释下列螺纹标记的含义。

(1) M24×2—5H6H—L　　(2) M24×2－7H

(3) M20—7g6g—40—LH　　(4) M30—6H/6g

10. 查表确定 M16—6H/6g 的内、外螺纹中径、顶径的极限偏差，并计算其极限尺寸。

11. 螺纹的检测方法分哪两大类？各有什么特点？

12. 螺纹工作塞规和螺纹工作环规的通端和止端的牙型和长度有什么不同？

13. 简述用螺纹工作量规检验内、外螺纹及判定其合格性的过程。

14. 用螺纹工作量规检验螺纹时，已知被检螺纹的顶径是合格的，检验时螺纹工作量规通端未通过被检螺纹，而止规却通过了。试分析被检螺纹实际存在的误差。

15. 用三针测量法测量外螺纹的单一中径时，量针直径应如何选择？

16. 用三针测量法测量连杆螺钉 M14×1—6 h 的中径尺寸，试确定最佳量针直径。采用此最佳量针测得跨距 M=14.16 mm，若不计螺距误差和牙侧角误差的影响，试确定该螺钉的中径尺寸是否符合要求。

附表

附表一　　轴的基本偏差数值表　　μm

公称尺寸(mm)		基本偏差数值																
		上极限偏差 es												下极限偏差 ei				
		所有标准公差等级												IT5 和 IT6	IT7	IT8	IT4 至 IT7	≤IT3 >IT7
大于	至	a	b	c	cd	d	e	ef	f	fg	g	h	js	j			k	
—	3	-270	-140	-60	-34	-20	-14	-10	-6	-4	-2	0	偏差 $=\pm\frac{IT_n}{2}$，式中 IT_n 是 IT 值	-2	-4	-6	0	0
3	6	-270	-140	-70	-46	-30	-20	-14	-10	-6	-4	0		-2	-4		+1	0
6	10	-280	-150	-80	-56	-40	-25	-18	-13	-8	-5	0		-2	-5		+1	0
10	14	-290	-150	-95		-50	-32		-16		-6	0		-3	-6		+1	0
14	18																	
18	24	-300	-160	-110		-65	-40		-20		-7	0		-4	-8		+2	0
24	30																	
30	40	-310	-170	-120		-80	-50		-25		-9	0		-5	-10		+2	0
40	50	-320	-180	-130														
50	65	-340	-190	-140		-100	-60		-30		-10	0		-7	-12		+2	0
65	80	-360	-200	-150														
80	100	-380	-220	-170		-120	-72		-36		-12	0		-9	-15		+3	0
100	120	-410	-240	-180														
120	140	-460	-260	-200		-145	-85		-43		-14	0		-11	-18		+3	0
140	160	-520	-280	-210														
160	180	-580	-310	-230														
180	200	-660	-340	-240		-170	-100		-50		-15	0		-13	-21		+4	0
200	225	-740	-380	-260														
225	250	-820	-420	-280														
250	280	-920	-480	-300		-190	-110		-56		-17	0		-16	-26		+4	0
280	315	-1 050	-540	-330														
315	355	-1 200	-600	-360		-210	-125		-62		-18	0		-18	-28		+4	0
355	400	-1 350	-680	-400														
400	450	-1 500	-760	-440		-230	-135		-68		-20	0		-20	-32		+5	0
450	500	-1 650	-840	-480														
500	560					-260	-145		-76		-22	0					0	0
560	630																	
630	710					-290	-160		-80		-24	0					0	0
710	800																	
800	900					-320	-170		-86		-26	0					0	0
900	1 000																	
1 000	1 120					-350	-195		-98		-28	0					0	0
1 120	1 250																	
1 250	1 400					-390	-220		-110		-30	0					0	0
1 400	1 600																	
1 600	1 800					-430	-240		-120		-32	0					0	0
1 800	2 000																	
2 000	2 240					-480	-260		-130		-34	0					0	0
2 240	2 500																	
2 500	2 800					-520	-290		-145		-38	0					0	0
2 800	3 150																	

续表

公称尺寸(mm)		基本偏差数值													
		下极限偏差 ei													
大于	至	所有标准公差等级													
		m	n	p	r	s	t	u	v	x	y	z	za	zb	zc
—	3	+2	+4	+6	+10	+14		+18		+20		+26	+32	+40	+60
3	6	+4	+8	+12	+15	+19		+23		+28		+35	+42	+50	+80
6	10	+6	+10	+15	+19	+23		+28		+34		+42	+52	+67	+97
10	14	+7	+12	+18	+23	+28		+33		+40		+50	+64	+90	+130
14	18								+39	+45		+60	+77	+108	+150
18	24	+8	+15	+22	+28	+35		+41	+47	+54	+63	+73	+98	+136	+188
24	30						+41	+48	+55	+64	+75	+88	+118	+160	+218
30	40	+9	+17	+26	+34	+43	+48	+60	+68	+80	+94	+112	+148	+200	+274
40	50						+54	+70	+81	+97	+114	+136	+180	+242	+325
50	65	+11	+20	+32	+41	+53	+66	+87	+102	+122	+144	+172	+226	+300	+405
65	80				+43	+59	+75	+102	+120	+446	+174	+210	+274	+360	+480
80	100	+13	+23	+37	+51	+71	+91	+124	+146	+178	+214	+258	+335	+445	+585
100	120				+54	+79	+104	+144	+172	+210	+254	+310	+400	+525	+690
120	140	+15	+27	+43	+63	+92	+122	+170	+202	+248	+300	+365	+470	+620	+800
140	160				+65	+100	+134	+190	+228	+280	+340	+415	+535	+700	+900
160	180				+68	+108	+146	+210	+252	+310	+380	+465	+600	+780	+1 000
180	200	+17	+31	+50	+77	+122	+166	+236	+284	+350	+425	+520	+670	+880	+1 150
200	225				+80	+130	+180	+258	+310	+385	+470	+575	+740	+960	+1 250
225	250				+84	+140	+196	+284	+340	+425	+520	+610	+820	+1 050	+1 350
250	280	+20	+34	+56	+94	+158	+218	+315	+385	+475	+580	+710	+920	+1 200	+1 550
280	315				+98	+170	+240	+350	+425	+525	+650	+790	+1 000	+1 300	+1 700
315	355	+21	+37	+62	+108	+190	+268	+390	+475	+590	+730	+900	+1 150	+1 500	+1 900
355	400				+114	+208	+294	+435	+530	+660	+820	+1 000	+1 300	+1 650	+2 100
400	450	+23	+40	+68	+126	+232	+330	+490	+595	+740	+920	+1 100	+1 450	+1 850	+2 400
450	500				+132	+252	+360	+540	+660	+820	+1 000	+1 250	+1 600	+2 100	+2 600
500	560	+26	+44	+78	+150	+280	+400	+600							
560	630				+155	+310	+450	+660							
630	710	+30	+50	+88	+175	+340	+500	+740							
710	800				+185	+380	+560	+840							
800	900	+34	+56	+100	+210	+430	+620	+940							
900	1 000				+220	+470	+680	+1 050							
1 000	1 120	+40	+66	+120	+250	+520	+780	+1 150							
1 120	1 250				+260	+580	+840	+1 300							
1 250	1 400	+48	+78	+140	+300	+640	+960	+1 450							
1 400	1 600				+330	+720	+1 050	+1 600							
1 600	1 800	+58	+92	+170	+370	+820	+1 200	+1 850							
1 800	2 000				+400	+920	+1 350	+2 000							
2 000	2 240	+68	+110	+195	+440	+1 000	+1 500	+2 300							
2 240	2 500				+460	+1 100	+1 650	+2 500							
2 500	2 800	+76	+135	+240	+550	+1 250	+1 900	+2 900							
2 800	3 150				+580	+1 400	+2 100	+3 200							

注：1. 公称尺寸小于或等于 1 mm 时，基本偏差 a 和 b 均不采用。

2. 公差带 js7 至 js11，若 IT_n 值是奇数，则取偏差 $=\pm\frac{IT_n-1}{2}$。

附表二　　　　孔的基本偏差数值表　　　　μm

公称尺寸（mm）		基本偏差数值																				
		下极限偏差 EI												上极限偏差 ES								
		所有标准公差等级												IT6	IT7	IT8	≤IT8	>IT8	≤IT8	>IT8	≤IT8	>IT8
大于	至	A	B	C	CD	D	E	EF	F	FG	G	H	JS	J			K		M		N	
—	3	+270	+140	+60	+34	+20	+14	+10	+6	+4	+2	0	偏差=±$\frac{IT_n}{2}$，式中IT_n是IT值	+2	+4	+6	0	0	−2	−2	−4	−4
3	6	+270	+140	+70	+46	+30	+20	+14	+10	+6	+4	0		+5	+6	+10	−1+Δ		−4+Δ	−4	−8+Δ	0
6	10	+280	+150	+80	+56	+40	+25	+18	+13	+8	+5	0		+5	+8	+12	−1+Δ		−6+Δ	−6	−10+Δ	0
10	14	+290	+150	+95		+50	+32		+16		+6	0		+6	+10	+15	−1+Δ		−7+Δ	−7	−12+Δ	0
14	18																					
18	24	+300	+160	+110		+65	+40		+20		+7	0		+8	+12	+20	−2+Δ		−8+Δ	−8	−15+Δ	0
24	30																					
30	40	+310	+170	+120		+80	+50		+25		+9	0		+10	+14	+24	−2+Δ		−9+Δ	−9	−17+Δ	0
40	50	+320	+180	+130																		
50	65	+340	+190	+140		+100	+60		+30		+10	0		+13	+18	+28	−2+Δ		−11+Δ	−11	−20+Δ	0
65	80	+360	+200	+150																		
80	100	+380	+220	+170		+120	+72		+36		+12	0		+16	+22	+34	−3+Δ		−13+Δ	−13	−23+Δ	0
100	120	+410	+240	+180																		
120	140	+460	+260	+200		+145	+85		+43		+14	0		+18	+26	+41	−3+Δ		−15+Δ	−15	−27+Δ	0
140	160	+520	+280	+210																		
160	180	+580	+310	+230																		
180	200	+660	+340	+240		+170	+100		+50		+15	0		+22	+30	+47	−4+Δ		−17+Δ	−17	−31+Δ	0
200	225	+740	+380	+260																		
225	250	+820	+420	+280																		
250	280	+920	+480	+300		+190	+110		+56		+17	0		+25	+36	+55	−4+Δ		−20+Δ	−20	−34+Δ	0
280	315	+1 050	+540	+330																		
315	355	+1 200	+600	+360		+210	+125		+62		+18	0		+29	+39	+60	−4+Δ		−21+Δ	−21	−37+Δ	0
355	400	+1 350	+680	+400																		
400	450	+1 500	+760	+440		+230	+135		+68		+20	0		+33	+43	+66	−5+Δ		−23+Δ	−23	−40+Δ	0
450	500	+1 650	+840	+480																		
500	560					+260	+145		+76		+22	0					0		−26		−44	
560	630																					
630	710					+290	+160		+80		+24	0					0		−30		−50	
710	800																					
800	900					+320	+170		+86		+26	0					0		−34		−56	
900	1 000																					
1 000	1 120					+350	+195		+98		+28	0					0		−40		−66	
1 120	1 250																					
1 250	1 400					+390	+220		+110		+30	0					0		−48		−78	
1 400	1 600																					
1 600	1 800					+430	+240		+120		+32	0					0		−58		−92	
1 800	2 000																					
2 000	2 240					+480	+260		+130		+34	0					0		−68		−110	
2 240	2 500																					
2 500	2 800					+520	+290		+145		+38	0					0		−76		−135	
2 800	3 150																					

续表

公称尺寸（mm）		基本偏差数值													Δ值					
		上极限偏差 ES																		
		≤IT7	标准公差等级大于 IT7												标准公差等级					
大于	至	P 至 ZC	P	R	S	T	U	V	X	Y	Z	ZA	ZB	ZC	IT3	IT4	IT5	IT6	IT7	IT8
—	3	在大于 IT7 的相应数值上增加一个Δ值	−6	−10	−14		−18		−20		−26	−32	−40	−60	0	0	0	0	0	0
3	6		−12	−15	−19		−23		−28		−35	−42	−50	−80	1	1.5	1	3	4	6
6	10		−15	−19	−23		−28		−34		−42	−52	−67	−97	1	1.5	2	3	6	7
10	14		−18	−23	−28		−33		−40		−50	−64	−90	−130	1	2	3	3	7	9
14	18							−39	−45		−60	−77	−108	−150						
18	24		−22	−28	−35		−41	−47	−54	−63	−73	−98	−136	−188	1.5	2	3	4	8	12
24	30					−41	−48	−55	−64	−75	−88	−118	−160	−218						
30	40		−26	−34	−43	−48	−60	−68	−80	−94	−112	−148	−200	−274	1.5	3	4	5	9	14
40	50					−54	−70	−81	−97	−114	−136	−180	−242	−325						
50	65		−32	−41	−53	−66	−87	−102	−122	−144	−172	−226	−300	−405	2	3	5	6	11	16
65	80			−43	−59	−75	−102	−120	−146	−174	−210	−274	−360	−480						
80	100		−37	−51	−71	−91	−124	−146	−178	−214	−258	−335	−445	−585	2	4	5	7	13	19
100	120			−54	−79	−104	−144	−172	−210	−254	−310	−400	−525	−690						
120	140		−43	−63	−92	−122	−170	−202	−248	−300	−365	−470	−620	−800	3	4	6	7	15	23
140	160			−65	−100	−134	−190	−228	−280	−340	−415	−535	−700	−900						
160	180		−50	−68	−108	−146	−210	−252	−310	−380	−465	−600	−780	−1 000						
180	200			−77	−122	−166	−236	−284	−350	−425	−520	−670	−880	−1 150	3	4	6	9	17	26
200	225		−56	−80	−130	−180	−258	−310	−385	−470	−575	−740	−960	−1 250						
225	250			−84	−140	−196	−284	−340	−425	−520	−640	−820	−1 050	−1 350						
250	280		−62	−94	−158	−218	−315	−385	−475	−580	−710	−920	−1 200	−1 550	4	4	7	9	20	29
280	315			−98	−170	−240	−350	−425	−525	−650	−790	−1 000	−1 300	−1 700						
315	355		−68	−108	−190	−268	−390	−475	−590	−730	−900	−1 150	−1 500	−1 900	4	5	7	11	21	32
355	400			−114	−208	−294	−435	−530	−660	−820	−1 000	−1 300	−1 650	−2 100						
400	450		−78	−126	−232	−330	−490	−595	−740	−920	−1 100	−1 450	−1 850	−2 400	5	5	7	13	23	34
450	500			−132	−252	−360	−540	−660	−820	−1 000	−1 250	−1 600	−2 100	−2 600						
500	560		−88	−150	−280	−400	−600													
560	630			−155	−310	−450	−660													
630	710		−100	−175	−340	−500	−740													
710	800			−185	−380	−560	−840													
800	900		−120	−210	−430	−620	−940													
900	1 000			−220	−470	−680	−1 050													
1 000	1 120		−140	−250	−520	−780	−1 150													
1 120	1 250			−260	−580	−840	−1 300													
1 250	1 400		−170	−300	−640	−960	−1 450													
1 400	1 600			−330	−720	−1 050	−1 600													
1 600	1 800		−195	−370	−820	−1 200	−1 850													
1 800	2 000			−400	−920	−1 350	−2 000													
2 000	2 240		−240	−440	−1 000	−1 500	−2 300													
2 240	2 500			−460	−1 100	−1 650	−2 500													
2 500	2 800			−550	−1 250	−1 900	−2 900													
2 800	3 150			−580	−1 400	−2 100	−3 200													

注：1. 公称尺寸小于或等于 1 mm 时，基本偏差 A 和 B 及大于 IT8 的 N 均不采用。

2. 公差带 JS7 至 JS11，若 IT_n 值是奇数，则取偏差 $=\pm\frac{IT_n-1}{2}$。

3. 对小于或等于 IT8 的 K、M、N 和小于或等于 IT7 的 P 至 ZC，所需Δ值从表内右侧选取。
例如：18～30 mm 段的 K7：Δ=8 μm，所以 ES=−2+8=+6 μm
18～30 mm 段的 S6：Δ=4 μm，所以 ES=−35+4=−31 μm

4. 特殊情况：250～315 mm 段的 M6，ES=−9 μm（代替−11 μm）。

附表三　　　　　　　　**轴的极限偏差表**　　　　　　　　μm

<table>
<tr><td colspan="2" rowspan="3">公称尺寸
(mm)</td><td colspan="15">公差带</td></tr>
<tr><td colspan="5">a</td><td colspan="5">b</td><td colspan="5">c</td></tr>
<tr><td colspan="15">公差等级</td></tr>
<tr><td>大于</td><td>至</td><td>9</td><td>10</td><td>11</td><td>12</td><td>13</td><td>9</td><td>10</td><td>11</td><td>12</td><td>13</td><td>8</td><td>9</td><td>10</td><td>11</td><td>12</td></tr>
<tr><td>—</td><td>3</td><td>−270
−295</td><td>−270
−310</td><td>−270
−330</td><td>−270
−370</td><td>−270
−410</td><td>−140
−165</td><td>−140
−180</td><td>−140
−200</td><td>−140
−240</td><td>−140
−280</td><td>−60
−74</td><td>−60
−85</td><td>−60
−100</td><td>−60
−120</td><td>−60
−160</td></tr>
<tr><td>3</td><td>6</td><td>−270
−300</td><td>−270
−318</td><td>−270
−345</td><td>−270
−390</td><td>−270
−450</td><td>−140
−170</td><td>−140
−188</td><td>−140
−215</td><td>−140
−260</td><td>−140
−320</td><td>−70
−88</td><td>−70
−100</td><td>−70
−118</td><td>−70
−145</td><td>−70
−190</td></tr>
<tr><td>6</td><td>10</td><td>−280
−316</td><td>−280
−338</td><td>−280
−370</td><td>−280
−430</td><td>−280
−500</td><td>−150
−186</td><td>−150
−208</td><td>−150
−240</td><td>−150
−300</td><td>−150
−370</td><td>−80
−102</td><td>−80
−116</td><td>−80
−138</td><td>−80
−170</td><td>−80
−220</td></tr>
<tr><td>10
14</td><td>14
18</td><td>−290
−333</td><td>−290
−360</td><td>−290
−400</td><td>−290
−470</td><td>−290
−560</td><td>−150
−193</td><td>−150
−220</td><td>−150
−260</td><td>−150
−330</td><td>−150
−420</td><td>−95
−122</td><td>−95
−138</td><td>−95
−165</td><td>−95
−205</td><td>−95
−275</td></tr>
<tr><td>18
24</td><td>24
30</td><td>−300
−352</td><td>−300
−384</td><td>−300
−430</td><td>−300
−510</td><td>−300
−630</td><td>−160
−212</td><td>−160
−244</td><td>−160
−290</td><td>−160
−370</td><td>−160
−490</td><td>−110
−143</td><td>−110
−162</td><td>−110
−194</td><td>−110
−240</td><td>−110
−320</td></tr>
<tr><td>30</td><td>40</td><td>−310
−372</td><td>−310
−410</td><td>−310
−470</td><td>−310
−560</td><td>−310
−700</td><td>−170
−232</td><td>−170
−270</td><td>−170
−330</td><td>−170
−420</td><td>−170
−560</td><td>−120
−159</td><td>−120
−182</td><td>−120
−220</td><td>−120
−280</td><td>−120
−370</td></tr>
<tr><td>40</td><td>50</td><td>−320
−382</td><td>−320
−420</td><td>−320
−480</td><td>−320
−570</td><td>−320
−710</td><td>−180
−242</td><td>−180
−280</td><td>−180
−340</td><td>−180
−430</td><td>−180
−570</td><td>−130
−169</td><td>−130
−192</td><td>−130
−230</td><td>−130
−290</td><td>−130
−380</td></tr>
<tr><td>50</td><td>65</td><td>−340
−414</td><td>−340
−460</td><td>−340
−530</td><td>−340
−640</td><td>−340
−800</td><td>−190
−264</td><td>−190
−310</td><td>−190
−380</td><td>−190
−490</td><td>−190
−650</td><td>−140
−186</td><td>−140
−214</td><td>−140
−260</td><td>−140
−330</td><td>−140
−440</td></tr>
<tr><td>65</td><td>80</td><td>−360
−434</td><td>−360
−480</td><td>−360
−550</td><td>−360
−660</td><td>−360
−820</td><td>−200
−274</td><td>−200
−320</td><td>−200
−390</td><td>−200
−500</td><td>−200
−660</td><td>−150
−196</td><td>−150
−224</td><td>−150
−270</td><td>−150
−340</td><td>−150
−450</td></tr>
<tr><td>80</td><td>100</td><td>−380
−467</td><td>−380
−520</td><td>−380
−600</td><td>−380
−730</td><td>−380
−920</td><td>−220
−307</td><td>−220
−360</td><td>−220
−440</td><td>−220
−570</td><td>−220
−760</td><td>−170
−224</td><td>−170
−257</td><td>−170
−310</td><td>−170
−390</td><td>−170
−520</td></tr>
<tr><td>100</td><td>120</td><td>−410
−497</td><td>−410
−550</td><td>−410
−630</td><td>−410
−760</td><td>−410
−950</td><td>−240
−327</td><td>−240
−380</td><td>−240
−460</td><td>−240
−590</td><td>−240
−780</td><td>−180
−234</td><td>−180
−267</td><td>−180
−320</td><td>−180
−400</td><td>−180
−530</td></tr>
<tr><td>120</td><td>140</td><td>−460
−560</td><td>−460
−620</td><td>−460
−710</td><td>−460
−860</td><td>−460
−1 090</td><td>−260
−360</td><td>−260
−420</td><td>−260
−510</td><td>−260
−660</td><td>−260
−890</td><td>−200
−263</td><td>−200
−300</td><td>−200
−360</td><td>−200
−450</td><td>−200
−600</td></tr>
<tr><td>140</td><td>160</td><td>−520
−620</td><td>−520
−680</td><td>−520
−770</td><td>−520
−920</td><td>−520
−1 150</td><td>−280
−380</td><td>−280
−440</td><td>−280
−530</td><td>−280
−680</td><td>−280
−910</td><td>−210
−273</td><td>−210
−310</td><td>−210
−370</td><td>−210
−460</td><td>−210
−610</td></tr>
<tr><td>160</td><td>180</td><td>−580
−680</td><td>−580
−740</td><td>−580
−830</td><td>−580
−980</td><td>−580
−1 210</td><td>−310
−410</td><td>−310
−470</td><td>−310
−560</td><td>−310
−710</td><td>−310
−940</td><td>−230
−293</td><td>−230
−330</td><td>−230
−390</td><td>−230
−480</td><td>−230
−630</td></tr>
<tr><td>180</td><td>200</td><td>−660
−775</td><td>−660
−845</td><td>−660
−950</td><td>−660
−1 120</td><td>−660
−1 380</td><td>−340
−455</td><td>−340
−525</td><td>−340
−630</td><td>−340
−800</td><td>−340
−1 060</td><td>−240
−312</td><td>−240
−355</td><td>−240
−425</td><td>−240
−530</td><td>−240
−700</td></tr>
<tr><td>200</td><td>225</td><td>−740
−855</td><td>−740
−925</td><td>−740
−1 030</td><td>−740
−1 200</td><td>−740
−1 460</td><td>−380
−495</td><td>−380
−565</td><td>−380
−670</td><td>−380
−840</td><td>−380
−1 100</td><td>−260
−332</td><td>−260
−375</td><td>−260
−445</td><td>−260
−550</td><td>−260
−720</td></tr>
<tr><td>225</td><td>250</td><td>−820
−935</td><td>−820
−1 005</td><td>−820
−1 110</td><td>−820
−1 280</td><td>−820
−1 540</td><td>−420
−535</td><td>−420
−605</td><td>−420
−710</td><td>−420
−880</td><td>−420
−1 140</td><td>−280
−352</td><td>−280
−395</td><td>−280
−465</td><td>−280
−570</td><td>−280
−740</td></tr>
<tr><td>250</td><td>280</td><td>−920
−1 050</td><td>−920
−1 130</td><td>−920
−1 240</td><td>−920
−1 440</td><td>−920
−1 730</td><td>−480
−610</td><td>−480
−690</td><td>−480
−800</td><td>−480
−1 000</td><td>−480
−1 290</td><td>−300
−381</td><td>−300
−430</td><td>−300
−510</td><td>−300
−620</td><td>−300
−820</td></tr>
<tr><td>280</td><td>315</td><td>−1 050
−1 180</td><td>−1 050
−1 260</td><td>−1 050
−1 370</td><td>−1 050
−1 570</td><td>−1 050
−1 860</td><td>−540
−670</td><td>−540
−750</td><td>−540
−860</td><td>−540
−1 060</td><td>−540
−1 350</td><td>−330
−411</td><td>−330
−460</td><td>−330
−540</td><td>−330
−650</td><td>−330
−850</td></tr>
<tr><td>315</td><td>355</td><td>−1 200
−1 340</td><td>−1 200
−1 430</td><td>−1 200
−1 560</td><td>−1 200
−1 770</td><td>−1 200
−2 090</td><td>−600
−740</td><td>−600
−830</td><td>−600
−960</td><td>−600
−1 170</td><td>−600
−1 490</td><td>−360
−449</td><td>−360
−500</td><td>−360
−590</td><td>−360
−720</td><td>−360
−930</td></tr>
<tr><td>355</td><td>400</td><td>−1 350
−1 490</td><td>−1 350
−1 580</td><td>−1 350
−1 710</td><td>−1 350
−1 920</td><td>−1 350
−2 240</td><td>−680
−820</td><td>−680
−910</td><td>−680
−1 040</td><td>−680
−1 250</td><td>−680
−1 570</td><td>−400
−489</td><td>−400
−540</td><td>−400
−630</td><td>−400
−760</td><td>−400
−970</td></tr>
<tr><td>400</td><td>450</td><td>−1 500
−1 655</td><td>−1 500
−1 750</td><td>−1 500
−1 900</td><td>−1 500
−2 130</td><td>−1 500
−2 470</td><td>−760
−915</td><td>−760
−1 010</td><td>−760
−1 160</td><td>−760
−1 390</td><td>−760
−1 730</td><td>−440
−537</td><td>−440
−595</td><td>−440
−690</td><td>−440
−840</td><td>−440
−1 070</td></tr>
<tr><td>450</td><td>500</td><td>−1 650
−1 805</td><td>−1 650
−1 900</td><td>−1 650
−2 050</td><td>−1 650
−2 280</td><td>−1 650
−2 620</td><td>−840
−995</td><td>−840
−1 090</td><td>−840
−1 240</td><td>−840
−1 470</td><td>−840
−1 810</td><td>−480
−577</td><td>−480
−635</td><td>−480
−730</td><td>−480
−880</td><td>−480
−1 110</td></tr>
</table>

续表

公称尺寸 (mm)		公差带													
		c	d					e					f		
		公差等级													
大于	至	13	7	8	9	10	11	6	7	8	9	10	5	6	7
—	3	−60 −200	−20 −30	−20 −34	−20 −45	−20 −60	−20 −80	−14 −20	−14 −24	−14 −28	−14 −39	−14 −54	−6 −10	−6 −12	−6 −16
3	6	−70 −250	−30 −42	−30 −48	−30 −60	−30 −78	−30 −105	−20 −28	−20 −32	−20 −38	−20 −50	−20 −68	−10 −15	−10 −18	−10 −22
6	10	−80 −300	−40 −55	−40 −62	−40 −76	−40 −98	−40 −130	−25 −34	−25 −40	−25 −47	−25 −61	−25 −83	−13 −19	−13 −22	−13 −28
10	14	−95	−50	−50	−50	−50	−50	−32	−32	−32	−32	−32	−16	−16	−16
14	18	−365	−68	−77	−93	−120	−160	−43	−50	−59	−75	−102	−24	−27	−34
18	24	−110	−65	−65	−65	−65	−65	−40	−40	−40	−40	−40	−20	−20	−20
24	30	−440	−86	−98	−117	−149	−195	−53	−61	−73	−92	−124	−29	−33	−41
30	40	−120 −510	−80 −105	−80 −119	−80 −142	−80 −180	−80 −240	−50 −66	−50 −75	−50 −89	−50 −112	−50 −150	−25 −36	−25 −41	−25 −50
40	50	−130 −520													
50	65	−140 −600	−100 −130	−100 −146	−100 −174	−100 −220	−100 −290	−60 −79	−60 −90	−60 −106	−60 −134	−60 −180	−30 −43	−30 −49	−30 −60
65	80	−150 −610													
80	100	−170 −710	−120 −155	−120 −174	−120 −207	−120 −260	−120 −340	−72 −94	−72 −107	−72 −126	−72 −159	−72 −212	−36 −51	−36 −58	−36 −71
100	120	−180 −720													
120	140	−200 −830	−145 −185	−145 −208	−145 −245	−145 −305	−145 −395	−85 −110	−85 −125	−85 −148	−85 −185	−85 −245	−43 −61	−43 −68	−43 −83
140	160	−210 −840													
160	180	−230 −860													
180	200	−240 −960	−170 −216	−170 −242	−170 −285	−170 −355	−170 −460	−100 −129	−100 −146	−100 −172	−100 −215	−100 −285	−50 −70	−50 −79	−50 −96
200	225	−260 −980													
225	250	−280 −1 000													
250	280	−300 −1 110	−190 −242	−190 −271	−190 −320	−190 −400	−190 −510	−110 −142	−110 −162	−110 −191	−110 −240	−110 −320	−56 −79	−56 −88	−56 −108
280	315	−330 −1 140													
315	355	−360 −1 250	−210 −267	−210 −299	−210 −350	−210 −440	−210 −570	−125 −161	−125 −182	−125 −214	−125 −265	−125 −355	−62 −87	−62 −98	−62 −119
355	400	−400 −1 290													
400	450	−440 −1 410	−230 −293	−230 −327	−230 −385	−230 −480	−230 −630	−135 −175	−135 −198	−135 −232	−135 −290	−135 −385	−68 −95	−68 −108	−68 −131
450	500	−480 −1 450													

续表

公称尺寸 (mm)		公差带												
		f		g					h					
		公差等级												
大于	至	8	9	4	5	6	7	8	1	2	3	4	5	6
—	3	−6 −20	−6 −31	−2 −5	−2 −6	−2 −8	−2 −12	−2 −16	0 −0.8	0 −1.2	0 −2	0 −3	0 −4	0 −6
3	6	−10 −28	−10 −40	−4 −8	−4 −9	−4 −12	−4 −16	−4 −22	0 −1	0 −1.5	0 −2.5	0 −3	0 −5	0 −8
6	10	−13 −35	−13 −49	−5 −9	−5 −11	−5 −14	−5 −20	−5 −27	0 −1	0 −1.5	0 −2.5	0 −4	0 −6	0 −9
10	14	−16 −43	−16 −59	−6 −11	−6 −14	−6 −17	−6 −24	−6 −33	0 −1.2	0 −2	0 −3	0 −5	0 −8	0 −11
14	18													
18	24	−20 −53	−20 −72	−7 −13	−7 −16	−7 −20	−7 −28	−7 −40	0 −1.5	0 −2.5	0 −4	0 −6	0 −9	0 −13
24	30													
30	40	−25 −64	−25 −87	−9 −16	−9 −20	−9 −25	−9 −34	−9 −48	0 −1.5	0 −2.5	0 −4	0 −7	0 −11	0 −16
40	50													
50	65	−30 −76	−30 −104	−10 −18	−10 −23	−10 −29	−10 −40	−10 −50	0 −2	0 −3	0 −5	0 −8	0 −13	0 −19
65	80													
80	100	−36 −90	−36 −123	−12 −22	−12 −27	−12 −34	−12 −47	−12 −66	0 −2.5	0 −4	0 −6	0 −10	0 −15	0 −22
100	120													
120	140	−43 −106	−43 −143	−14 −26	−14 −32	−14 −39	−14 −54	−14 −77	0 −3.5	0 −5	0 −8	0 −12	0 −18	0 −25
140	160													
160	180													
180	200	−50 −122	−50 −165	−15 −29	−15 −35	−15 −41	−15 −61	−15 −87	0 −4.5	0 −7	0 −10	0 −14	0 −20	0 −29
200	225													
225	250													
250	280	−56 −137	−56 −186	−17 −33	−17 −40	−17 −49	−17 −69	−17 −98	0 −6	0 −8	0 −12	0 −16	0 −23	0 −32
280	315													
315	355	−62 −151	−62 −202	−18 −36	−18 −43	−18 −54	−18 −75	−18 −107	0 −7	0 −9	0 −13	0 −18	0 −25	0 −36
355	400													
400	450	−68 −165	−68 −223	−20 −40	−20 −47	−20 −60	−20 −83	−20 −117	0 −8	0 −10	0 −15	0 −20	0 −27	0 −40
450	500													

续表

公称尺寸（mm）		公差带												
		h							j			js		
		公差等级												
大于	至	7	8	9	10	11	12	13	5	6	7	1	2	3
—	3	0 −10	0 −14	0 −25	0 −40	0 −60	0 −100	0 −140	—	+4 −2	+6 −4	±0.4	±0.6	±1
3	6	0 −12	0 −18	0 −30	0 −48	0 −75	0 −120	0 −180	+3 −2	+6 −2	+8 −4	±0.5	±0.75	±1.25
6	10	0 −15	0 −22	0 −30	0 −58	0 −90	0 −150	0 −220	+4 −2	+7 −2	+10 −5	±0.5	±0.75	±1.25
10 14	14 18	0 −18	0 −27	0 −43	0 −70	0 −110	0 −180	0 −270	+5 −3	+8 −3	+12 −6	±0.6	±1	±1.5
18 24	24 30	0 −21	0 −33	0 −52	0 −84	0 −130	0 −210	0 −330	+5 −4	+9 −4	+13 −8	±0.75	±1.25	±2
30 40	40 50	0 −25	0 −39	0 −62	0 −100	0 −160	0 −250	0 −390	+6 −5	+11 −5	+15 −10	±0.75	±1.25	±2
50 65	65 80	0 −30	0 −46	0 −74	0 −120	0 −190	0 −300	0 −460	+6 −7	+12 −7	+18 −12	±1	±1.5	±2.5
80 100	100 120	0 −35	0 −54	0 −87	0 −140	0 −220	0 −350	0 −540	+6 −9	+13 −9	+20 −15	±1.25	±2	±3
120 140 160	140 160 180	0 −40	0 −63	0 −100	0 −160	0 −250	0 −400	0 −630	+7 −11	+14 −11	+22 −18	±1.75	±2.5	±4
180 200 225	200 225 250	0 −46	0 −72	0 −115	0 −185	0 −290	0 −460	0 −720	+7 −13	+16 −13	+25 −21	±2.25	±3.5	±5
250 280	280 315	0 −52	0 −81	0 −130	0 −210	0 −320	0 −520	0 −810	+7 −16	—	—	±3	±4	±6
315 355	355 400	0 −57	0 −89	0 −140	0 −230	0 −360	0 −570	0 −890	+7 −18	—	+29 −28	±3.5	±4.5	±6.5
400 450	450 500	0 −63	0 −97	0 −155	0 −250	0 −400	0 −630	0 −970	+7 −20	—	+31 −32	±4	±5	±7.5

续表

公称尺寸 (mm)		公差带											
		js										k	
		公差等级											
大于	至	4	5	6	7	8	9	10	11	12	13	4	5
—	3	±1.5	±2	±3	±5	±7	±12	±20	±30	±50	±70	+3 0	+4 0
3	6	±2	±2.5	±4	±6	±9	±15	±24	±37	±60	±90	+5 +1	+6 +1
6	10	±2	±3	±4.5	±7	±11	±18	±29	±45	±75	±110	+5 +1	+7 +1
10	14	±2.5	±4	±5.5	±9	±13	±21	±35	±55	±90	±135	+6 +1	+9 +1
14	18												
18	24	±3	±4.5	±6.5	±10	±16	±26	±42	±65	±105	±165	+8 +2	+11 +2
24	30												
30	40	±3.5	±5.5	±8	±12	±19	±31	±50	±80	±125	±195	+9 +2	+13 +2
40	50												
50	65	±4	±6.5	±9.5	±15	±23	±37	±60	±95	±150	±230	+10 +2	+15 +2
65	80												
80	100	±5	±7.5	±11	±17	±27	±43	±70	±110	±175	±270	+13 +3	+18 +3
100	120												
120	140	±6	±9	±12.5	±20	±31	±50	±80	±125	±200	±315	+15 +3	+21 +3
140	160												
160	180												
180	200	±7	±10	±14.5	±23	±36	±57	±92	±145	±230	±360	+18 +4	+24 +4
200	225												
225	250												
250	280	±8	±11.5	±16	±26	±40	±65	±105	±160	±200	±405	+20 +4	+27 +4
280	315												
315	355	±9	±12.5	±18	±28	±44	±70	±115	±180	±285	±445	+22 +4	+29 +4
355	400												
400	450	±10	±13.5	±20	±31	±48	±77	±125	±200	±315	±485	+25 +5	+32 +5
450	500												

公称尺寸(mm)		公差带												
		k			m					n				
		公差等级												
大于	至	6	7	8	4	5	6	7	8	4	5	6	7	8
—	3	+6 0	+10 0	+14 0	+5 +2	+6 +2	+8 +2	+12 +2	+16 +2	+7 +4	+8 +4	+10 +4	+14 +4	+18 +4
3	6	+9 +1	+13 +1	+18 0	+8 +4	+9 +4	+12 +4	+16 +4	+22 +4	+12 +8	+13 +8	+16 +8	+20 +8	+26 +8
6	10	+10 +1	+16 +1	+22 0	+10 +6	+12 +6	+15 +6	+21 +6	+28 +6	+14 +10	+16 +10	+19 +10	+25 +10	+32 +10
10	14	+12 +1	+19 +1	+27 0	+12 +7	+15 +7	+18 +7	+25 +7	+34 +7	+17 +12	+20 +12	+23 +12	+30 +12	+39 +12
14	18													
18	24	+15 +2	+23 +2	+33 0	+14 +8	+17 +8	+21 +8	+29 +8	+41 +8	+21 +15	+24 +15	+28 +15	+36 +15	+48 +15
24	30													
30	40	+18 +2	+27 +2	+39 0	+16 +9	+20 +9	+25 +9	+34 +9	+48 +9	+24 +17	+28 +17	+33 +17	+42 +17	+56 +17
40	50													
50	65	+21 +2	+32 +2	+46 0	+19 +11	+24 +11	+30 +11	+41 +11	+57 +11	+28 +20	+33 +20	+39 +20	+50 +20	+66 +20
65	80													
80	100	+25 +3	+38 +3	+54 0	+23 +13	+28 +13	+35 +13	+48 +13	+67 +13	+33 +13	+38 +23	+45 +23	+58 +23	+77 +23
100	120													
120	140	+28 +3	+43 +3	+63 0	+27 +15	+33 +15	+40 +15	+55 +15	+78 +15	+39 +27	+45 +27	+52 +27	+67 +27	+90 +27
140	160													
160	180													
180	200	+33 +4	+50 +4	+72 0	+31 +17	+37 +17	+46 +17	+63 +17	+89 +17	+45 +31	+51 +31	+60 +31	+77 +31	+103 +31
200	225													
225	250													
250	280	+36 +4	+56 +4	+81 0	+36 +20	+43 +20	+52 +20	+72 +20	+101 +20	+50 +34	+57 +34	+66 +34	+86 +34	+115 +34
280	315													
315	355	+40 +4	+61 +4	+89 0	+39 +21	+46 +21	+57 +21	+78 +21	+110 +21	+55 +37	+62 +37	+73 +37	+94 +37	+126 +37
355	400													
400	450	+45 +5	+68 +5	+97 0	+43 +23	+50 +23	+63 +23	+86 +23	+120 +23	+60 +40	+67 +40	+80 +40	+103 +40	+137 +40
450	500													

续表

公称尺寸（mm）		公差带												
		p					r					s		
		公差等级												
大于	至	4	5	6	7	8	4	5	6	7	8	4	5	6
—	3	+9 +6	+10 +6	+12 +6	+16 +6	+20 +6	+13 +10	+14 +10	+16 +10	+20 +10	+24 +10	+17 +14	+18 +14	+20 +14
3	6	+16 +12	+17 +12	+20 +12	+24 +12	+30 +12	+19 +15	+20 +15	+23 +15	+27 +15	+33 +15	+23 +19	+24 +19	+27 +19
6	10	+19 +15	+21 +15	+24 +15	+30 +15	+37 +15	+23 +19	+25 +19	+28 +19	+34 +19	+41 +19	+27 +23	+29 +23	+32 +23
10 14	14 18	+23 +18	+26 +18	+29 +18	+36 +18	+45 +18	+28 +23	+31 +23	+34 +23	+41 +23	+50 +23	+23 +28	+36 +28	+39 +28
18 24	24 30	+28 +22	+31 +22	+35 +22	+43 +22	+55 +22	+34 +28	+37 +28	+41 +28	+49 +28	+61 +28	+41 +35	+44 +35	+48 +35
30 40	40 50	+33 +26	+37 +26	+42 +26	+51 +26	+65 +26	+41 +34	+45 +34	+50 +34	+59 +34	+73 +34	+50 +43	+54 +43	+59 +43
50	65	+40 +32	+45 +32	+51 +32	+62 +32	+78 +32	+49 +41	+54 +41	+60 +41	+71 +41	+87 +41	+61 +53	+66 +53	+72 +53
65	80						+51 +43	+56 +43	+62 +43	+73 +43	+89 +43	+67 +59	+72 +59	+78 +59
80	100	+47 +37	+52 +37	+59 +37	+72 +37	+91 +37	+61 +51	+66 +51	+73 +51	+86 +51	+105 +51	+81 +71	+86 +71	+93 +71
100	120						+64 +54	+69 +54	+76 +54	+89 +54	+108 +54	+89 +79	+94 +79	+101 +79
120	140	+55 +43	+61 +43	+68 +43	+73 +43	+100 +43	+75 +63	+81 +63	+88 +63	+103 +63	+126 +63	+104 +92	+110 +92	+117 +92
140	160						+77 +65	+83 +65	+90 +65	+105 +65	+128 +65	+112 +100	+118 +100	+125 +100
160	180						+80 +68	+86 +68	+93 +68	+108 +68	+131 +68	+120 +108	+126 +108	+133 +108
180	200	+64 +50	+70 +50	+79 +50	+96 +50	+122 +50	+91 +77	+97 +77	+106 +77	+123 +77	+149 +77	+136 +122	+142 +122	+151 +122
200	225						+94 +80	+100 +80	+109 +80	+126 +80	+152 +80	+144 +130	+150 +130	+159 +130
225	250						+98 +84	+104 +84	+113 +84	+130 +84	+156 +84	+154 +140	+160 +140	+169 +140
250	280	+72 +56	+79 +56	+88 +56	+108 +56	+137 +56	+110 +94	+117 +94	+126 +94	+146 +94	+175 +94	+174 +158	+181 +158	+190 +158
280	315						+114 +98	+121 +98	+130 +98	+150 +98	+179 +98	+186 +170	+193 +170	+202 +170
315	355	+80 +62	+87 +62	+98 +62	+119 +62	+151 +62	+126 +108	+133 +108	+144 +108	+165 +108	+197 +108	+208 +190	+215 +190	+226 +190
355	400						+132 +114	+139 +114	+150 +114	+171 +114	+203 +114	+226 +208	+233 +208	+244 +208
400	450	+88 +68	+95 +68	+108 +68	+131 +68	+165 +68	+146 +126	+153 +126	+166 +126	+189 +126	+223 +126	+252 +232	+259 +232	+272 +232
450	500						+152 +132	+159 +132	+172 +132	+195 +132	+229 +132	+272 +252	+279 +252	+292 +252

续表

公称尺寸（mm）		公差带												
		s		t				u				v		
		公差等级												
大于	至	7	8	5	6	7	8	5	6	7	8	5	6	7
—	3	+24 +14	+28 +14	—	—	—	—	+22 +18	+24 +18	+28 +18	+32 +18	—	—	—
3	6	+31 +19	+37 +19	—	—	—	—	+28 +23	+31 +23	+35 +23	+41 +23	—	—	—
6	10	+38 +23	+45 +23	—	—	—	—	+34 +28	+37 +28	+43 +28	+50 +28	—	—	—
10	14	+46 +28	+55 +28	—	—	—	—	+41 +33	+44 +33	+51 +33	+60 +33	—	—	—
14	18			—	—	—	—					+47 +39	+50 +39	+57 +39
18	24	+56 +35	+68 +35	—	—	—	—	+50 +41	+54 +41	+62 +41	+74 +41	+56 +47	+60 +47	+68 +47
24	30			+50 +41	+54 +41	+62 +41	+74 +41	+57 +48	+61 +48	+69 +48	+81 +48	+64 +55	+68 +55	+76 +55
30	40	+68 +43	+82 +43	+59 +48	+64 +48	+73 +48	+87 +48	+71 +60	+76 +60	+85 +60	+99 +60	+79 +68	+84 +68	+93 +68
40	50			+65 +54	+70 +54	+79 +54	+93 +54	+81 +70	+86 +70	+95 +70	+109 +70	+92 +81	+97 +81	+106 +81
50	65	+83 +53	+90 +53	+79 +66	+85 +66	+96 +66	+112 +66	+100 +87	+106 +87	+117 +87	+133 +87	+115 +102	+121 +102	+132 +102
65	80	+89 +59	+105 +59	+88 +75	+94 +75	+105 +75	+121 +75	+115 +102	+121 +102	+132 +102	+148 +102	+133 +120	+139 +120	+150 +120
80	100	+106 +71	+125 +71	+106 +91	+113 +91	+126 +91	+145 +91	+139 +124	+146 +124	+159 +124	+178 +124	+161 +146	+168 +146	+181 +146
100	120	+114 +79	+133 +79	+119 +104	+126 +104	+139 +104	+158 +104	+159 +144	+166 +144	+179 +144	+198 +144	+187 +172	+194 +172	+207 +172
120	140	+132 +92	+155 +92	+140 +122	+147 +122	+162 +122	+185 +122	+188 +170	+195 +170	+210 +170	+233 +170	+220 +202	+227 +202	+242 +202
140	160	+140 +100	+163 +100	+152 +134	+159 +134	+174 +134	+197 +134	+208 +190	+215 +190	+230 +190	+253 190	+246 +228	+253 +228	+268 +228
160	180	+148 +108	+171 +108	+164 +146	+171 +146	+186 +146	+209 +146	+228 +210	+235 +210	+250 +210	+273 +210	+270 +252	+277 +252	+292 +252
180	200	+168 +122	+194 +122	+186 +166	+195 +166	+212 +166	+238 +166	+256 +236	+265 +236	+282 +236	+308 +236	+304 +284	+313 +284	+330 +284
200	225	+176 +130	+202 +130	+200 +180	+209 +180	+226 +180	+252 +180	+278 +258	+287 +258	+304 +258	+330 +258	+330 +310	+339 +310	+356 +310
225	250	+186 +140	+212 +140	+216 +196	+225 +196	+242 +196	+268 +196	+304 +284	+313 +284	+330 +284	+356 +284	+360 +340	+369 +340	+386 +340
250	280	+210 +158	+239 +158	+241 +218	+250 +218	+270 +218	+299 +218	+338 +315	+347 +315	+367 +315	+396 +315	+408 +385	+417 +385	+437 +385
280	315	+222 +170	+251 +170	+263 +240	+272 +240	+292 +240	+321 +240	+373 +350	+382 +350	+402 +350	+431 +350	+448 +425	+457 +425	+477 +425
315	355	+247 +190	+279 +190	+293 +268	+304 +268	+325 +268	+357 +268	+415 +390	+426 +390	+447 +390	+479 +390	+500 +475	+511 +475	+532 +475
335	400	+265 +208	+297 +208	+319 +294	+330 +294	+351 +294	+383 +294	+460 +435	+471 +435	+492 +435	+524 +435	+555 +530	+566 +530	+587 +530
400	450	+295 +232	+329 +232	+357 +330	+370 +330	+393 +330	+427 +330	+517 +490	+530 +490	+553 +490	+587 +490	+622 +595	+635 +595	+658 +595
450	500	+315 +252	+349 +252	+387 +360	+400 +360	+423 +360	+457 +360	+567 +540	+580 +540	+603 +540	+637 +540	+687 +660	+700 +660	+723 +660

公称尺寸 (mm)		公差带												
		v	x				y				z			
		公差等级												
大于	至	8	5	6	7	8	5	6	7	8	5	6	7	8
—	3	—	＋24 ＋20	＋26 ＋20	＋30 ＋20	＋34 ＋20	—	—	—	—	＋30 ＋26	＋32 ＋26	＋36 ＋26	＋40 ＋26
3	6	—	＋33 ＋28	＋36 ＋28	＋40 ＋28	＋46 ＋28	—	—	—	—	＋40 ＋35	＋43 ＋35	＋47 ＋35	＋53 ＋35
6	10	—	＋40 ＋34	＋43 ＋34	＋49 ＋34	＋56 ＋34	—	—	—	—	＋48 ＋42	＋51 ＋42	＋57 ＋42	＋64 ＋42
10	14	—	＋48 ＋40	＋51 ＋40	＋58 ＋40	＋67 ＋40	—	—	—	—	＋58 ＋50	＋61 ＋50	＋68 ＋50	＋77 ＋50
14	18	＋66 ＋39	＋53 ＋45	＋56 ＋45	＋63 ＋45	＋72 ＋45	—	—	—	—	＋68 ＋60	＋71 ＋60	＋78 ＋60	＋87 ＋60
18	24	＋80 ＋47	＋63 ＋54	＋67 ＋54	＋75 ＋54	＋87 ＋54	＋72 ＋63	＋76 ＋63	＋84 ＋63	＋96 ＋63	＋82 ＋73	＋86 ＋73	＋94 ＋73	＋106 ＋73
24	30	＋88 ＋55	＋73 ＋64	＋77 ＋64	＋85 ＋64	＋97 ＋64	＋84 ＋75	＋88 ＋75	＋96 ＋75	＋108 ＋75	＋97 ＋88	＋101 ＋88	＋109 ＋88	＋121 ＋88
30	40	＋107 ＋68	＋91 ＋80	＋96 ＋80	＋105 ＋80	＋119 ＋80	＋105 ＋94	＋110 ＋94	＋119 ＋94	＋133 ＋94	＋123 ＋112	＋128 ＋112	＋137 ＋112	＋151 ＋112
40	50	＋120 ＋81	＋108 ＋97	＋113 ＋97	＋122 ＋97	＋136 ＋97	＋125 ＋114	＋130 ＋114	＋139 ＋114	＋153 ＋114	＋147 ＋136	＋152 ＋136	＋161 ＋136	＋175 ＋136
50	65	＋148 ＋102	＋135 ＋122	＋141 ＋122	＋152 ＋122	＋168 ＋122	＋157 ＋144	＋163 ＋144	＋174 ＋144	＋190 ＋144	＋185 ＋172	＋191 ＋172	＋202 ＋172	＋218 ＋172
65	80	＋166 ＋120	＋159 ＋146	＋165 ＋146	＋176 ＋146	＋192 ＋146	＋187 ＋174	＋193 ＋174	＋204 ＋174	＋220 ＋174	＋223 ＋210	＋229 ＋210	＋240 ＋210	＋256 ＋210
80	100	＋200 ＋146	＋193 ＋178	＋200 ＋178	＋213 ＋178	＋232 ＋178	＋229 ＋214	＋236 ＋214	＋249 ＋214	＋268 ＋214	＋273 ＋258	＋280 ＋258	＋293 ＋258	＋312 ＋258
100	120	＋226 ＋172	＋225 ＋210	＋232 ＋210	＋245 ＋210	＋264 ＋210	＋269 ＋254	＋276 ＋254	＋289 ＋254	＋308 ＋254	＋325 ＋310	＋332 ＋310	＋345 ＋310	＋364 ＋310
120	140	＋265 ＋202	＋266 ＋248	＋273 ＋248	＋288 ＋248	＋311 ＋248	＋318 ＋300	＋325 ＋300	＋340 ＋300	＋368 ＋300	＋383 ＋365	＋390 ＋365	＋405 ＋365	＋428 ＋365
140	160	＋291 ＋228	＋298 ＋280	＋305 ＋280	＋320 ＋280	＋343 ＋280	＋358 ＋340	＋365 ＋340	＋380 ＋340	＋403 ＋340	＋433 ＋415	＋440 ＋415	＋455 ＋415	＋487 ＋415
160	180	＋315 ＋252	＋328 ＋310	＋335 ＋310	＋350 ＋310	＋373 ＋310	＋398 ＋380	＋405 ＋380	＋420 ＋380	＋443 ＋380	＋483 ＋465	＋490 ＋465	＋505 ＋465	＋528 ＋465
180	200	＋356 ＋284	＋370 ＋350	＋379 ＋350	＋396 ＋350	＋422 ＋350	＋445 ＋425	＋454 ＋425	＋471 ＋425	＋497 ＋425	＋540 ＋520	＋549 ＋520	＋566 ＋520	＋592 ＋520
200	225	＋382 ＋310	＋405 ＋385	＋414 ＋385	＋431 ＋385	＋457 ＋385	＋490 ＋470	＋499 ＋470	＋516 ＋470	＋542 ＋470	＋595 ＋575	＋604 ＋575	＋621 ＋575	＋647 ＋575
225	250	＋412 ＋340	＋445 ＋425	＋454 ＋425	＋471 ＋425	＋497 ＋425	＋540 ＋520	＋549 ＋520	＋566 ＋520	＋592 ＋520	＋660 ＋640	＋669 ＋640	＋686 ＋640	＋712 ＋640
250	280	＋466 ＋385	＋498 ＋475	＋507 ＋475	＋527 ＋475	＋556 ＋475	＋603 ＋580	＋612 ＋580	＋632 ＋580	＋661 ＋580	＋733 ＋710	＋742 ＋710	＋762 ＋710	＋791 ＋710
280	315	＋506 ＋425	＋548 ＋525	＋557 ＋525	＋577 ＋525	＋606 ＋525	＋673 ＋650	＋682 ＋650	＋702 ＋650	＋731 ＋650	＋813 ＋790	＋822 ＋790	＋842 ＋790	＋871 ＋790
315	355	＋564 ＋475	＋615 ＋590	＋626 ＋590	＋647 ＋590	＋679 ＋590	＋755 ＋730	＋766 ＋730	＋787 ＋730	＋819 ＋730	＋925 ＋900	＋936 ＋900	＋957 ＋900	＋989 ＋900
355	400	＋619 ＋530	＋685 ＋660	＋696 ＋660	＋717 ＋660	＋749 ＋660	＋845 ＋820	＋856 ＋820	＋877 ＋820	＋909 ＋820	＋1 025 ＋1 000	＋1 036 ＋1 000	＋1 057 ＋1 000	＋1 089 ＋1 000
400	450	＋692 ＋595	＋767 ＋740	＋780 ＋740	＋803 ＋740	＋837 ＋740	＋947 ＋920	＋960 ＋920	＋983 ＋920	＋1 017 ＋920	＋1 127 ＋1 100	＋1 140 ＋1 100	＋1 163 ＋1 100	＋1 197 ＋1 100
450	500	＋757 ＋660	＋847 ＋820	＋860 ＋820	＋883 ＋820	＋917 ＋820	＋1 027 ＋1 000	＋1 040 ＋1 000	＋1 063 ＋1 000	＋1 097 ＋1 000	＋1 277 ＋1 250	＋1 290 ＋1 250	＋1 313 ＋1 250	＋1 347 ＋1 250

注：公称尺寸小于 1 mm 时，各级的 a 和 b 均不采用。

附表四 **孔的极限偏差表** μm

公称尺寸(mm)		公差带												
		A				B				C				
		公差等级												
大于	至	9	10	11	12	9	10	11	12	8	9	10	11	12
—	3	+295	+310	+330	+370	+165	+180	+200	+240	+74	+85	+100	+120	+160
		+270	+270	+270	+270	+140	+140	+140	+140	+60	+60	+60	+60	+60
3	6	+300	+318	+345	+390	+170	+188	+215	+260	+88	+100	+118	+145	+190
		+270	+270	+270	+270	+140	+140	+140	+140	+70	+70	+70	+70	+70
6	10	+316	+338	+370	+430	+186	+208	+240	+300	+102	+116	+138	+170	+230
		+280	+280	+280	+280	+150	+150	+150	+150	+80	+80	+80	+80	+80
10	14	+333	+360	+400	+470	+193	+220	+260	+330	+122	+138	+165	+205	+275
14	18	+290	+290	+290	+290	+150	+150	+150	+150	+95	+95	+95	+95	+95
18	24	+352	+384	+430	+510	+212	+244	+290	+370	+143	+162	+194	+240	+320
24	30	+300	+300	+300	+300	+160	+160	+160	+160	+110	+110	+110	+110	+110
30	40	+372	+410	+470	+560	+232	+270	+330	+420	+159	+182	+220	+280	+370
		+310	+310	+310	+310	+170	+170	+170	+170	+120	+120	+120	+120	+120
40	50	+382	+420	+480	+570	+242	+280	+340	+430	+169	+192	+230	+290	+380
		+320	+320	+320	+320	+180	+180	+180	+180	+130	+130	+130	+130	+130
50	65	+414	+460	+530	+640	+264	+310	+380	+490	+186	+214	+260	+330	+440
		+340	+340	+340	+340	+190	+190	+190	+190	+140	+140	+140	+140	+140
65	80	+434	+480	+550	+660	+274	+320	+390	+500	+196	+224	+270	+340	+450
		+360	+360	+360	+360	+200	+200	+200	+200	+150	+150	+150	+150	+150
80	100	+467	+520	+600	+730	+307	+360	+440	+570	+224	+257	+310	+390	+520
		+380	+380	+380	+380	+220	+220	+220	+220	+170	+170	+170	+170	+170
100	120	+497	+550	+630	+760	+327	+380	+460	+590	+234	+267	+320	+400	+530
		+410	+410	+410	+410	+240	+240	+240	+240	+180	+180	+180	+180	+180
120	140	+560	+620	+710	+860	+360	+420	+510	+660	+263	+300	+360	+450	+600
		+460	+460	+460	+460	+260	+260	+260	+260	+200	+200	+200	+200	+200
140	160	+620	+680	+770	+920	+380	+440	+530	+680	+273	+310	+370	+460	+610
		+520	+520	+520	+520	+280	+280	+280	+280	+210	+210	+210	+210	+210
160	180	+680	+740	+830	+980	+410	+470	+560	+710	+293	+330	+390	+480	+630
		+580	+580	+580	+580	+310	+310	+310	+310	+230	+230	+230	+230	+230
180	200	+775	+845	+950	+1 120	+455	+525	+630	+800	+312	+355	+425	+530	+700
		+660	+660	+660	+660	+340	+340	+340	+340	+240	+240	+240	+240	+240
200	225	+855	+925	+1 030	+1 200	+495	+565	+670	+840	+332	+375	+445	+550	+720
		+740	+740	+740	+740	+380	+380	+380	+380	+260	+260	+260	+260	+260
225	250	+935	+1 005	+1 110	+1 280	+535	+605	+710	+880	+352	+395	+465	+570	+740
		+820	+820	+820	+820	+420	+420	+420	+420	+280	+280	+280	+280	+280
250	280	+1 050	+1 130	+1 240	+1 440	+610	+690	+800	+1 000	+381	+430	+510	+620	+820
		+920	+920	+920	+920	+480	+480	+480	+480	+300	+300	+300	+300	+300
280	315	+1 180	+1 260	+1 370	+1 570	+670	+750	+860	+1 060	+411	+460	+540	+650	+850
		+1 050	+1 050	+1 050	+1 050	+540	+540	+540	+540	+330	+330	+330	+330	+330
315	355	+1 340	+1 430	+1 560	+1 770	+740	+830	+960	+1 170	+449	500	+590	+720	+930
		+1 200	+1 200	+1 200	+1 200	+600	+600	+600	+600	+360	+360	+360	+360	+360
355	400	+1 490	+1 580	+1 710	+1 920	+820	+910	+1 040	+1 250	+489	+540	+630	+760	+970
		+1 350	+1 350	+1 350	+1 350	+680	+680	+680	+680	+400	+400	+400	+400	+400
400	450	+1 655	+1 750	+1 900	+2 130	+915	+1 010	+1 160	+1 390	+537	+595	+690	+840	+1 070
		+1 500	+1 500	+1 500	+1 500	+760	+760	+760	+760	+440	+440	+440	+440	+440
450	500	+1 805	+1 900	+2 050	+2 280	+995	+1 090	+1 240	+1 470	+577	+635	+730	+880	+1 110
		+1 650	+1 650	+1 650	+1 650	+840	+840	+840	+840	+480	+480	+480	+480	+480

续表

公称尺寸（mm）		公差带												
		D					E				F			
		公差等级												
大于	至	7	8	9	10	11	7	8	9	10	6	7	8	9
—	3	+30 +20	+34 +20	+45 +20	+60 +20	+80 +20	+24 +14	+28 +14	+39 +14	+54 +14	+12 +6	+16 +6	+20 +6	+31 +6
3	6	+42 +30	+48 +30	+60 +30	+78 +30	+105 +30	+32 +20	+38 +20	+50 +20	+68 +20	+18 +10	+22 +10	+28 +10	+40 +10
6	10	+55 +40	+62 +40	+76 +40	+98 +40	+130 +40	+40 +25	+47 +25	+61 +25	+83 +25	+22 +13	+28 +13	+35 +13	+49 +13
10 14	14 18	+68 +50	+77 +50	+93 +50	+120 +50	+160 +50	+50 +32	+59 +32	+75 +32	+102 +32	+27 +16	+34 +16	+43 +16	+59 +16
18 24	24 30	+86 +65	+98 +65	+117 +65	+149 +65	+195 +65	+61 +40	+73 +40	+92 +40	+124 +40	+33 +20	+41 +20	+53 +20	+72 +20
30 40	40 50	+105 +80	+119 +80	+142 +80	+180 +80	+240 +80	+75 +50	+89 +50	+112 +50	+150 +50	+41 +25	+50 +25	+64 +25	+87 +25
50 65	65 80	+130 +100	+146 +100	+174 +100	+220 +100	+290 +100	+90 +60	+106 +60	+134 +60	+180 +60	+49 +30	+60 +30	+76 +30	+104 +30
80 100	100 120	+155 +120	+174 +120	+207 +120	+260 +120	+340 +120	+107 +72	+126 +72	+159 +72	+212 +72	+58 +36	+71 +36	+90 +36	+123 +36
120 140 160	140 160 180	+185 +145	+208 +145	+245 +145	+305 +145	+395 +145	+125 +85	+148 +85	+185 +85	+245 +85	+68 +43	+83 +43	+106 +43	+143 +43
180 200 225	200 225 250	+216 +170	+242 +170	+285 +170	+355 +170	+460 +170	+146 +100	+172 +100	+215 +100	+285 +100	+79 +50	+96 +50	+122 +50	+165 +50
250 280	280 315	+242 +190	+271 +190	+320 +190	+400 +190	+510 +190	+162 +110	+191 +110	+240 +110	+320 +110	+88 +56	+108 +56	+137 +56	+186 +56
315 355	355 400	+267 +210	+299 +210	+350 +210	+440 +210	+570 +210	+182 +125	+214 +125	+265 +125	+355 +125	+98 +62	+119 +62	+151 +62	+202 +62
400 450	450 500	+293 +230	+327 +230	+385 +230	+480 +230	+630 +230	+198 +135	+232 +135	+290 +135	+385 +135	+108 +68	+131 +68	+165 +68	+223 +68

续表

公称尺寸（mm）		公差带												
		G				H								
		公差等级												
大于	至	5	6	7	8	1	2	3	4	5	6	7	8	9
—	3	+6 +2	+8 +2	+12 +2	+16 +2	+0.8 0	+1.2 0	+2 0	+3 0	+4 0	+6 0	+10 0	+14 0	+25 0
3	6	+9 +4	+12 +4	+16 +4	+22 +4	+1 0	+1.5 0	+2.5 0	+4 0	+5 0	+8 0	+12 0	+18 0	+30 0
6	10	+11 +5	+14 +5	+20 +5	+27 +5	+1 0	+1.5 0	+2.5 0	+4 0	+6 0	+9 0	+15 0	+22 0	+36 0
10	14	+14 +6	+17 +6	+24 +6	+33 +6	+1.2 0	+2 0	+3 0	+5 0	+8 0	+11 0	+18 0	+27 0	+43 0
14	18													
18	24	+16 +7	+20 +7	+28 +7	+40 +7	+1.5 0	+2.5 0	+4 0	+6 0	+9 0	+13 0	+21 0	+33 0	+52 0
24	30													
30	40	+20 +9	+25 +9	+34 +9	+48 +9	+1.5 0	+2.5 0	+4 0	+7 0	+11 0	+16 0	+25 0	+39 0	+62 0
40	50													
50	65	+23 +10	+29 +10	+40 +10	+56 +10	+2 0	+3 0	+5 0	+8 0	+13 0	+19 0	+30 0	+46 0	+74 0
65	80													
80	100	+27 +12	+34 +12	+47 +12	+66 +12	+2.5 0	+4 0	+6 0	+10 0	+15 0	+22 0	+35 0	+54 0	+87 0
100	120													
120	140	+32 +14	+39 +14	+54 +14	+77 +14	+3.5 0	+5 0	+8 0	+12 0	+18 0	+25 0	+40 0	+63 0	+100 0
140	160													
160	180													
180	200	+35 +15	+44 +15	+61 +15	+87 +15	+4.5 0	+7 0	+10 0	+14 0	+20 0	+29 0	+46 0	+72 0	+115 0
200	225													
225	250													
250	280	+40 +17	+49 +17	+69 +17	+98 +17	+6 0	+8 0	+12 0	+16 0	+23 0	+32 0	+52 0	+81 0	+130 0
280	315													
315	355	+43 +18	+54 +18	+75 +18	+107 +18	+7 0	+9 0	+13 0	+18 0	+25 0	+36 0	+57 0	+89 0	+140 0
335	400													
400	450	+47 +20	+62 +20	+83 +20	+117 +20	+8 0	+10 0	+15 0	+20 0	+27 0	+40 0	+63 0	+97 0	+155 0
450	500													

续表

公称尺寸（mm）		公差带												
		H				J			JS					
		公差等级												
大于	至	10	11	12	13	6	7	8	1	2	3	4	5	6
—	3	+40 0	+60 0	+100 0	+140 0	+2 −4	+4 −6	+6 −8	±0.4	±0.6	±1	±1.5	±2	±3
3	6	+48 0	+75 0	+120 0	+180 0	+5 −3	—	+10 −8	±0.5	±0.75	±1.25	±2	±2.5	±4
6	10	+58 0	+90 0	+150 0	+220 0	+5 −4	+8 −7	+12 −10	±0.5	±0.75	±1.25	±2	±3	±4.5
10 14	14 18	+70 0	+110 0	+180 0	+270 0	+6 −5	+10 −8	+15 −12	±0.6	±1	±1.5	±2.5	±4	±5.5
18 24	24 30	+84 0	+130 0	+210 0	+330 0	+8 −5	+12 −9	+20 −13	±0.75	±1.25	±2	±3	±4.5	±6.5
30 40	40 50	+100 0	+160 0	+250 0	+390 0	+10 −6	+14 −11	+24 −15	±0.75	±1.25	±2	±3.5	±5.5	±8
50 65	65 80	+120 0	+190 0	+300 0	+460 0	+13 −6	+18 −12	+28 −18	±1	±1.5	±2.5	±4	±6.5	±9.5
80 100	100 120	+140 0	+220 0	+350 0	+540 0	+16 −6	+22 −13	+34 −20	±1.25	±2	±3	±5	±7.5	±11
120 140 160	140 160 180	+160 0	+250 0	+400 0	+630 0	+18 −7	+26 −14	+41 −22	±1.75	±2.5	±4	±6	±9	±12.5
180 200 225	200 225 250	+185 0	+290 0	+460 0	+720 0	+22 −7	+30 −16	+47 −25	±2.25	±3.5	±5	±7	±10	±14.5
250 280	280 315	+210 0	+320 0	+520 0	+810 0	+25 −7	+36 −16	+55 −26	±3	±4	±6	±8	±11.5	±16
315 355	355 400	+230 0	+360 0	+570 0	+890 0	+29 −7	+39 −18	+60 −29	±3.5	±4.5	±6.5	±9	±12.5	±18
400 450	450 500	+250 0	+400 0	+630 0	+970 0	+33 −7	+43 −20	+66 −31	±4	±5	±7.5	±10	±13.5	±20

续表

公称尺寸（mm）		公差带											
		JS							K				M
		公差等级											
大于	至	7	8	9	10	11	12	13	4	5	6	7	8	4
—	3	±5	±7	±12	±20	±30	±50	±70	0 −3	0 −4	0 −6	0 −10	0 −14	−2 −5
3	6	±6	±9	±15	±24	±37	±60	±90	+0.5 −3.5	0 −5	+2 −6	+3 −9	+5 −13	−2.5 −6.5
6	10	±7	±11	±18	±29	±45	±75	±110	+0.5 −3.5	+1 −5	+2 −7	+5 −10	+6 −16	−4.5 −8.5
10	14	±9	±13	±21	±35	±55	±90	±135	+1 −4	+2 −6	+2 −9	+6 −12	+8 −19	−5 −10
14	18													
18	24	±10	±16	±26	±42	±65	±105	±165	0 −6	+1 −8	+2 −11	+6 −15	+10 −23	−6 −12
24	30													
30	40	±12	±19	±31	±50	±80	±125	±195	+1 −6	+2 −9	+3 −13	+7 −18	+12 −27	−6 −13
40	50													
50	65	±15	±23	±37	±60	±95	±150	±230	+1 −7	+3 −10	+4 −15	+9 −21	+14 −32	−8 −16
65	80													
80	100	±17	±27	±43	±70	±110	±175	±270	+1 −9	+2 −13	+4 −18	+10 −25	+16 −38	−9 −19
100	120													
120	140	±20	±31	±50	±80	±125	±200	±315	+1 −11	+3 −15	+4 −21	+12 −28	+20 −43	−11 −23
140	160													
160	180													
180	200	±23	±36	±57	±92	±145	±230	±360	0 −14	+2 −18	+5 −24	+13 −33	+22 −50	−13 −27
200	225													
225	250													
250	280	±26	±40	±65	±105	±160	±260	±405	0 −16	+3 −20	+5 −27	+16 −36	+25 −56	−16 −32
280	315													
315	355	±28	±44	±70	±115	±180	±285	±445	+1 −17	+3 −22	+7 −29	+17 −40	+28 −61	−16 −34
355	400													
400	450	±31	±48	±77	±125	±200	±315	±485	0 −20	+2 −25	+8 −32	+18 −45	+29 −68	−18 −38
450	500													

续表

<table>
<tr><td colspan="2" rowspan="3">公称尺寸
（mm）</td><td colspan="13">公差带</td></tr>
<tr><td colspan="4">M</td><td colspan="5">N</td><td colspan="4">P</td></tr>
<tr><td colspan="13">公差等级</td></tr>
<tr><td>大于</td><td>至</td><td>5</td><td>6</td><td>7</td><td>8</td><td>5</td><td>6</td><td>7</td><td>8</td><td>9</td><td>5</td><td>6</td><td>7</td><td>8</td></tr>
<tr><td>—</td><td>3</td><td>−2
−6</td><td>−2
−8</td><td>−2
−12</td><td>−2
−16</td><td>−4
−8</td><td>−4
−10</td><td>−4
−14</td><td>−4
−18</td><td>−4
−29</td><td>−6
−10</td><td>−6
−12</td><td>−6
−16</td><td>−6
−20</td></tr>
<tr><td>3</td><td>6</td><td>−3
−8</td><td>−1
−9</td><td>0
−12</td><td>+2
−16</td><td>−7
−12</td><td>−5
−13</td><td>−4
−16</td><td>−2
−20</td><td>0
−30</td><td>−11
−16</td><td>−9
−17</td><td>−8
−20</td><td>−12
−30</td></tr>
<tr><td>6</td><td>10</td><td>−4
−10</td><td>−3
−12</td><td>0
−15</td><td>+1
−21</td><td>−8
−14</td><td>−7
−16</td><td>−4
−19</td><td>−3
−25</td><td>0
−36</td><td>−13
−19</td><td>−12
−21</td><td>−9
−24</td><td>−15
−37</td></tr>
<tr><td>10
14</td><td>14
18</td><td>−4
−12</td><td>−4
−15</td><td>0
−18</td><td>+2
−25</td><td>−9
−17</td><td>−9
−20</td><td>−5
−23</td><td>−3
−30</td><td>0
−43</td><td>−15
−23</td><td>−15
−26</td><td>−11
−29</td><td>−18
−45</td></tr>
<tr><td>18
24</td><td>24
30</td><td>−5
−14</td><td>−4
−17</td><td>0
−21</td><td>+4
−29</td><td>−12
−21</td><td>−11
−24</td><td>−7
−28</td><td>−3
−36</td><td>0
−52</td><td>−19
−28</td><td>−18
−31</td><td>−14
−35</td><td>−22
−55</td></tr>
<tr><td>30
40</td><td>40
50</td><td>−5
−16</td><td>−4
−20</td><td>0
−25</td><td>+5
−34</td><td>−13
−24</td><td>−12
−28</td><td>−8
−33</td><td>−3
−42</td><td>0
−62</td><td>−22
−33</td><td>−21
−37</td><td>−17
−42</td><td>−26
−65</td></tr>
<tr><td>50
65</td><td>65
80</td><td>−6
−19</td><td>−5
−24</td><td>0
−30</td><td>+5
+41</td><td>−15
−28</td><td>−14
−33</td><td>−9
−39</td><td>−4
−50</td><td>0
−74</td><td>−27
−40</td><td>−26
−45</td><td>−21
−51</td><td>−32
−78</td></tr>
<tr><td>80
100</td><td>100
120</td><td>−8
−23</td><td>−6
−28</td><td>0
−35</td><td>+6
−48</td><td>−18
−33</td><td>−16
−38</td><td>−10
−45</td><td>−4
−58</td><td>0
−87</td><td>−32
−47</td><td>−30
−52</td><td>−24
−59</td><td>−37
−91</td></tr>
<tr><td>120
140
160</td><td>140
160
180</td><td>−9
−27</td><td>−8
−33</td><td>0
−40</td><td>+8
−55</td><td>−21
−39</td><td>−20
−45</td><td>−12
−52</td><td>−4
−67</td><td>0
−100</td><td>−37
−55</td><td>−36
−61</td><td>−28
−68</td><td>−43
−106</td></tr>
<tr><td>180
200
225</td><td>200
225
250</td><td>−11
−31</td><td>−8
−37</td><td>0
−46</td><td>+9
−63</td><td>−25
−45</td><td>−22
−51</td><td>−14
−60</td><td>−5
−77</td><td>0
−115</td><td>−44
−64</td><td>−41
−70</td><td>−33
−79</td><td>−50
−122</td></tr>
<tr><td>250
280</td><td>280
315</td><td>−13
−36</td><td>−9
−41</td><td>0
−52</td><td>+9
−72</td><td>−27
−50</td><td>−25
−57</td><td>−14
−66</td><td>−5
−86</td><td>0
−130</td><td>−49
−72</td><td>−47
−79</td><td>−36
−88</td><td>−56
−137</td></tr>
<tr><td>315
355</td><td>355
400</td><td>−14
−39</td><td>−10
−46</td><td>0
−57</td><td>+11
−78</td><td>−30
−55</td><td>−26
−62</td><td>−16
−73</td><td>−5
94</td><td>0
−140</td><td>−55
−80</td><td>−51
87</td><td>−41
−98</td><td>−62
−151</td></tr>
<tr><td>400
450</td><td>450
500</td><td>−16
−43</td><td>−10
−50</td><td>0
−63</td><td>+11
−86</td><td>−33
−60</td><td>−27
−67</td><td>−17
−80</td><td>−6
−103</td><td>0
−155</td><td>−61
−88</td><td>−55
−95</td><td>−45
−108</td><td>−68
−165</td></tr>
</table>

续表

公称尺寸(mm)		公差带												
		P	R				S				T			U
		公差等级												
大于	至	9	5	6	7	8	5	6	7	8	6	7	8	6
—	3	−6 −31	−10 −14	−10 −16	−10 −20	−10 −24	−14 −18	−14 −20	−14 −24	−14 −28	—	—	—	−18 −24
3	6	−12 −42	−14 −19	−12 −20	−11 −23	−15 −33	−18 −23	−16 −24	−15 −27	−19 −37	—	—	—	−20 −28
6	10	−15 −51	−17 −23	−16 −25	−13 −28	−19 −41	−21 −27	−20 −29	−17 −32	−23 −45	—	—	—	−25 −34
10	14	−18 −61	−20 −28	−20 −31	−16 −34	−23 −50	−25 −33	−25 −36	−21 −39	−28 −55	—	—	—	−30 −41
14	18													
18	24	−22 −74	−25 −34	−24 −37	−20 −41	−28 −61	−32 −41	−31 −44	−27 −48	−35 −68	—	—	—	−37 −50
24	30										−37 −50	−33 −54	−41 −74	−44 −57
30	40	−26 −88	−30 −41	−29 −45	−25 −50	−34 −73	−39 −50	−38 −54	−34 −59	−43 −82	−43 −59	−39 −64	−48 −87	−55 −71
40	50										−49 −65	−45 −70	−54 −93	−65 −81
50	65	−32 −106	−36 −49	−35 −54	−30 −60	−41 −87	−48 −61	−47 −66	−42 −72	−53 −99	−60 −79	−55 −85	−66 −112	−81 −100
65	80		−38 −51	−37 −56	−32 −62	−43 −89	−54 −67	−53 −72	−48 −78	−59 −105	−69 −88	−64 −94	−75 −121	−96 −115
80	100	−37 −124	−46 −61	−44 −66	−38 −73	−51 −105	−66 −81	−64 −86	−58 −93	−71 −125	−84 −106	−78 −113	−91 −145	−117 −139
100	120		−49 −64	−47 −69	−41 −76	−54 −108	−74 −89	−72 −94	−66 −101	−79 −133	−97 −119	−91 −126	−104 −158	−137 −159
120	140	−43 −143	−57 −75	−56 −81	−48 −88	−63 −126	−86 −104	−85 −110	−77 −117	−92 −155	−115 −140	−107 −147	−122 −185	−163 −188
140	160		−59 −77	−58 −83	−50 −90	−65 −128	−94 −112	−93 −118	−85 −125	−100 −163	−127 −152	−119 −159	−134 −197	−183 −208
160	180		−62 −80	−61 −86	−53 −93	−68 −131	−102 −120	−101 −126	−93 −133	−108 −171	−139 −164	−131 −171	−146 −209	−203 −228
180	200	−50 −165	−71 −91	−68 −97	−60 −106	−77 −149	−116 −136	−113 −142	−105 −151	−122 −194	−157 −186	−149 −195	−166 −238	−227 −256
200	225		−74 −94	−71 −100	−63 −109	−80 −152	−124 −144	−121 −150	−113 −159	−130 −202	−171 −200	−163 −209	−180 −252	−249 −278
225	250		−78 −98	−75 −104	−67 −113	−84 −156	−134 −154	−131 −160	−123 −169	−140 −212	−187 −216	−179 −225	−196 −268	−275 −304
250	280	−56 −186	−87 −110	−85 −117	−74 −126	−94 −175	−151 −174	−149 −181	−138 −190	−158 −239	−209 −241	−198 −250	−218 −299	−306 −338
280	315		−91 −114	−89 −121	−78 −130	−98 −179	−163 −186	−161 −193	−150 −202	−170 −251	−231 −263	−220 −272	−240 −321	−341 −373
315	355	−62 −202	−101 −126	−97 −133	−87 −144	−108 −197	−183 −208	−179 −215	−169 −226	−190 −279	−257 −293	−247 −304	−268 −357	−379 −415
355	400		−107 −132	−103 −139	−93 −150	−114 −203	−201 −226	−197 −233	−187 −244	−208 −297	−283 −319	−273 −330	−294 −383	−424 −460
400	450	−68 −223	−119 −146	−113 −153	−103 −166	−126 −223	−225 −252	−219 −259	−209 −272	−232 −329	−317 −357	−307 −370	−330 −427	−477 −517
450	500		−125 −152	−119 −159	−109 −172	−132 −229	−245 −272	−239 −279	−229 −292	−252 −349	−347 −387	−337 −400	−360 −457	−527 −567

公称尺寸（mm）		公差带													
		U		V			X			Y			Z		
		公差等级													
大于	至	7	8	6	7	8	6	7	8	6	7	8	6	7	8
—	3	−18 −28	−18 −32	—	—	—	−20 −26	−20 −30	−20 −34	—	—	—	−26 −32	−26 −36	−26 −40
3	6	−19 −31	−23 −41	—	—	—	−25 −33	−24 −36	−28 −46	—	—	—	−32 −40	−31 −43	−35 −53
6	10	−22 −37	−28 −50	—	—	—	−31 −40	−28 −43	−34 −56	—	—	—	−39 −48	−36 −51	−42 −64
10	14	−26 −44	−33 −60	—	—	—	−37 −48	−33 −51	−40 −67	—	—	—	−47 −58	−43 −61	−50 −77
14	18			−36 −47	−32 −50	−39 −66	−42 −53	−38 −56	−45 −72	—	—	—	−57 −68	−53 −71	−60 −87
18	24	−33 −54	−41 −74	−43 −56	−39 −60	−47 −80	−50 −63	−46 −67	−54 −87	−59 −72	−55 −76	−63 −96	−69 −82	−65 −86	−73 −106
24	30	−40 −61	−48 −81	−51 −64	−47 −68	−55 −88	−60 −73	−56 −77	−64 −97	−71 −84	−67 −88	−75 −108	−84 −97	−80 −101	−88 −121
30	40	−51 −76	−60 −99	−63 −79	−59 −84	−68 −107	−75 −91	−71 −96	−80 −119	−89 −105	−85 −110	−94 −133	−107 −123	−103 −128	−112 −151
40	50	−61 −86	−70 −109	−76 −92	−72 −97	−81 −120	−92 −108	−88 −113	−97 −136	−109 −125	−105 −130	−114 −153	−131 −147	−127 −152	−136 −175
50	65	−76 −106	−87 −133	−96 −115	−91 −121	−102 −148	−116 −135	−111 −141	−122 −168	−138 −157	−133 −163	−144 −190	−166 −185	−161 191	−172 −218
65	80	−91 −121	−102 −148	−114 −133	−109 −139	−120 −166	−140 −159	−135 −165	−146 −192	−168 −187	−163 −193	−174 −220	−204 −223	−199 −229	−210 −256
80	100	−111 −146	−124 −178	−139 −161	−133 −168	−146 −200	−171 −193	−165 −200	−178 −232	−207 −229	−201 −236	−214 −268	−251 −273	−245 −280	−258 −312
100	120	−131 −166	−144 −198	−165 −187	−159 −194	−172 −226	−203 −225	−197 −232	−210 −264	−247 −269	−241 −276	−254 −308	−303 −325	−297 −332	−310 −364
120	140	−155 −195	−170 −233	−195 −220	−187 −227	−202 −265	−241 −266	−233 −273	−248 −311	−293 −318	−285 −325	−300 −363	−358 −383	−350 −390	−365 −428
140	160	−175 −215	−190 −253	−221 −246	−213 −253	−228 −291	−273 −298	−265 −305	−280 −343	−333 −358	−325 −365	−340 −403	−408 −433	−400 −440	−415 −478
160	180	−195 −235	−210 −273	−245 −270	−237 −277	−252 −315	−303 −328	−295 −335	−310 −373	−373 −398	−365 −405	−380 −443	−458 −483	−450 −490	−465 −528
180	200	−219 −265	−236 −308	−275 −304	−267 −313	−284 −356	−341 −370	−333 −379	−350 −422	−416 −445	−408 −454	−425 −497	−511 −540	−503 −549	−520 −592
200	225	−241 −287	−258 −330	−301 −330	−293 −339	−310 −382	−376 −405	−368 −414	−385 −457	−461 −490	−453 −499	−470 −542	−566 −595	−558 −604	−575 −647
225	250	−267 −313	−284 −356	−331 −360	−323 −369	−340 −412	−416 −445	−408 −454	−425 −497	−511 −540	−503 −549	−520 −592	−631 −660	−623 −669	−640 −712
250	280	−295 −347	−315 −396	−376 −408	−365 −417	−385 −466	−466 −498	−455 −507	−475 −556	−571 −603	−560 −612	−580 −661	−701 −733	−690 −742	−710 −791
280	315	−330 −382	−350 −431	−416 −448	−405 −457	−425 −506	−516 −548	−505 −557	−525 −606	−641 −673	−630 −682	−650 −731	−781 −813	−770 −822	−790 −871
315	355	−369 −426	−390 −479	−464 −500	−454 −511	−475 −564	−579 −615	−560 −626	−590 −679	−719 −755	−709 −766	−730 −819	−889 −925	−879 −936	−900 −989
355	400	−414 −471	−435 −524	−519 −555	−509 −566	−530 −619	−649 −685	−639 −696	−660 −749	−809 −845	−799 −856	−820 −909	−989 −1 025	−979 −1 036	−1 000 −1 089
400	450	−467 −530	−490 −587	−582 −622	−572 −635	−595 −692	−727 −767	−717 −780	−740 −837	−907 −947	−897 −969	−920 −1 017	−1 087 −1 127	−1 077 −1 140	−1 100 −1 197
450	500	−517 −580	−540 −637	−647 −687	−637 −700	−660 −757	−807 −847	−797 −860	−820 −917	−987 −1 027	−977 −1 040	−1 000 −1 097	−1 237 −1 277	−1 227 −1 290	−1 250 −1 347

注：1. 公称尺寸小于 1 mm 时，各级的 A 和 B 均不采用。

2. 公称尺寸大于 250 mm 至 315 mm 时，M6 的 ES 等于−9 μm（不等于−11 μm）。

3. 公称尺寸小于 1 mm 时，大于 IT8 的 N 不采用。

附表五 普通螺纹偏差表（摘录） μm

直径分段 D、d (mm)		螺距 P (mm)	内螺纹					外螺纹				
			公差带	中径 D_2		小径 D_1		公差带	中径 d_2		大径 d	
＞	≤			ES	EI	ES	EI		es	ei	es	ei
5.5	11.2	1	5G	+144	+26	+216	+26	5g6g	−26	−116	−26	−206
			5H	+118	0	+190	0	5h4h	0	−90	0	−112
			5H6H	+118	0	+236	0	5h6h	0	−90	0	−180
			6G	+176	+26	+262	+26	6e	−60	−172	−60	−240
			6H	+150	0	+236	0	6f	−40	−152	−40	−220
			7G	+216	+26	+326	+26	6g	−26	−138	−26	−206
			7H	+190	0	+300	0	6h	0	−112	0	−180
								7g6g	−26	−166	−26	−206
								7h6h	0	−140	0	−180
								8g	−26	−206	−26	−306
								8h	0	−180	0	−280
		1.25	4H	+100	0	+170	0	3h4h	0	−60	0	−132
			4H5H	+100	0	+212	0	4h	0	−75	0	−132
			5G	+153	+28	+240	+28	5g6g	−28	−123	−28	−240
			5H	+125	0	+212	0	5h4h	0	−95	0	−132
			5H6H	+125	0	+265	0	5h6h	0	−95	0	−212
			6G	+188	+28	+293	+28	6e	−63	−181	−63	−275
			6H	+160	0	+265	0	6f	−42	−160	−42	−254
			7G	+228	+28	+363	+28	6g	−28	−146	−28	−240
			7H	+200	0	+335	0	6h	0	−118	0	−212
								7g6g	−28	−178	−28	−240
								7h6h	0	−150	0	−212
								8g	−28	−218	−28	−363
								8h	0	−190	0	−335
		1.5	4H	+112	0	+190	0	3h4h	0	−67	0	−150
			4H5H	+112	0	+236	0	4h	0	−85	0	−150
			5G	+172	+32	+268	+32	5g6g	−32	−138	−32	−268
			5H	+140	0	+236	0	5h4h	0	−106	0	−150
			5H6H	+140	0	+300	0	5h6h	0	−106	0	−236
			6G	+212	+32	+332	+32	6e	−67	−199	−67	−303
			6H	+180	0	+300	0	6f	−45	−177	−45	−281
			7G	+256	+32	407	+32	6g	−32	−164	−32	−268
			7H	+224	0	+375	0	6h	0	−132	0	−236
								7g6g	−32	−202	−32	−268
								7h6h	0	−170	0	−236
								8g	−32	−244	−32	−407
								8h	0	−212	0	−375
11.2	22.4	1	4H	+100	0	+150	0	3h4h	0	−60	0	−112
			4H5H	+100	0	+190	0	4h	0	−75	0	−112
			5G	+151	+26	+216	+26	5g6g	−26	−121	−26	−206
			5H	+125	0	+190	0	5h4h	0	−95	0	−112
			5H6H	+125	0	+236	0	5h6h	0	−95	0	−180
			6G	+186	+26	+262	+26	6e	−60	−178	−60	−240
			6H	+160	0	+236	0	6f	−40	−158	−40	−220
			7G	+226	+26	+326	+26	6g	−26	−144	−26	−206
			7H	+200	0	+300	0	6h	0	−118	0	−180

续表

直径分段 D、d (mm)		螺距 P (mm)	内螺纹					外螺纹				
			公差带	中径 D_2		小径 D_1		公差带	中径 d_2		大径 d	
>	≤			ES	EI	ES	EI		es	ei	es	ei
11.2	22.4	1						7g6g	−26	−176	−26	−206
								7h6h	0	−150	0	−180
								8g	−26	−216	−26	−306
								8h	0	−190	0	−280
		1.25	4H	+112	0	+170	0	3h4h	0	−67	0	−132
			4H5H	+112	0	+212	0	4h	0	−85	0	−132
			5G	+168	+28	+240	+28	5g6g	−28	−134	−28	−240
			5H	+140	0	+212	0	5h4h	0	−106	0	−132
			5H6H	+140	0	+265	0	5h6h	0	−106	0	−212
			6G	+208	+28	+293	+28	6e	−63	−195	−63	−275
			6H	+180	0	+265	0	6f	−42	−174	−42	−254
			7G	+252	+28	+363	+28	6g	−28	−160	−28	−240
			7H	+224	0	+335	0	6h	0	−132	0	−212
								7g6g	−28	−198	−28	−240
								7h6h	0	−170	0	−212
								8g	−28	−240	−28	−363
								8h	0	−212	0	−335
		1.5	4H	+118	0	+190	0	3h4h	0	−71	0	−150
			4H5H	+118	0	+236	0	4h	0	−90	0	−150
			5G	+182	+32	+268	+32	5g6g	−32	−144	−32	−268
			5H	+150	0	+236	0	5h4h	0	−112	0	−150
			5H6H	+150	0	+300	0	5h6h	0	−112	0	−236
			6G	+222	+32	+332	+32	6e	−67	−207	−67	−303
			6H	+190	0	+300	0	6f	−45	−185	−45	−281
			7G	+268	+32	+407	+32	6g	−32	−172	−32	−268
			7H	+236	0	+375	0	6h	0	−140	0	−236
								7g6g	−32	−212	−32	−268
								7h6h	0	−180	0	−236
								8g	−32	−256	−32	−407
								8h	0	−224	0	−375
		1.75	4H	+125	0	+212	0	3h4h	0	−75	0	−170
			4H5H	+125	0	+265	0	4h	0	−95	0	−170
			5G	+194	+34	+299	+34	5g6g	−34	−152	−34	−299
			5H	+160	0	+265	0	5h4h	0	−118	0	−170
			5H6H	+160	0	+335	0	5h6h	0	−118	0	−265
			6G	+234	+34	+369	+34	6e	−71	−221	−71	−336
			6H	+200	0	+335	0	6f	−48	−198	−48	−313
			7G	+284	+34	+459	+34	6g	−34	−184	−34	−299
			7H	+250	0	+425	0	6h	0	−150	0	−265
								7g6g	−34	−224	−34	−299
								7h6h	0	−190	0	−265
								8g	−34	−270	−34	−459
								8h	0	−236	0	−425
		2	4H	+132	0	+236	0	3h4h	0	−80	0	−180
			4H5H	+132	0	+300	0	4h	0	−100	0	−180
			5G	+208	+38	+338	+38	5g6g	−38	−163	−38	−318
			5H	+170	0	+300	0	5h4h	0	−125	0	−180

续表

直径分段 D、d (mm)		螺距 P mm	内螺纹					外螺纹				
			公差带	中径 D_2		小径 D_1		公差带	中径 d_2		大径 d	
>	≤			ES	EI	ES	EI		es	ei	es	ei
11.2	22.4	2	5H6H	+170	0	+375	0	5h6h	0	−125	0	−280
			6G	+250	+38	+413	+38	6e	−71	−231	−71	−351
			6H	+212	0	+375	0	6f	−52	−212	−52	−332
			7G	+303	+38	+513	+38	6g	−38	−198	−38	−318
			7H	+265	0	+475	0	6h	0	−160	0	−280
								7g6g	−38	−238	−38	−318
								7h6h	0	−200	0	−280
								8g	−38	−288	−38	−488
								8h	0	−250	0	−450
		2.5	4H	+140	0	+280	0	3h4h	0	−85	0	−212
			4H5H	+140	0	+355	0	4h	0	−106	0	−212
			5G	+222	+42	+397	+42	5g6g	−42	−174	−42	−377
			5H	+180	0	+355	0	5h4h	0	−132	0	−212
			5H6H	+180	0	+450	0	5h6h	0	−132	0	−335
			6G	+266	+42	+492	+42	6e	−80	−250	−80	−415
			6H	+224	0	+450	0	6f	−58	−228	−58	−393
			7G	+322	+42	+602	+42	6g	−42	−212	−42	−377
			7H	+280	0	+560	0	6h	0	−170	0	−335
								7g6g	−42	−254	−42	−377
								7h6h	0	−212	0	−335
								8g	−42	−307	−42	−572
								8h	0	−265	0	−530
22.4	45	1	4H	+106	0	+150	0	3h4h	0	−63	0	−112
			4H5H	+106	0	+190	0	4h	0	−80	0	−112
			5G	+158	+26	+216	+26	5g6g	−26	−126	−26	−206
			5H	+132	0	+190	0	5h4h	0	−100	0	−112
			5H6H	+132	0	+236	0	5h6h	0	−100	0	−180
			6G	+196	+26	+262	+26	6e	−60	−185	−60	−240
			6H	+170	0	+236	0	6f	−40	−165	−40	−220
			7G	+238	+26	+326	+26	6g	−26	−151	−26	−206
			7H	+212	0	+300	0	6h	0	−125	0	−180
								7g6g	−26	−186	−26	−206
								7h6h	0	−160	0	−180
								8g	−26	−226	−26	−306
								8h	0	−200	0	−280

续表

直径分段 D、d (mm)		螺距 P (mm)	内螺纹					外螺纹				
			公差带	中径 D_2		小径 D_1		公差带	中径 d_2		大径 d	
>	≤			ES	EI	ES	EI		es	ei	es	ei
22.4	45	1.5	4H	+125	0	+190	0	3h4h	0	−75	0	−150
			4H5H	+125	0	+236	0	4h	0	−95	0	−150
			5G	+192	+32	+268	+32	5g6g	−32	−150	−32	−268
			5H	+160	0	+236	0	5h4h	0	−118	0	−150
			5H6H	+160	0	+300	0	5h6h	0	−118	0	−236
			6G	+232	+32	+332	+32	6e	−67	−217	−67	−303
			6H	+200	0	+300	0	6f	−45	−195	−45	−281
			7G	+282	+32	+407	+32	6g	−32	−182	−32	−268
			7H	+250	0	+375	0	6h	0	−150	0	−236
								7g6g	−32	−222	−32	−268
								7h6h	0	−190	−0	−236
								8g	−32	−268	−32	−407